U0466417

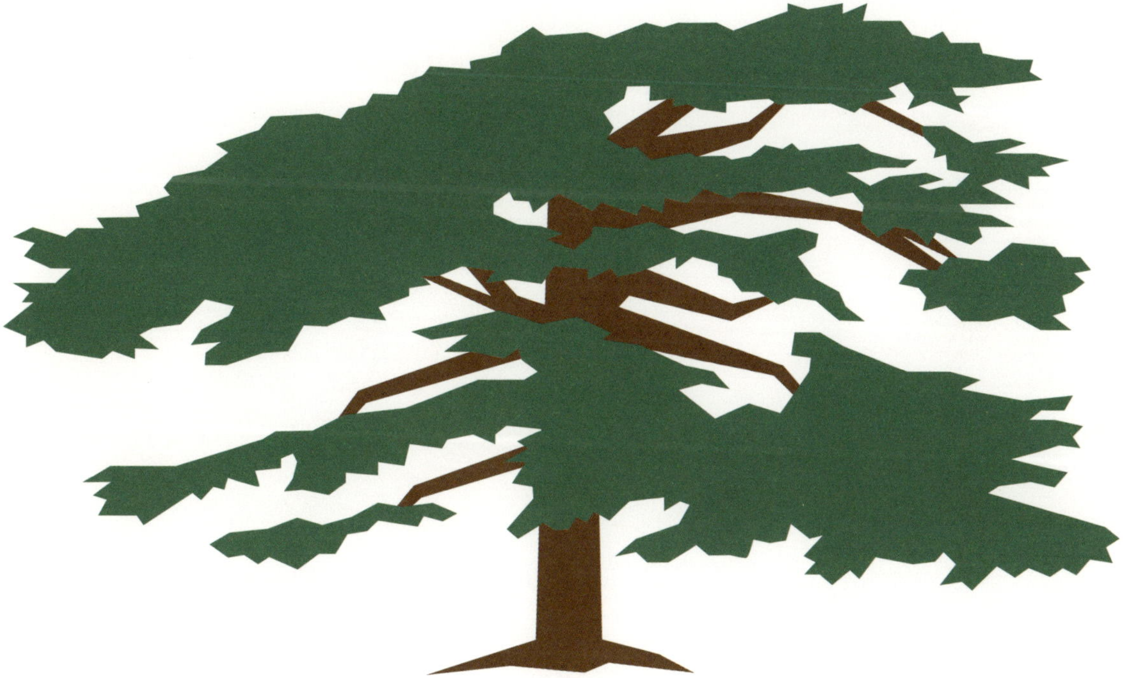

写给安娜贝尔·桑德森（Annabel Sanderson），你实在是太棒了。
　　　　——伊莎贝尔·托马斯（Isabel Thomas）

写给我的"阳光海岸姐妹们"，是你们让我敞开心扉，爱上森林和大海。
　　　　——萨拉·吉林厄姆（Sara Gillingham）

亲爱的读者：

　　我一直对野生动物和植物感兴趣，所以在大学里学习了进化生物学、动物行为学和遗传学等课程，觉得自己在这些方面很在行！二十多岁时，我第一次离开欧洲去了世界上其他地方。在南美洲，我和大食蚁兽拥抱，看到浣熊偷吃我的零食；在澳大利亚，我看到食火鸡在路旁大摇大摆地散步，听到红树林里的虾发出阴森可怕的咔嚓声；在东南亚，我在手电筒发出的光里看到懒猴的眼睛，发现和我手臂一样长的有斑竹节虫。那时，我才意识到自己对于地球上的生物多样性真是知之甚少，于是打算尽我所能地多去了解学习。

　　从那以后，我开始撰写一些与动物、微生物、植物和人类有关的书籍，这本书是我尝试探索生命之树奥秘的第一部著作。从目前所能收集到的最充分的证据来看，"生命之树"从进化的视角揭示了各物种类群之间最可能存在的关系。就像我在自然界中的探险一样，总是会有新的发现，所以并不存在一棵精确、通用的生命之树。本书中生命之树的内容基于两项最近的研究成果。参考资料列举如下：

　　生命之树中的细菌和古菌分枝基于：劳拉·A.哈格（Laura A.Hug），布雷特·J.贝克（Brett J. Baker），卡提克·阿南塔拉曼（Karthik Anantharaman）等生物学家的《生命之树的新视角》，《自然·微生物学》，第1卷（2016），第16048条。

　　生命之树上的真核生物分枝基于：法比安·布尔基（Fabien Burki），安德鲁·J.罗杰（Andrew J. Roger），马修·W.布朗（Matthew W. Brown）与阿拉斯泰尔·G.B.辛普森（Alastair G.B. Simpson）的《真核生物的新树》，《生态与进化趋势》，第1期第35卷（2020），第43–55页。

　　本书使用知识共享CC-BY协议，允许使用者在任何媒体不受限制地使用、传播和复制知识，但须恰当引用原作。

　　在本书付印之际，国际原核生物系统学委员会（International Committee on Systematics of Prokaryotes，ICSP）公布了一些原核生物类群（细菌和古菌）的新学名。为了便于读者参照新的研究成果，本书将所涉及的类群新名列举如下：

酸杆菌门（Acidobacteria）的学名（拉丁语）将称为 Acidobacteriota，中文名没有变化

放线菌门（Actinobacteria）的学名（拉丁语）将称为 Actinomycetota，中文名没有变化

厚壁菌门（Firmicutes）将称为 **芽孢杆菌门（Bacillota）**

拟杆菌门（Bacteroidetes）将称为 **拟杆菌门（Bacteroidota）**

异常球菌–栖热菌门（Deinococcus–Thermus）将称为 **异常球菌门（Deinococcota）**

网团菌门（Dictyoglomi）的学名（拉丁语）将称为 Dictyoglomota，中文名没有变化

梭杆菌门（Fusobacteria）的学名（拉丁语）将称为 Fusobacteriota，中文名没有变化

芽单胞菌门（Gemmatimonadetes）的学名（拉丁语）将称为 Gemmatimonadota，中文名没有变化

奇古菌门（Thaumarcheaota）将称为 **亚硝化球菌门（Nitrososphaerota）**

变形菌门（Proteobacteria）将称为 **假单胞菌门（Pseudomonadota）**

螺旋体门（Spirochaetes）的学名（拉丁语）将称为 Spirochaetota，中文名没有变化

详情请浏览https://doi.org/10.1099/ijsem.0.005056

充满生机的地球

探索地球生物多样性

[英]伊莎贝尔·托马斯 著　[美]萨拉·吉林厄姆 图　赵久微　王基滢　崔凤娟 译

中国科学技术出版社

·北　京·

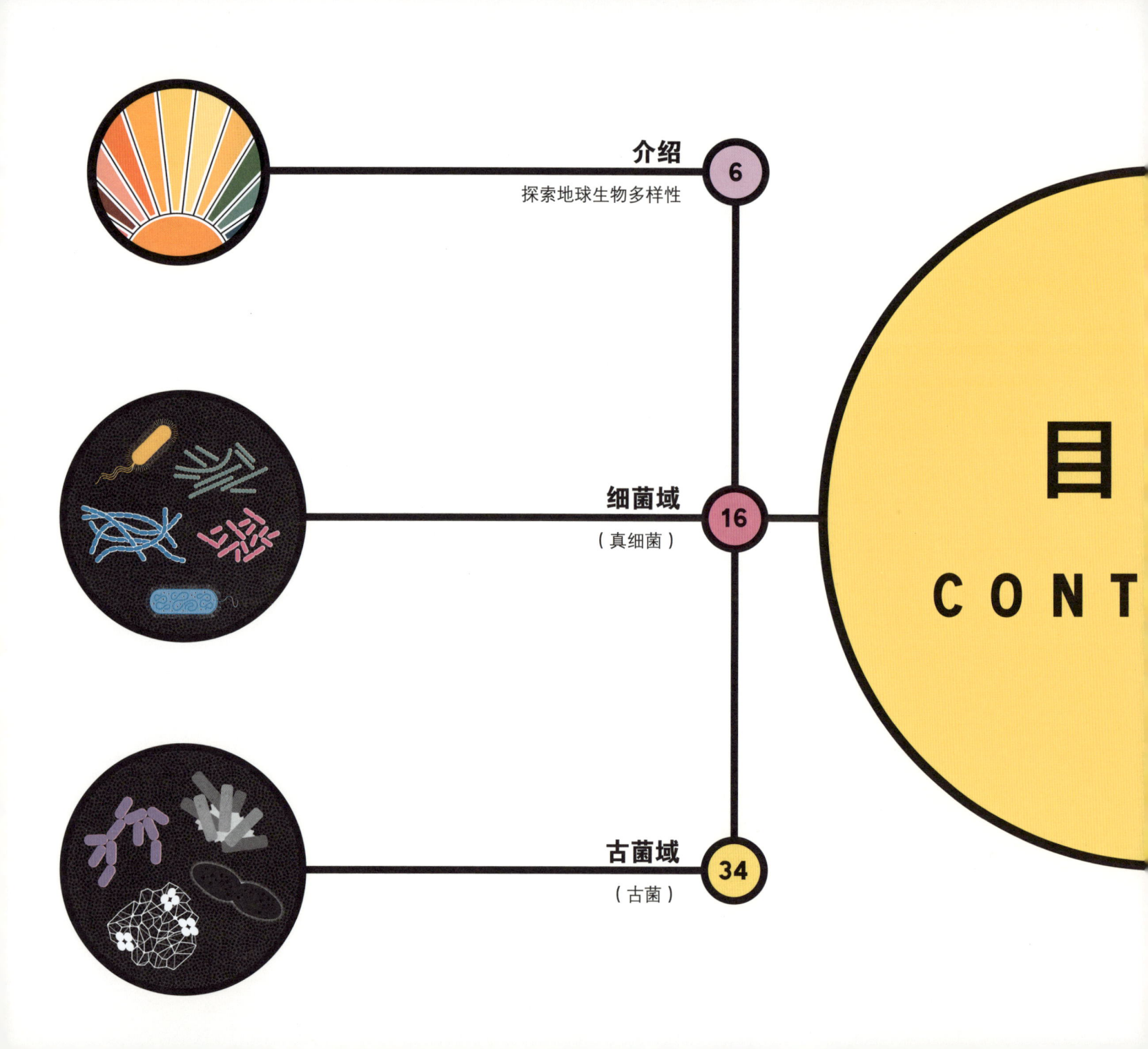

介绍 6
探索地球生物多样性

细菌域 16
（真细菌）

古菌域 34
（古菌）

目
CONT

录
ENTS

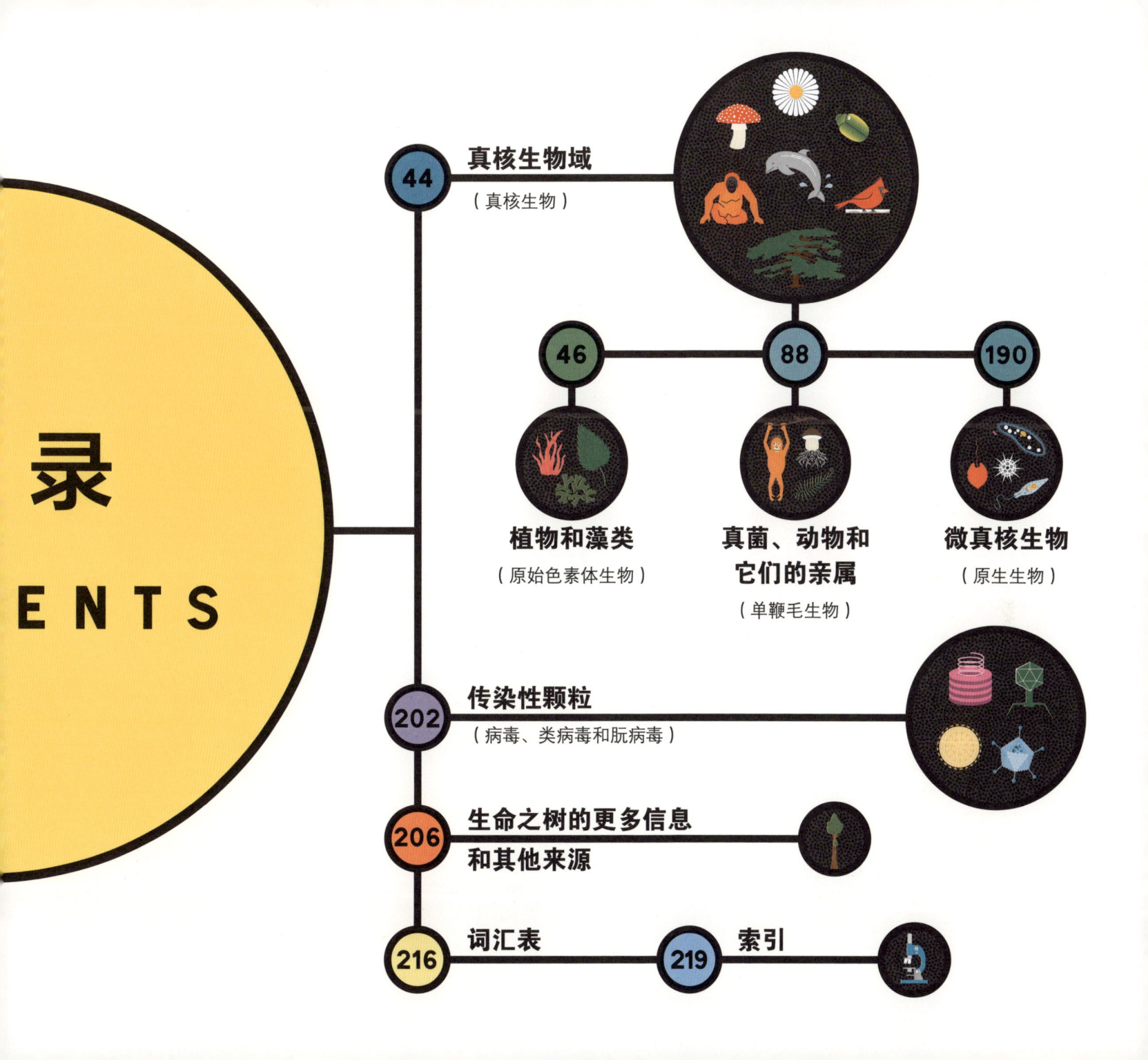

44 真核生物域
（真核生物）

46 植物和藻类
（原始色素体生物）

88 真菌、动物和它们的亲属
（单鞭毛生物）

190 微真核生物
（原生生物）

202 传染性颗粒
（病毒、类病毒和朊病毒）

206 生命之树的更多信息和其他来源

216 词汇表

219 索引

探索地球生物多样性

无论是最小的病菌，还是最大的蓝鲸，每一种生物都是地球生命之树的一部分。

地球上生活着各种植物、动物和微生物，它们每天忙忙碌碌，展现出蓬勃的生命力。这些神奇的生物在地球上的每个角落安家，比如最高的山峰和最深的海洋、炙热的沙漠和阴冷的山洞、滚烫的火山和你肚脐里的褶皱。

大约 3 万年前，石器时代的人们用壁画来装饰山洞，壁画的内容大多与他们看到的生物有关，比如狮子、熊、野牛、鹿、树、睡莲、猛犸象和蘑菇。从那时起，人类就一直在收集关于地球生物的知识，并通过故事、歌曲、绘画、医疗手册和博物馆藏品等形式，将这些知识传承、丰富和完善。

每一种独特的生物，如向日葵、狮子或人类，都称为一个**物种**。今天的计算机数据库至少收录了 200 万个生物物种的名称。

到目前为止，我们发现的最大物种是一种巨型真菌，迄今至少存活了 2400 年。它在地下能蔓延很远，有 1300 多个足球场那么大。最小的物种是称为"纳古菌"的微生物，它只有在高倍显微镜下才能观察到。

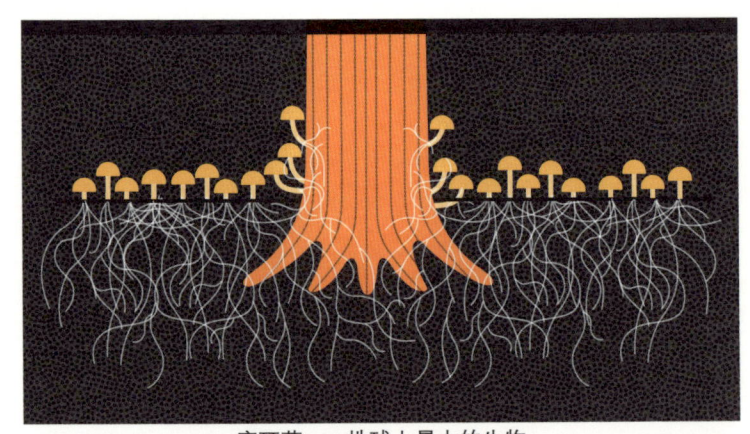

蜜环菌——地球上最大的生物

追根溯源

200万个物种数量非常庞大，如果每秒钟可以命名一个物种，那么需要23天才能全部命名完！随着新物种的出现和其他物种的**灭绝**，这个数字也在不断地变化。那么，科学家们是如何追踪这些令人难以置信的**生物多样性**的呢？

起初，对自然感兴趣的科学家就像石器时代的艺术家那样工作，即绘制出看到的动物和植物。实际上，我们可以把以前的那些洞穴艺术家看作是世上最早的**自然学家**或自然历史学家。

慢慢地，人们开始对植物、动物和真菌进行命名和特征描述，并从世界各地收集生物，按照其外观和行为分门别类地整理，这称为**分类**。这种方式很重要，通过分类，人们可以更好地了解地球上的生命。

自然学家对曾在地球上生活但现已灭绝的生物化石也很感兴趣。几百年前，自然学家开始意识到，有些灭绝的生物是现在的生物的祖先。根据收集到的证据，科学家们提出了**进化论**，并对其作出了阐释：地球上的每一种生物都同属于一棵巨型家族树，即地球生命之树。

生命之树

生命之树有点像家谱，可以显示出你与祖父母、父母、兄弟姐妹和其他所有亲属之间的关系。生命之树也同样可以显示出不同物种间的关系。

世界上有200万个生物物种，如果我们把每一个物种想象成生命树上的一片叶子，沿着不同的树枝追根溯源，就可以找到对应的祖先。如果所有的物种在同一根茎、细枝或树杈上，那么它们至少有一个祖先，即它们的"**共同祖先**"。如果继续往下走，我们能直接追溯到树的根部——地球上所有生命的共同祖先。

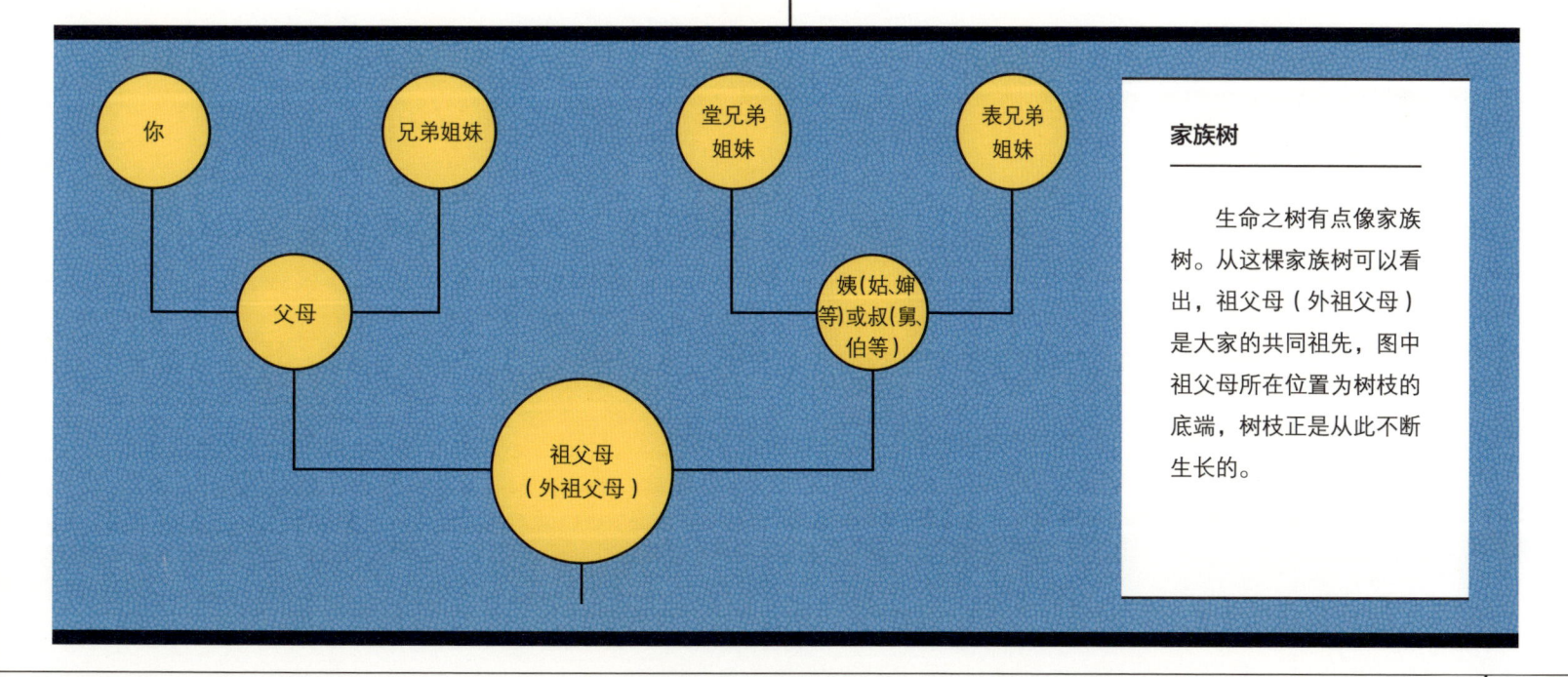

家族树

生命之树有点像家族树。从这棵家族树可以看出，祖父母（外祖父母）是大家的共同祖先，图中祖父母所在位置为树枝的底端，树枝正是从此不断生长的。

探索地球生物多样性

绘制生命之树

一开始,科学家们根据物种身体上的线索来推测它们之间的亲缘关系,从而绘制出生命之树。比如,蛇、蜥蜴和鳄鱼等皮肤干燥、体表覆盖鳞片的生物,就被归入爬行动物中。像鳞状皮肤这种特征是可以遗传的(由父母传给孩子),所以科学家推测,两种生物长得越像就越有可能由同一个祖先进化而来,它们属于生命之树同一分枝的可能性也越大。

随着更多新科技的研发,科学家们能看到生物的更多细节,也找到了对比更小生物特征的方法,例如一种称为 **DNA**(脱氧核糖核酸)的小**分子**,几乎在每种生物的每个**细胞**中都存在。生物的 DNA 就像一组"指令",能够指引生物的生长与发育。例如,鲨鱼的 DNA 能指引鲨鱼细胞长成鲨鱼,而不是鳄鱼、水仙花或人类。一组完整的生物 DNA 指令也称作**基因组**。

该图为一条很长的DNA分子的一小段

如今我们可以比较任意两种生物的 DNA,找出它们有多少共有的遗传信息。要了解两种生物之间的关系有多近的话,这个方法的确更有效。所有这些新信息都有助于科学家更准确地绘制生命树(即进化树或**系统发育**树)。通过对比任何生物组之间的 DNA 和其他分子,我们可以绘制出一棵系统发育树,显示出它们之间最可能存在的关系。

出乎意料的秘密

进化树告诉我们,有些生物并不像我们曾经想的那样关系密切。例如,比起与蜥蜴或龟类的关系,鳄鱼与鸟类的关系更为密切。如果我们将鸟类也视为爬行动物的一部分,那么爬行动物这个类群在生命树上就会有许多亲属。

更多信息请参阅第 176 页。

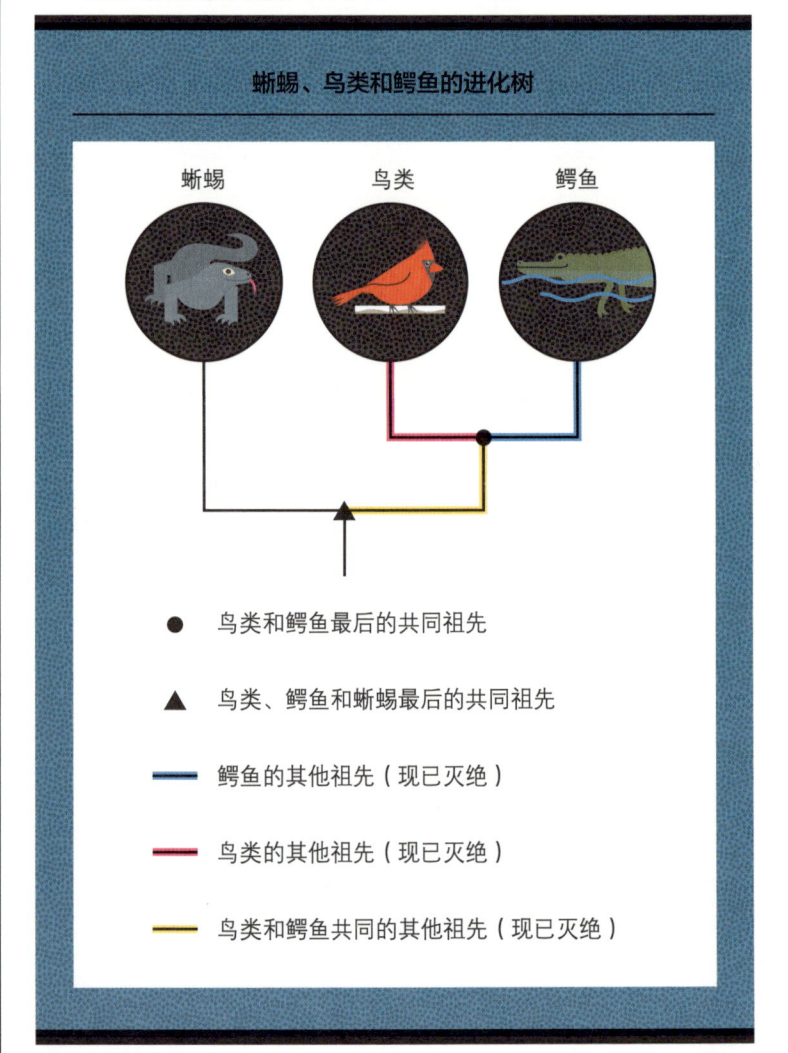

蜥蜴、鸟类和鳄鱼的进化树

蜥蜴　　鸟类　　鳄鱼

● 鸟类和鳄鱼最后的共同祖先

▲ 鸟类、鳄鱼和蜥蜴最后的共同祖先

— 鳄鱼的其他祖先(现已灭绝)

— 鸟类的其他祖先(现已灭绝)

— 鸟类和鳄鱼共同的其他祖先(现已灭绝)

事实上，生物之间的关系比科学家曾认为的更加密切。例如，与植物相比，真菌的DNA与动物的DNA有着更多共同点。我们因此得知，与植物相比，蘑菇人类的关系更近。通过观察生命之树，你会了解到自己与树木、毒蘑菇、微小变形虫和其他生物的关系有多密切。

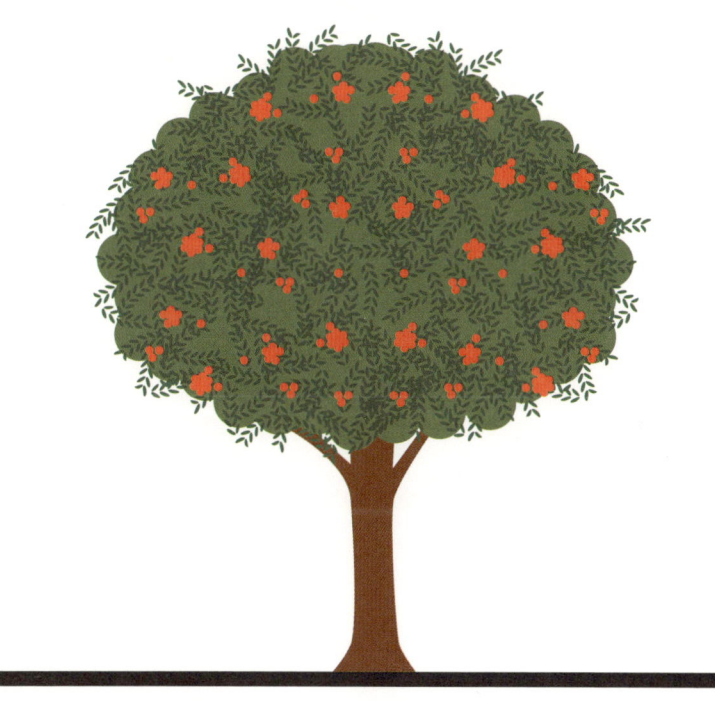

进化树显示了植物、动物、真菌、变形虫间的关系。

植物　动物　真菌　变形虫

从这棵进化树可以看出，人类和真菌拥有共同祖先，但植物和真菌则不然。我们从中得知，真菌与人类的关系比真菌与植物的关系更加密切。图中的黄点是二者的共同祖先。

混沌中的秩序

在过去的38亿年里，有数百万种生物共同生活在地球这个家园里。这种令人眼花缭乱的多样性都是进化的结果，为了能在不同的**栖息地**更好地生存，生物演化出了不同的进食、移动、隐藏和繁殖方式。

为了更好地探索地球上的生物多样性，本书以生命之树为起点，首先对树的主要枝干进行简要介绍，然后对细小分枝与叶片进行详细描述，由此展现出隐藏在生命之树枝丫里的奇异生物。地球上现存物种繁多，仅仅是已知物种就有200多万个被命名，书中绘制的生命之树只囊括了部分生物，因为即使以巨大的橡树（约有10万片叶子）作为生命之树，也无法容纳所有物种。

阅读生命之树

生命树上的每条枝干都代表一个主要的生物类群。这些枝干用不同颜色来标注，显示生物的三种主要类型或"三域"，即细菌、古菌或真核生物。

细菌和古菌都是**微生物**，仅由一个细胞组成。细胞是生物体的基本组成部分，如果想要了解更多细胞的知识，可以阅读第 207 页的内容。除了真细菌和古菌以外的生物都属于真核生物，真核生物包括植物、真菌、动物以及人类。真核生物由数十亿个甚至数万亿个细胞组成，大多数的真核生物都比微生物大得多。

在阅读本书三个主要部分的过程中，你会看到每个域中各大生物类群的例子。目前在科学家所命名的物种中，大部分都是真核生物，因此与真核生物有关的内容占了本书最多的篇幅。这一部分拆成了几个更短的章节，每一章都探索了真核生物生命树的一个或多个主要分枝：植物和藻类、动物、真菌及其亲属以及其他真核生物，其中大多真核生物是被称为原生动物的微生物。

生命三域

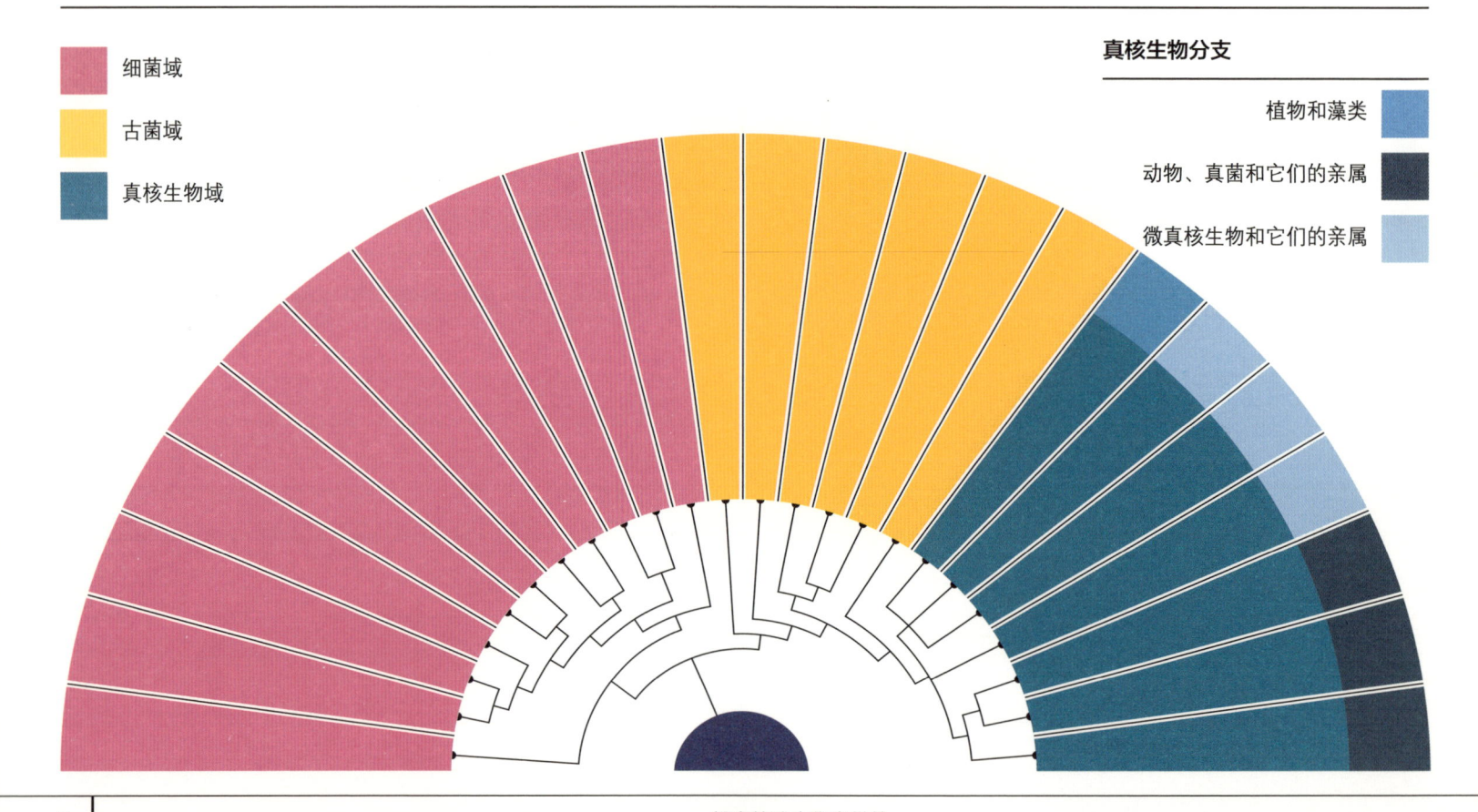

细菌域

古菌域

真核生物域

真核生物分支

植物和藻类

动物、真菌和它们的亲属

微真核生物和它们的亲属

探索地球生物多样性

重点关注

在生命之树上,所有由同一个祖先进化而来的生物类群被称为**进化枝**。你可以把进化枝想象成生命树上的枝干。从该树枝长出的所有叶子(即物种)与其他树枝上的相比,彼此之间的联系更为紧密。较小的进化枝嵌套在较大的进化枝内,所以一个进化枝可能包含成百上千个物种,也可能只包含两个。较小的进化枝可能是许多较大进化枝的一部分。

如果生命之树是一棵真正的树,我们可以选择把注意力集中在一根有很多小枝条和叶子的枝条(或进化枝)上,或者一棵小得多的树枝。生命之树也是如此。在本书中,我们将通过放大和缩小的方式来展现不同大小的进化枝。每个知识的延伸都会集中在一个进化枝上。有些进化枝很大,有数百万的相关物种。我们也会聚焦有些嵌套在生命树主要分枝内的小进化枝,并认识各个进化枝中最吸引人的几个物种。

进化枝指由同一祖先进化而来的生物类群

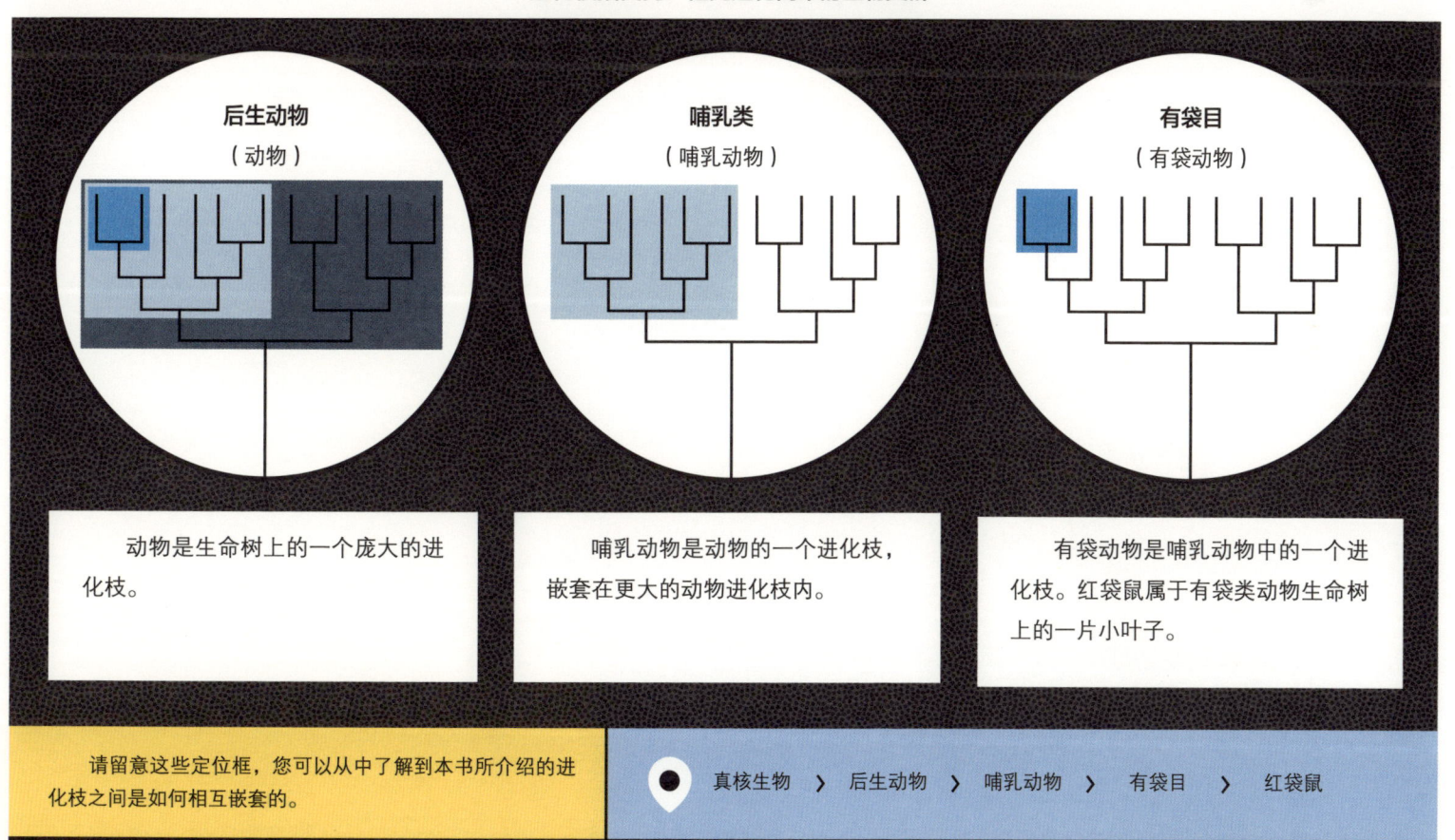

后生动物
(动物)

动物是生命树上的一个庞大的进化枝。

哺乳类
(哺乳动物)

哺乳动物是动物的一个进化枝,嵌套在更大的动物进化枝内。

有袋目
(有袋动物)

有袋动物是哺乳动物中的一个进化枝。红袋鼠属于有袋类动物生命树上的一片小叶子。

请留意这些定位框,您可以从中了解到本书所介绍的进化枝之间是如何相互嵌套的。

● 真核生物 > 后生动物 > 哺乳动物 > 有袋目 > 红袋鼠

探索地球生物多样性

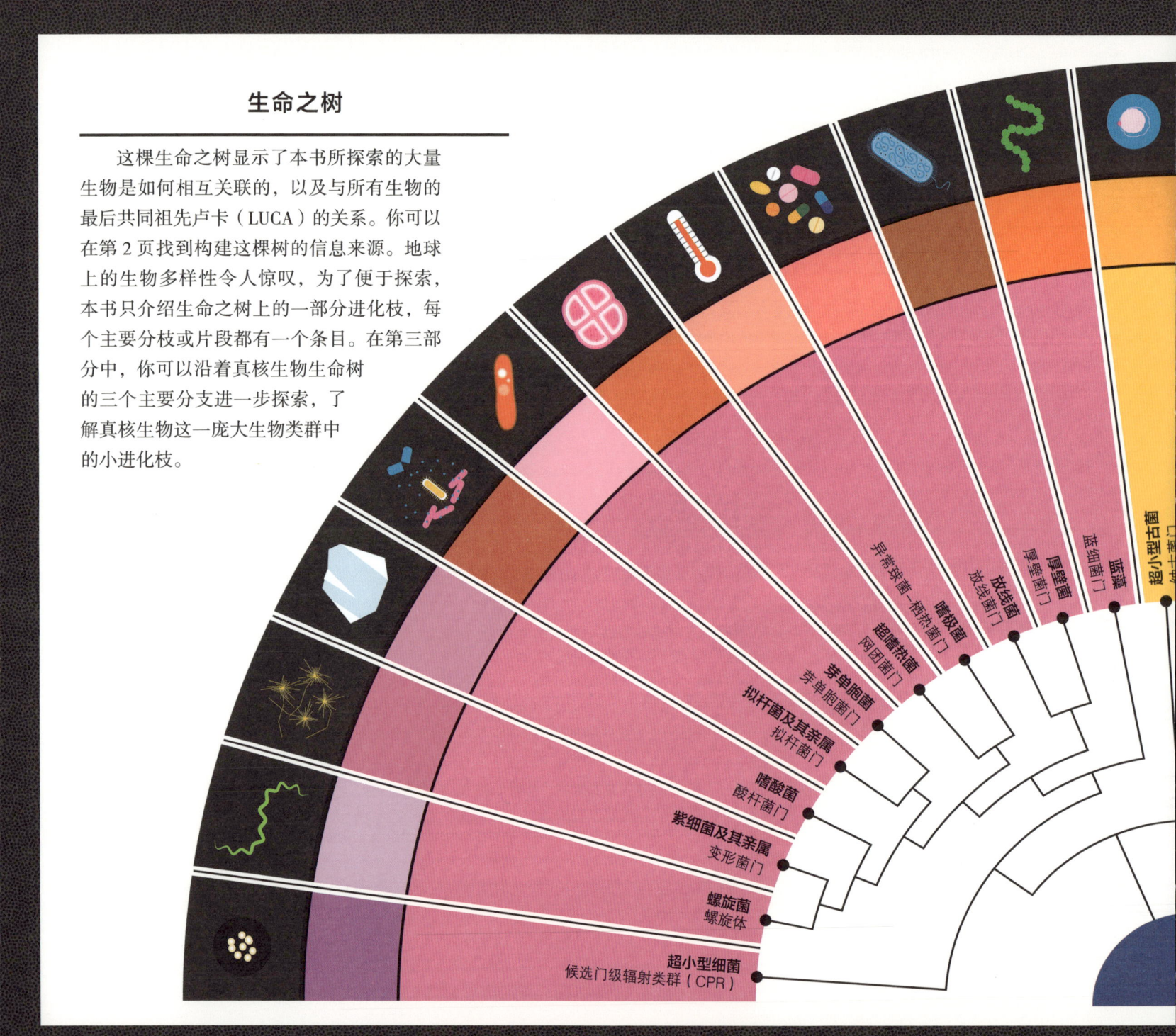

生命之树

这棵生命之树显示了本书所探索的大量生物是如何相互关联的，以及与所有生物的最后共同祖先卢卡（LUCA）的关系。你可以在第2页找到构建这棵树的信息来源。地球上的生物多样性令人惊叹，为了便于探索，本书只介绍生命之树上的一部分进化枝，每个主要分枝或片段都有一个条目。在第三部分中，你可以沿着真核生物生命树的三个主要分支进一步探索，了解真核生物这一庞大生物类群中的小进化枝。

蓝藻
蓝细菌门

厚壁菌
厚壁菌门

放线菌
放线菌门

嗜极菌
异常球菌－栖热菌门

超嗜热菌
网团菌门

芽单胞菌
芽单胞菌门

拟杆菌及其亲属
拟杆菌门

嗜酸菌
酸杆菌门

紫细菌及其亲属
变形菌门

螺旋菌
螺旋体

超小型细菌
候选门级辐射类群（CPR）

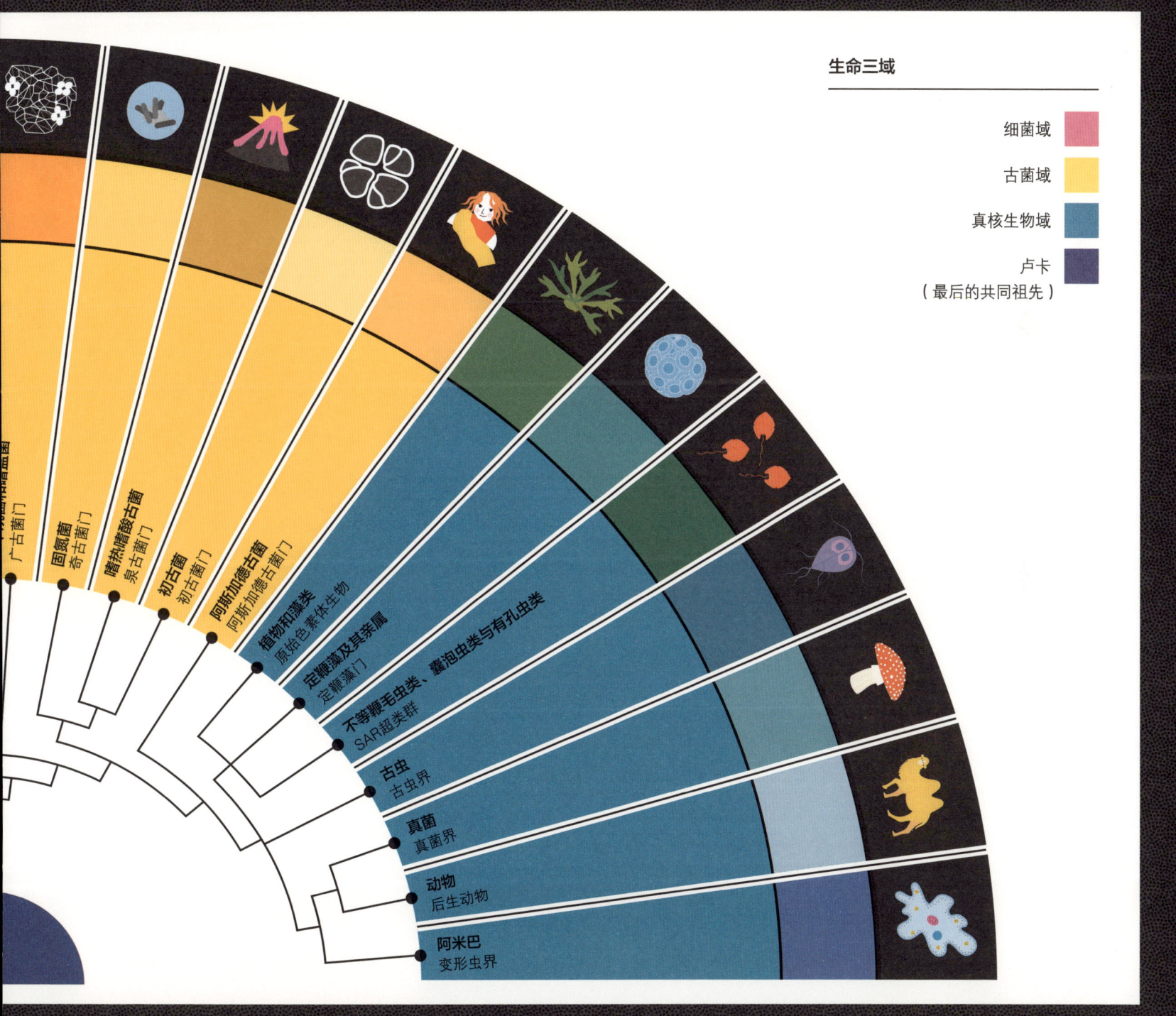

生命三域

- 细菌域
- 古菌域
- 真核生物域
- 卢卡（最后的共同祖先）

广古菌门

固氮菌奇古菌门

嗜热嗜酸古菌门泉古菌门

初古菌门 初古菌

阿斯加德古菌 阿斯加德古菌门

植物和藻类 原始色素体生物

定鞭藻及其亲属 定鞭藻门

不等鞭毛虫类、囊泡虫类与有孔虫类 SAR超类群

古虫 古虫界

真菌 真菌界

动物 后生动物

阿米巴 变形虫界

① ② ③ ④ ⑤ ⑥ ⑦ ⑧ ⑨ ⑩

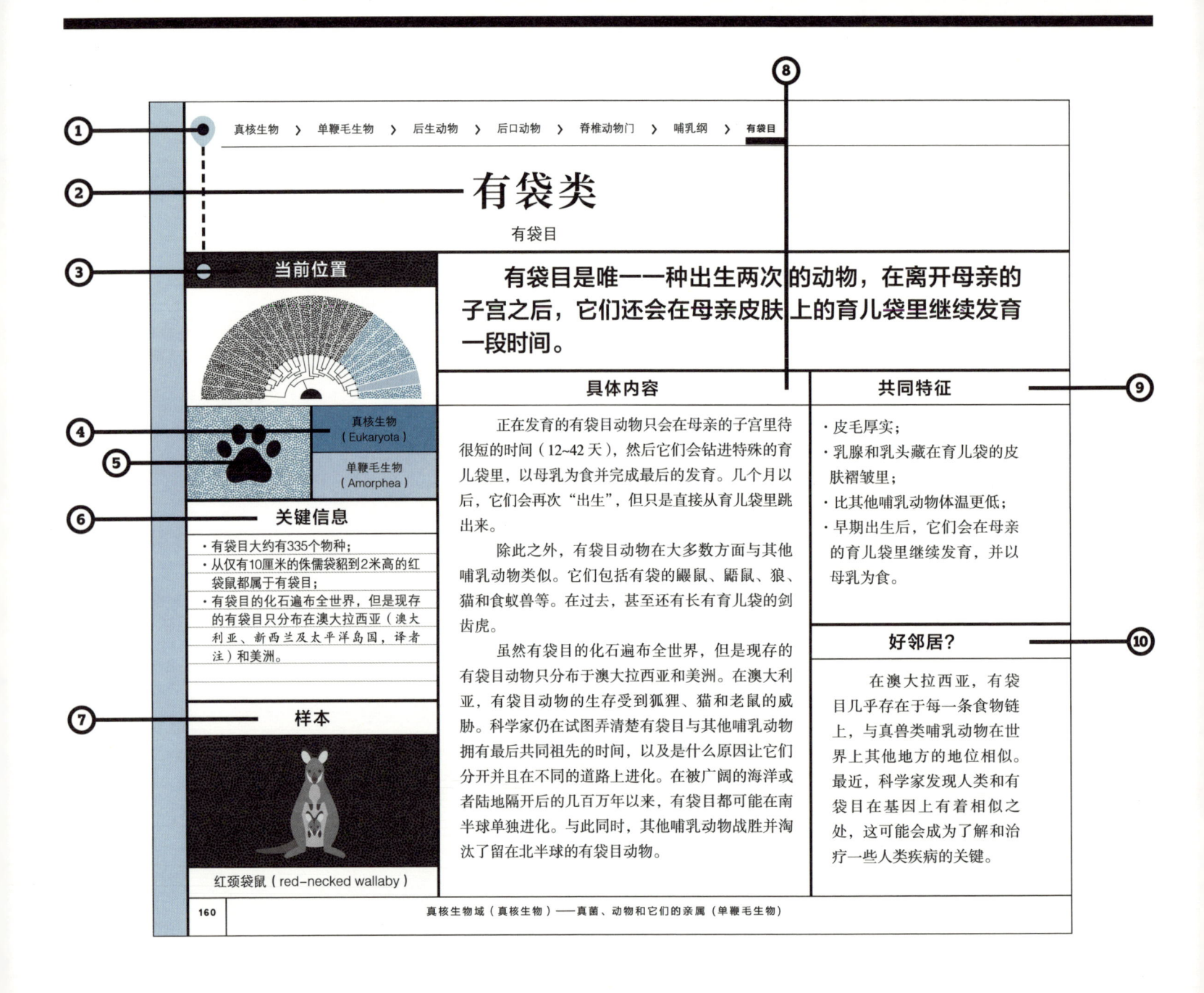

真核生物 〉 单鞭毛生物 〉 后生动物 〉 后口动物 〉 脊椎动物门 〉 哺乳纲 〉 **有袋目**

有袋类

有袋目

当前位置

真核生物（Eukaryota）

单鞭毛生物（Amorphea）

关键信息

- 有袋目大约有335个物种；
- 从仅有10厘米的侏儒袋貂到2米高的红袋鼠都属于有袋目；
- 有袋目的化石遍布全世界，但是现存的有袋目只分布在澳大拉西亚（澳大利亚、新西兰及太平洋岛国，译者注）和美洲。

样本

红颈袋鼠（red-necked wallaby）

有袋目是唯一一种出生两次的动物，在离开母亲的子宫之后，它们还会在母亲皮肤上的育儿袋里继续发育一段时间。

具体内容

正在发育的有袋目动物只会在母亲的子宫里待很短的时间（12~42天），然后它们会钻进特殊的育儿袋里，以母乳为食并完成最后的发育。几个月以后，它们会再次"出生"，但只是直接从育儿袋里跳出来。

除此之外，有袋目动物在大多数方面与其他哺乳动物类似。它们包括有袋的鼹鼠、鼯鼠、狼、猫和食蚁兽等。在过去，甚至还有长有育儿袋的剑齿虎。

虽然有袋目的化石遍布全世界，但是现存的有袋目动物只分布于澳大拉西亚和美洲。在澳大利亚，有袋目动物的生存受到狐狸、猫和老鼠的威胁。科学家仍在试图弄清楚有袋目与其他哺乳动物拥有最后共同祖先的时间，以及是什么原因让它们分开并且在不同的道路上进化。在被广阔的海洋或者陆地隔开后的几百万年以来，有袋目都可能在南半球单独进化。与此同时，其他哺乳动物战胜并淘汰了留在北半球的有袋目动物。

共同特征

- 皮毛厚实；
- 乳腺和乳头藏在育儿袋的皮肤褶皱里；
- 比其他哺乳动物体温更低；
- 早期出生后，它们会在母亲的育儿袋里继续发育，并以母乳为食。

好邻居？

在澳大拉西亚，有袋目几乎存在于每一条食物链上，与真兽类哺乳动物在世界上其他地方的地位相似。最近，科学家发现人类和有袋目在基因上有着相似之处，这可能会成为了解和治疗一些人类疾病的关键。

160　　真核生物域（真核生物）——真菌、动物和它们的亲属（单鞭毛生物）

如何使用这本书

本书每一页都聚焦于一个进化枝，即由同一祖先进化而来的生物群。在有些情况下（如涉及的内容更多），本书会放大该进化枝，用几页的篇幅来进行进一步的描述，以便能更仔细地观察里面嵌套的更小进化枝。

在书中，你会发现每个进化枝中成员的共同之处，还会认识里面一些新奇的物种，它们就是生命树上的一片片"叶子"。

书中的进化枝被选中主要有三个依据，一是因为它们的多样性（在进化中产生了许多不同的物种），二是因为它们所包含的生物有着独特且不可思议的特征，三是因为它们已经成为我们生活的重要组成部分。

本书最后介绍了病毒等非生物粒子。它们不是由细胞构成的，所以严格来说不算生物。但是它们对地球上的生命产生了（并且还在产生着）巨大的影响，所以我们也将其列入本书中。

如何阅读每个条目

1. 该进化枝在本书中如何嵌套于其他进化枝里；
2. 该进化枝或类群的俗名和学名；
3. 进化枝在生命树上的位置；
4. 生物类群属于生命的哪个域；
5. 进化枝传统上归类到哪个界；
6. 最小物种和最大物种的体积以及典型栖息地；
7. 该进化枝中的典型物种；
8. 关于生物类群的具体信息；
9. 进化枝成员共有的关键特征；
10. 该进化枝里的生物如何成为人类生活的一部分。

每个条目中还展示了一系列插图和标题，突出了该进化枝中出名、怪异或神奇的成员。准备好了吗？接下来就一起探索这棵不可思议的生命树，了解我们与其他生物的联系吧。

我们从学校的课本里学到，生物分为植物界、动物界、真菌界、原核生物界和原生生物界五界。这种传统的分类体系基于生物的身体或细胞特征。而如今的生物学家是利用进化树来对生物进行分类的，本书亦采用了此种方法。不过，五界分类仍然是一个有用的工具，有助于我们描述生物的多样性。请注意以下符号，它们显示了每个进化枝中的生物属于五界中的哪一界。

植物界：植物界中的生物是绿色的，由许多细胞构成，无法移动，或者移动范围很小，可以自己合成食物。

动物界：动物界的生物由一个以上的细胞组成，可以到处移动，并通过摄取（进食）来获得营养物质。

真菌界：包含了单细胞和多细胞生物，它们既不像动物那样摄取食物，也不像植物那样自己合成食物，而是从周围环境中吸收营养物质。

原核生物界：包含了所有的原核生物（也可以说是单细胞生物），其细胞结构比其他生物简单得多。

原生生物界：生物学家将看似不属于任何类别的微小单细胞生物都归入原生生物界。它们的细胞与植物、动物和真菌的细胞有很多相似之处，但是往往比原核生物的更大。

细菌域

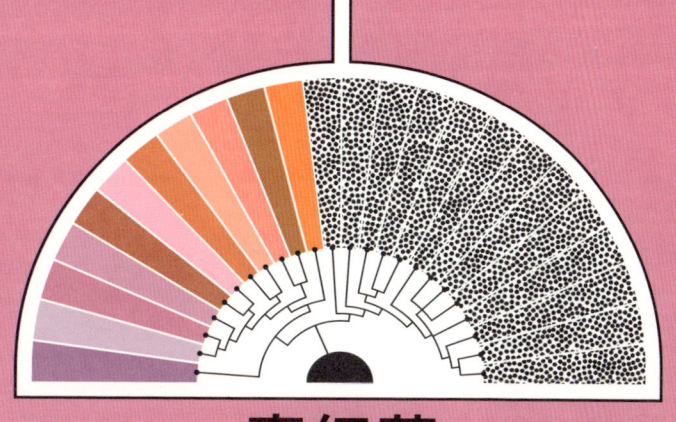

真细菌

细菌是最小的生物。每个细菌仅由一个简单的细胞构成，大多数只有在显微镜下才能看到。然而，细菌在体积上的不足，在数量上得到了弥补。细菌是地球上数量最多的生物，在每个生态系统中都发挥着重要的作用。

科学家们已经记录了大约 1.1 万种现存的细菌物种，并且认为可能还有数百万种有待发现。尽管不同种类的细菌从外观上看很相似，不像橡树与玫瑰、斑马与海星那样一眼就可以看出差别，但它们的基因显示出了巨大的差异。细菌是地球上最早的生物，在 37 亿年的时间里逐渐适应了地球的生活环境。

大多数细菌进化出了独特的方法来获取能量和营养物质。有些细菌能从太阳能或者海底热泉排放的化学物质中获取能量。因此，细菌可以在你能想象到的几乎所有栖息地生存，比如炙热的火山、冰冻的北极雪、有毒的泥浆，乃至我们头顶上方的空气。有一种细菌甚至可以"吸"砷，这种有毒物质对大多数生物都有害。

大多数细菌能够寻找而不是制作食物，正因为如此，它们喜欢生活在食物充足的栖息地。这就是动物肠道内有数以亿计细菌群的原因之一。我们对细菌的了解最多，例如用于制作人类美食的细菌、用于制造药物的细菌和引起疾病的细菌。在地球上，细菌修复了地球的土壤、水和空气，为数百万种植物、动物、真菌和原生动物创造了生存条件。其他生物可能更大、更吵和更快，但它们的数量永远不会超过细菌。地球仍然是细菌的天下，没有细菌，一切生物都将无法生存。

真细菌 > 变形菌门

紫细菌及其亲属

变形菌门

变形菌门是以希腊神话中会变形的神普罗迪斯（Proteus）的名字命名的，用来描述以不同方式生活的生物恰到好处。

当前位置

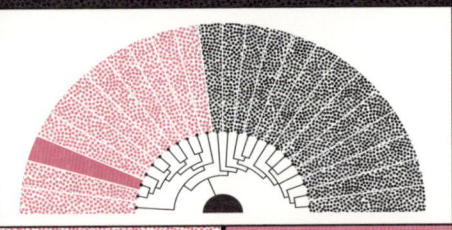

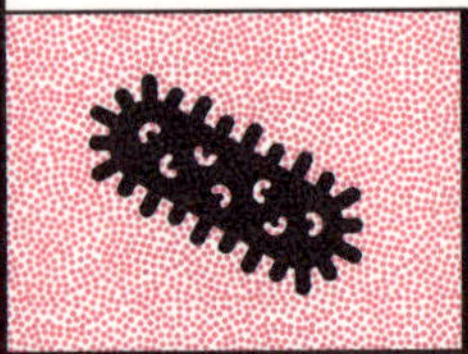

真细菌

关键信息

- 变形菌门有1600多个物种；
- 包括许多"典型"大小的细菌，如1~2微米长的大肠杆菌，但也有直径达0.75毫米的巨型菌株；
- 无论是土壤和污水处理厂，还是植物或动物的根部、表皮和肠道，都有变形菌的存在。

样本

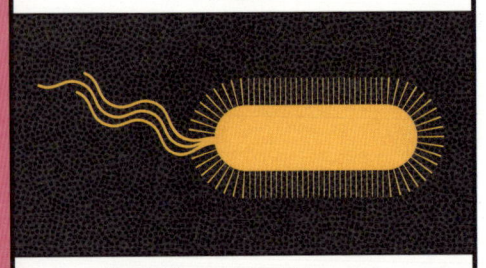

大肠杆菌（Escherichia coli）

具体内容

我们对变形菌门的了解比其他类型的细菌都要多。自古以来，变形菌就一直影响着人类的生活。人类最早注意到的是那些会让人、动物和植物生病的变形菌，比如耶尔森菌因引发鼠疫（又称"黑死病"）而臭名昭著。变形菌还包括会引起食物中毒的大肠杆菌，它之所以会引发食物中毒等感染，可能是因为在错误的时间进入了错误的地点，例如消化系统中的细菌进入血液里。有些变形菌甚至习惯了作为**寄生生物**生活，它们一生都寄生在植物或动物体内，不断摄取宿主的食物和资源。

然而，大部分变形菌（包括多数大肠杆菌）对人类是无害的。有些甚至愉快地生活在人、植物或动物体内，帮助我们维持身体健康。这就是所谓的共生关系。

最重要的变形菌是在土壤中发现的**硝化**变形菌，它们可以从空气中捕获**氮**或将氮"固定"下来。氮是**蛋白质**的主要组成元素，所有生物的生存都离不开氮。细菌将氮转化成营养物质，供植物的根部吸收，然后将这些营养物质通过食物链传递。在我们的食物中，几乎所有的氮最初都是由细菌从空气中"固定"下来的。

共同特征

- 形状多种多样，如直杆形、环形、球形、螺旋形或卵形的"**球菌**"；
- 有些变形菌的"尾巴"可以推动身体前进，这些"尾巴"被称为**鞭毛**；
- **革兰氏**阴性菌之所以叫这个名字，是因为它们被化学品染色后会变成红色或粉红色。

好邻居？

变形菌之所以臭名昭著，是因为会在人体内引起严重的疾病，例如脑膜炎、百日咳、伤寒、痢疾、霍乱等。但是，变形菌中也有一些生活在人类肠道中的"友好"细菌。不仅如此，在食品生产和污水处理方面，变形菌也起着至关重要的作用。

1	**让光亮起来**
	有些变形菌可以自己制造光。**生物发光**细菌有时会寄生在海洋动物的皮肤里，比如夏威夷短尾乌贼。变形菌可以因此获得食物和保护，而乌贼则可以得到一套"夜光装备"来吓退捕食者。
2	**滋养植物**
	有些植物不断进化，让可以固氮的变形菌寄生在自己的根部。而变形菌则用捕获的氮气来换取糖类能量和保护。
3	**胃在翻滚**
	你的胃是地球上酸性最强的环境之一。胃会杀死大多数我们吃进去的细菌，以此来保护我们免受伤害。但是，幽门螺旋杆菌不仅能在我们的胃里活下来，而且可以长期生存。它会刺激胃黏膜，让一些人患上胃溃疡甚至癌症。
4	**糖果有嚼劲的秘密**
	将有些变形菌添加到糖源中发酵，可以制成食品添加剂，如结冷胶和黄原胶。结冷胶有助于增加素食食品的黏度，可以用来制作软糖和口香糖。黄原胶可用于增加冰淇淋、牙膏和番茄酱的稠度。
5	**奇妙的硫黄**
	你或许觉得污水可能是最不可能有生命的地方，但它却含有大量细菌。与大多数生物不同，紫色硫细菌惯于通过臭硫的化学反应来获取能量和营养。

真细菌 > 厚壁菌门

厚壁菌

厚壁菌门

当前位置

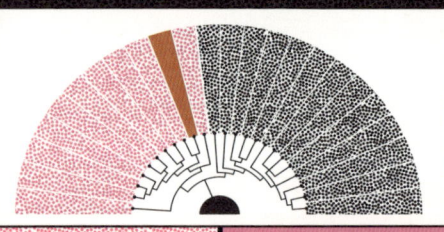

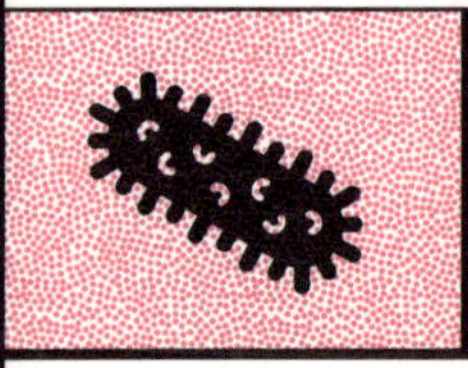

真细菌

关键信息

- 仅我们的内脏中就有至少 2475 种真细菌；
- 其中有最长可达 0.6 毫米的"庞然大物"；
- 自然界中随处可见，尤其是土壤中以及动植物体表和体内。

样本

炭疽杆菌（Bacillus Anthtactis）

厚壁菌在我们日常生活中非常重要。尽管你从未见过它们，但数以亿计的厚壁菌都在你的皮肤上和肠道中安家。

具体内容

厚壁菌指"表皮坚固"的细菌，它们有厚厚的**细胞**壁作为保护。许多厚壁菌还能产生**孢子**，这是一种能经受住恶劣环境的"生存"形式。厚壁菌休息或休眠时，孢子形态能够帮助它在高温环境、有害辐射、有毒化学品或完全缺水的环境中生存。环境改善时，孢子则迅速形成新的细胞，进行正常的生活，比如进食、排泄和繁殖。

在研究炭疽病这种致命疾病的过程中，罗伯特·科赫（Robert Koch）发现了炭疽菌奇怪的生命周期。他证明了炭疽病是由炭疽菌的孢子传播的，这些孢子通常隐藏在人类和动物的皮肤或肺里。如果人们知道疾病是由**微生物**引起的，就可以采取简单的卫生措施来预防这种疾病，比如通过勤洗手和清洗食物来避免细菌的传播，从而拯救成千上万的生命。

和所有的细菌一样，厚壁菌能够产生**酶**和**毒素**这些化学物质。毒素对细胞有极大的影响，会导致细胞功能受损甚至死亡，因此可以用来制作药物。除此之外，人类还有上百种利用厚壁菌产物的方式。

共同特征

- 大多数都是革兰氏阳性菌，因为被有些化学物质染色后，它们厚厚的细胞壁在显微镜下会呈蓝色；
- 有些呈球形或杆形，有些则呈长长的分叉丝形。

好邻居？

尽管厚壁菌会引发疾病，但却是构成我们身体"**微生物组**"的两大友好细菌类群之一，另一个类群是拟杆菌门（见第 26 页）。植物也有微生物组，而厚壁菌门就是植物微生物组的重要组成部分，因此厚壁菌门对农业和食品生产至关重要。

细菌域（真细菌）

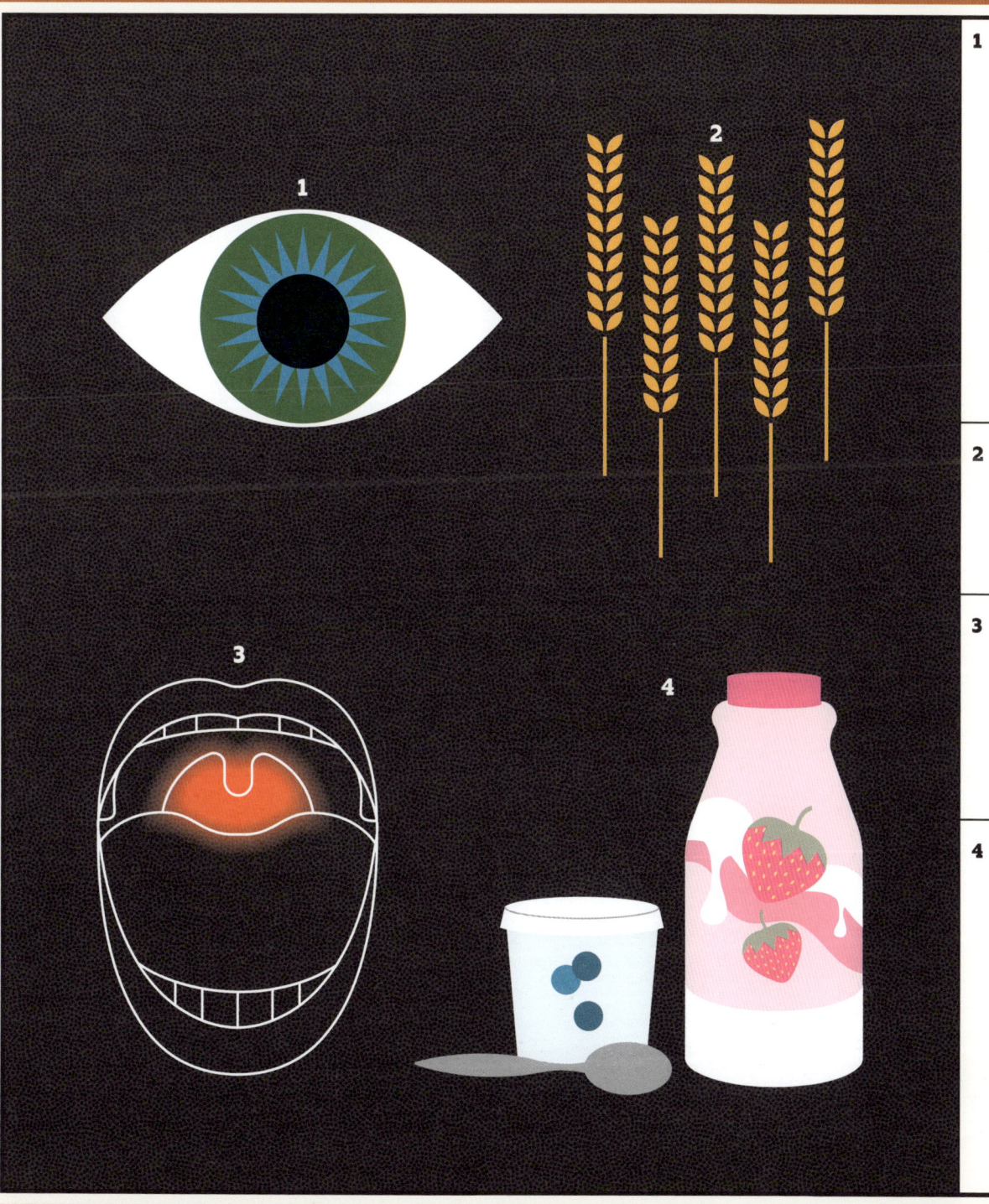

1	**致命的毒素**
	梭菌属细菌喜欢生活在没有氧气的地方，其中有些菌种会让人类生病，比如食物中毒、肉毒杆菌中毒、破伤风和坏疽。它们的孢子可以抵御高温，所以非常难消灭。肉毒杆菌制造的毒素是致命的天然毒药。仅仅2千克的肉毒杆菌毒素（Botox）就足以杀死地球上的所有人。但是肉毒杆菌也可以造福人类，可以制成药物治疗眼科疾病，比如斜视、视力模糊和干眼症，治疗偏头痛，甚至可以用来抚平皮肤上的皱纹。
2	**健康的植物**
	有些芽孢杆菌甚至用作化学杀虫剂和肥料的天然替代品，因此在农作物种植方面发挥着非常重要的作用。
3	**亦敌亦友**
	有些厚壁菌大量存在于我们的皮肤、口腔、喉咙和肠道中。它们是我们体内健康微生物组的一部分，但有时也会引发蛀牙、链球菌性喉炎、血液感染、伤口感染等疾病。
4	**乳制品**
	有些厚壁菌在乳制品生产中发挥着重要作用，如生产干酪、酸奶、开菲尔（Kefir，源自高加索地区的一种益生菌发酵饮料，通常含7~9种菌种，比普通酸奶菌种丰富。译者注）和其他发酵食品。它们以糖为食，在吃糖过程中会产生乳酸。乳酸不仅能够赋予食物特别的味道，而且能够防止有害微生物滋生。

真细菌 > 放线菌门

放线菌

放线菌门

这些超级土壤居民是碳元素的回收者，是大多数抗生素的来源，也是雨后空气清新的秘密。

当前位置

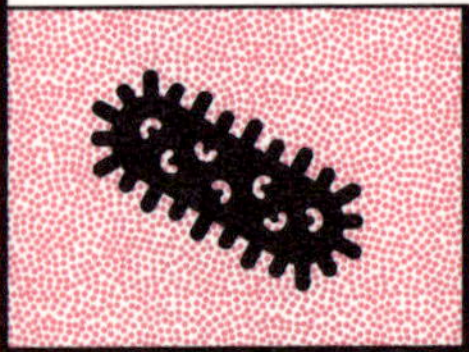

真细菌

关键信息

- 放线菌门超过1100个物种；
- 包括超微细菌，超微细菌非常小，小到一个大肠杆菌细胞足以容纳100个超微细菌；
- 分布于土壤、淡水、盐水甚至空气中。

样本

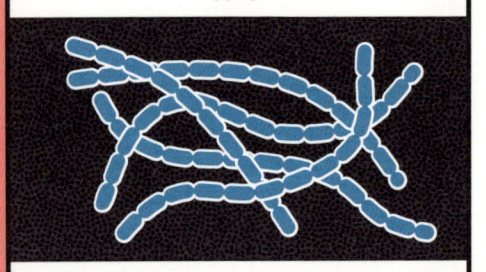

灰色链霉菌（Streptomyces griseus）

具体内容

大多数放线菌生活在地下2米的土壤中，在那里它们以死去的植物和动物为食。放线菌可以分解动植物残体里的一些物质，并将其作为食物吸收。在这个分解过程中，死去的动植物会腐烂，释放出碳等营养物质，这些物质可以供养其他生物。由此可见，放线菌在生态系统中发挥着关键的作用。放线菌还包含与活体动植物**共生**的细菌，以及一些**病原体**。不仅如此，放线菌在日常生活中会产生大量的酶和其他化学物质，为我们所用。

塞尔曼·瓦克斯曼（Selman Waksman）领导的一个科学家小组花了数年时间寻找能够杀死细菌但不伤害人类的天然化学物质，四年以后，他们终于发现了放线杆菌属的灰色链霉菌产生的一种物质。这种物质能够保护灰色链霉菌免受其他微生物的侵害。科学家将其制成了抗生素，可以杀死引起肺结核、伤寒、霍乱等疾病的细菌。

放线菌具有分解能力，因此人们会用放线菌清理被有毒化学物质污染的水和土壤。科学家甚至在研究如何利用放线菌分解农作物，以此来制造生物燃料，从而代替**化石燃料**。

共同特征

- 有些放线菌会长出分枝菌丝，形成菌丝网络，将不同的细菌连接在一起，然后像大型生物体的细胞一样合作；
- 有些放线菌通过产生孢子来繁殖；
- 放线菌的孢子可能有一个或多个微小的"尾巴"来帮助它们移动。

好邻居？

有些放线菌会侵入伤口或者薄弱的**免疫系统**，让人或动物患病。不过大多数情况下，它们都生活在土壤中，不会对人类或其他动物造成任何伤害。此外，放线菌还常用来生产对农业、生物技术和医药领域非常重要的活性物质，例如大多数抗生素。

#	
1	**愤怒的皮肤** 有种放线菌寄生在我们皮肤上，是皮肤微生物群落的一部分，能够让我们的皮肤保持健康。但是，一旦微生物群落的平衡被打破（比如激素变化或压力过大），放线菌就会寄生在皮肤毛囊中，从而引发痤疮。
2	**人类宿主** 双歧杆菌是最早在婴儿肠道中安营扎寨的细菌，这些益生菌有助于肠道的健康。它们能够分解食物，产生像叶酸这样的重要营养物质，调节人体免疫系统。
3	**神奇的抗生素** 链霉菌及其亲属能产生1万多种不同的抗菌物质。这些物质是世界上大多数抗生素的主要成分，也是抗癌、抗寄生虫与真菌感染药物的主要成分。
4	**堆肥冠军** 喜热裂孢菌最适宜在55℃左右的温暖环境中生长。在肥料堆和粪便堆中，喜热裂孢菌是分解植物坚硬细胞壁的主要微生物（第48页），分解时释放出新生命生长所需的碳和其他营养物质。
5	**雨后的气味** 有些放线菌会产生化学物质类萜，类萜闻起来有股土霉味，其中最出名的是土味素，我们的鼻子对其非常敏感。雨水润湿了放线菌所在的土壤后，你就能闻到空气中土味素的气味，也就是清新的泥土味。

真细菌 > 蓝细菌门

蓝藻

蓝细菌门

这些"活化石"已经在地球上生活了超过 35 亿年，它们重塑了地球，创造了当今生物赖以生存的环境。

当前位置

真细菌

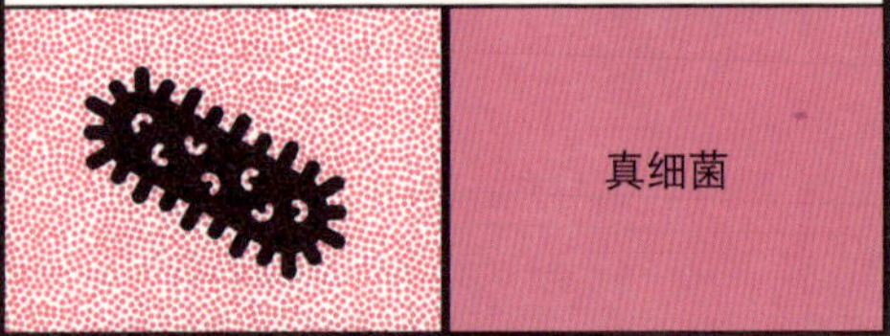

关键信息

- 蓝细菌门约有 2700 个物种；
- 无论是只有 0.5 微米宽的小蓝菌，还是 100 微米长的"巨无霸"，都属于蓝细菌；
- 分布于大部分内陆水域，例如温泉和冰湖下面，以及各种类型的陆地栖息地，例如沙漠中岩石的裂缝里和其他生物体内。

样本

卷曲鱼腥藻（Anabaena circinalis）

具体内容

蓝细菌有一种非常特殊的能力。它们的细胞内含有丰富的**色素**，能够获取并利用光能，从最基础的物质开始合成自己的食物。这个过程叫作**光合作用**，是植物共有的一种超能力。这也是早期**自然学家**将蓝细菌归为藻类的原因。而蓝细菌的旧名字"蓝藻"也沿用至今。

蓝细菌进行光合作用时，会吸收**二氧化碳**并释放氧气。几十亿年前（远在植物进化之前），蓝细菌释放出的氧气是地球上氧气的主要来源。蓝细菌的光合作用改变了空气的化学成分，导致了一些早期生物的灭绝，但创造了当今生物赖以生存的环境。

如今，几乎所有的水生环境中都有蓝细菌存在。有些菌株过着独居生活，有些则聚集在一起形成大型菌落，例如，黏滑的**生物膜**就在肮脏的水槽排水孔周围共同生活。

蓝细菌是健康生态系统的一个重要组成部分，但如果将污水或肥料排入水中，蓝细菌就可能快速生长，形成大规模的水华（大量浮游植物在水体中繁殖形成的现象，水体通常呈蓝绿色，是水体富含营养的表现。译者注）。水华不仅会消耗鱼类和其他生物所需的氧气，还会释放毒素伤害游泳或饮水的陆地动物。

共同特征

- 有很多不同形状和大小的蓝细菌；
- 含有五颜六色的色素，例如**叶绿素**，它可以收集光能进行光合作用；
- 有些也有粉红色、棕色或红色的色素；
- 通常有着很厚的细胞壁；
- 缺少鞭毛（或"尾巴"），但很多蓝细菌可以通过微小的滑行丝来传播。

好邻居？

蓝细菌在所有生物所需的氧气、碳和氮等营养物质的循环中发挥着巨大的作用。许多蓝细菌具有"固定"这些元素的能力，能够将它们转化为其他生物可以使用的物质。但是，蓝藻水华对人类来说可能是有毒的。在野外游泳后，蓝细菌会引起皮肤瘙痒。

1	**生活在地衣中**
	生长在树干、岩石和其他物质表面的地衣是一种复杂的生物，一般由真菌和蓝细菌或者真菌和藻类组成，它们互相依赖，互利共生。
2	**火烈鸟的羽毛**
	蓝细菌中的明亮色素在它们生活的水中或寄生的生物中很常见。例如红海因偶尔爆发的红色蓝细菌而得名。丰年虾和火烈鸟之所以会变成粉红色，是因为它们在所生活的咸水湖中摄取了蓝细菌的粉红色素。
3	**哺育海洋**
	蓝细菌对海洋生态系统极其重要，它们可以捕获光能合成食物，并将这些能量沿着海洋食物链向上传递。在许多植物无法生存的极端陆地栖息地，无论是沙漠还是温泉和盐沼，蓝细菌都处于食物链的底端。
4	**植物**
	蓝细菌会寄生在有些植物（如漂浮在水面的蕨类植物）的体内或体表，吸收空气中的氮。蓝细菌作为天然肥料，可以帮助植物在贫瘠的土壤中生存。
5	**螺旋藻零食**
	螺旋藻是一种用蓝细菌制成的食物，它的蛋白质含量和鸡蛋的一样高，同时富含其他营养物质。蓝细菌在池塘里很常见，在非洲、墨西哥和中美洲，人们食用螺旋藻的历史已达数百年。

真细菌 > 拟杆菌门

拟杆菌及其亲属

拟杆菌门

当前位置

真细菌

关键信息

- 拟杆菌门约有 7000 个物种；
- 长度 0.5~1.5 微米不等；
- 分布于动物（尤其是哺乳动物）的肠道以及世界各地的栖息地中，例如土壤、海洋淤泥、淡水和海水。

样本

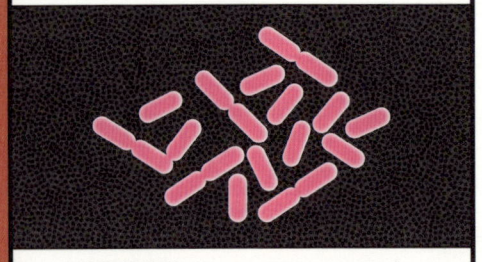

梅毒螺旋体（treponema pallidu）

拟杆菌到底是有益菌还是有害菌呢？它们生活在动物（包括人类）的消化道中，起到调节肠道菌群的作用；它们也是世界上最令人讨厌的细菌，因为会引起各种疾病。

具体内容

拟杆菌门这个庞大的细菌类群喜欢生活在无氧环境中，尤其是哺乳动物温暖湿润的消化道中，因为那里的食物非常充足。此时此刻，就有几十亿个拟杆菌快乐地生活在你的口腔和肠道中。它们能够分解不同食物，例如纤维和淀粉，并从中来获取营养物质。

医生和科学家逐渐认识到，肠道微生物群对我们的健康至关重要，但他们还不确定哪些拟杆菌是朋友，哪些是敌人。有些拟杆菌可能既是朋友又是敌人，对我们有益还是有害都取决于我们体内的环境。此外，还存在一个问题：有的拟杆菌会分解我们食物中的蛋白质，并释放出有毒化学物质，触发我们的免疫系统，引发炎症让人疼痛。

科学家已经注意到，随着年龄的增长，人们肠道中的拟杆菌数量相比厚壁菌（见第 20 页）有所增加。肠道内的拟杆菌和肥胖症有密切关系，肥胖症表现为体内储存的脂肪过多，会在各个方面影响人体健康。如果搞清楚拟杆菌可能造成的影响，我们就能研究出新方法来改善人类健康。

当然，在自然界的很多地方，拟杆菌是有益菌。它们能够分解坚硬的植物成分，如**纤维素**，并产生新生命所需的营养物质，这对生态系统来说非常重要。

共同特征

- 它们有着非常特别的移动方式，看起来就像在滑行；
- 有些需要氧气才能生存，而有些只能生活在完全没有氧气的栖息地；
- 都是革兰氏阴性菌。

好邻居？

拟杆菌寄生在人类养殖的许多食草动物体内，它们非常重要，如果没有拟杆菌，这些动物也就无法从植物中获得能量和营养。但是，有些拟杆菌如果没有寄生在该寄生的地方，或者让肠道环境失去平衡，就会引发严重的感染。

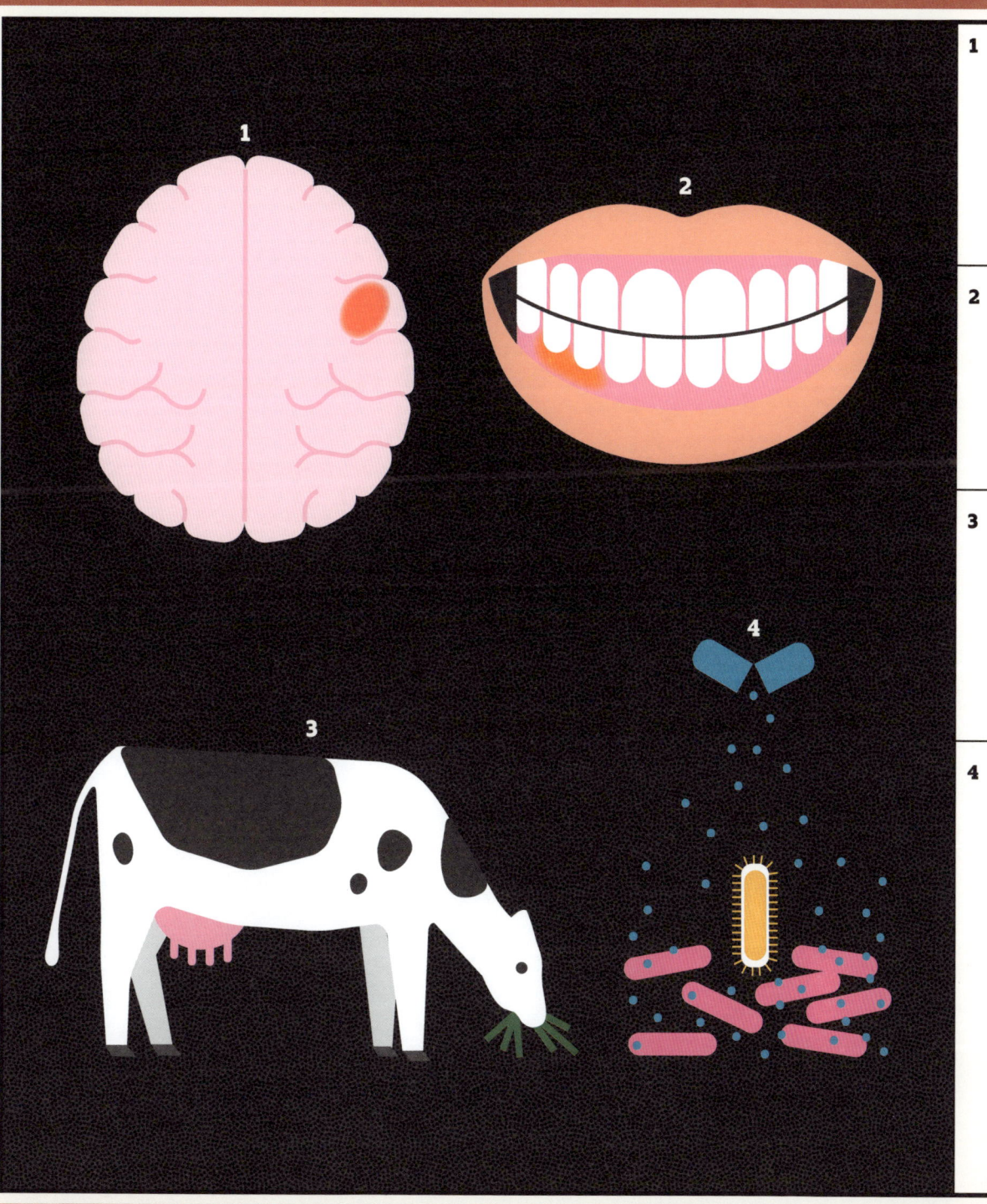

1	**位置——重中之重** 　　如果脆弱拟杆菌没有待在它该在的地方，就会成为一种有害菌。例如，拟杆菌如果在手术过程中离开肠道，可能会通过患者的血液循环传播，在身体的其他部位（如大脑）安营扎寨，从而引发可能会危及生命的脓肿。
2	**牙龈疾病** 　　牙龈疼痛、发红或出血等疾病可能是由拟杆菌引起的。很多拟杆菌生活在人体口腔里和牙齿表面，我们可以每天刷两次牙来减轻这些症状。但如果拟杆菌进入牙龈内，就会造成很大伤害。
3	**胃里的超级英雄** 　　栖瘤胃拟杆菌生活在食草动物（如家牛）的瘤胃或"前肠"中，能够帮助这些动物反刍食物进行第二次咀嚼。栖瘤胃拟杆菌产生的酶可以分解植物中最坚硬的成分，如果没有它们，这些动物将无法获取植物中的能量和营养物质。
4	**抗生素耐药性** 　　大约100年前，科学家开始使用抗生素来治疗由细菌引起的感染。但是，细菌对这些抗生素的耐药性一直在增强。有些拟杆菌门具有非常高的耐药性，因此成了有害的病原体。

真细菌 > 螺旋体

螺旋菌

螺旋体

当前位置

真细菌

关键信息

- 螺旋菌有 90 多个物种；
- 又长又细，最大的螺旋菌可达 0.5 毫米；
- 无论是湖泊和海洋底部的泥沙，还是昆虫、软体动物和哺乳动物的消化道中，都有螺旋菌的存在。

样本

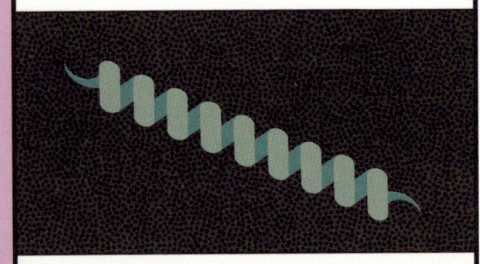

梅毒螺旋体（Treponema Pallidum）

这些小小生物的足迹遍布很多地方，比如红珊瑚礁里和昆虫肠道内。关于它们奇特的生活方式，我们还有很多东西需要了解。

具体内容

螺旋菌的外观和运动方式与其他细菌截然不同。它们的细胞又长又薄，像瓶塞钻一样在液体中旋转移动，甚至可以在非常黏稠的液体（如泥浆）中移动。在螺旋菌移动的过程中，会摄入糖和氨基酸（蛋白质的组成单元）这些有机分子。生物体内富含糖和氨基酸，因此有些螺旋菌喜欢寄生在生物的血液和其他体液中。

在有些情况下，螺旋菌也能与昆虫宿主和谐共生，比如白蚁离开了体内的螺旋菌将无法生存。科学家还不清楚其中的原因，但我们可以从螺旋菌所处的位置中找到蛛丝马迹：螺旋菌附着在白蚁肠道中大型微生物的表面，像小型外置发动机一样，帮助这些微生物在白蚁体内移动，从而促进食物的消化。

目前发现的螺旋菌中，并非都是有益菌。有的物种习惯了寄生生活，一味从宿主身上获取养分。它们会让动物（包括人类）患病，而覆盖在每个细菌表面的"袜子"（荚膜）就像一种伪装，让动物的免疫系统难以对其追踪并进行反击。

共同特征

- 约有 100 条尾巴，被称为鞭毛，它们的一端在细胞内折回，并与另一端相连接；
- 整个细胞被一只灵活的"袜子"覆盖；
- 鞭毛移动时，细胞也能通过旋转来移动；
- 呈螺旋状；
- 革兰氏阴性菌。

好邻居？

有些螺旋菌会引发严重的疾病，如人类的梅毒、莱姆病和雅司病，还有家庭宠物、农场动物以及野生哺乳动物的其他疾病。这些疾病每年都会影响数以百万计的人和动物。

#	
1	**珊瑚礁的伙伴们** 珊瑚礁是由称作珊瑚虫的微小动物组成的。螺旋菌与珊瑚虫，特别是红珊瑚中的珊瑚虫能够和谐共生。螺旋菌可以帮助珊瑚虫以及寄生在珊瑚虫体内的重要微生物获取营养物质。
2	**远古寄生虫** 通过研究化石，我们不仅可以了解古老的动物和植物，还可以了解成为化石的细菌。在1500万至2000万年前的琥珀中，科学家们发现了被螺旋菌感染的蜱虫，它们与现在许多被感染的蜱虫并无差别。
3	**木材破坏者** 如果仔细观察白蚁的内脏，你会发现里面有很多螺旋菌。螺旋菌似乎会帮助白蚁消化吃下去的坚韧木本植物，白蚁排出的粪便可以用于建造巨大的蚁穴。
4	**血液里的居民** "伯氏疏螺旋体"是一种寄生在蜱虫体内的螺旋菌，而蜱虫寄生在人类身上。蜱虫吸食人类血液时，螺旋菌会通过血液传播，从而引发莱姆病。
5	**"坏蛋"** 在脊椎动物体内，螺旋菌是会引发疾病的寄生生物。例如，如果螺旋菌寄生在鸡的肠道内，那么鸡的产蛋量会减少，蛋壳也会变得脆弱。

真细菌 > 异常球菌-栖热菌门

嗜极菌

异常球菌 – 栖热菌门

当前位置

真细菌

关键信息

· 异常球菌 – 栖热菌门约有 50 个物种；
· 长度或宽度 0.5~10 微米不等；
· 足迹遍布世界各地，即便在最极端的环境中也有奇球菌存在。

样本

奇球菌（Deinococcu）

如果小行星撞击地球或自然灾害席卷全球，嗜极菌是最有可能存活下来的生物。

具体内容

无论是在空气、淡水还是动物粪便里，嗜极菌都随处可见。甚至在炎热干燥的撒哈拉沙漠、有毒的地热泉、人类肠道、放射性废料中都有它们的踪迹。

嗜极菌之所以能够在如此极端的栖息地生存，是因为它们非常顽强。耐辐射奇球菌更是其中的佼佼者，无论被科学家置于何种环境中，几乎都能存活下来，例如完全没有空气的太空、长达 6 年没有水的地方、极热和极寒之地、有着强紫外线和核辐射的环境，这些极端环境几乎能够杀死所有生物，但无法杀死耐辐射奇球菌。

那么，耐辐射奇球菌的生存秘诀是什么呢？就是它修复受损基因的能力。奇球菌可将**基因组**复制 10 份，如果有基因受损（例如因辐射引起的受损），细胞有办法修复或至少能够将受损基因排出，而不会给细胞提供错误的指令。

很多科研人员正在研究嗜极菌，试图利用其惊人的生存能力，提高分解核电站产生的危险放射性废物的速度。但从目前来看，要提高分解速度还需要数百年甚至数千年的时间。

共同特征

· 呈杆状或球状；
· 常常成对或 4 个一组（称为四分体）活动；
· 奇球菌目的粉色色素就像盾牌一样，能够抵御有害核辐射和紫外线辐射；
· 厚厚的细胞壁在革兰氏染色法中呈阳性，但细胞具有革兰氏阴性菌的特征；
· 无法自己移动。

好邻居？

科学家们对嗜极菌及其适应性非常感兴趣。嗜极菌的存在甚至会帮助我们弄清楚地球上生命的起源，因为几十亿年前的地表环境可能和今天的地热温泉一样。

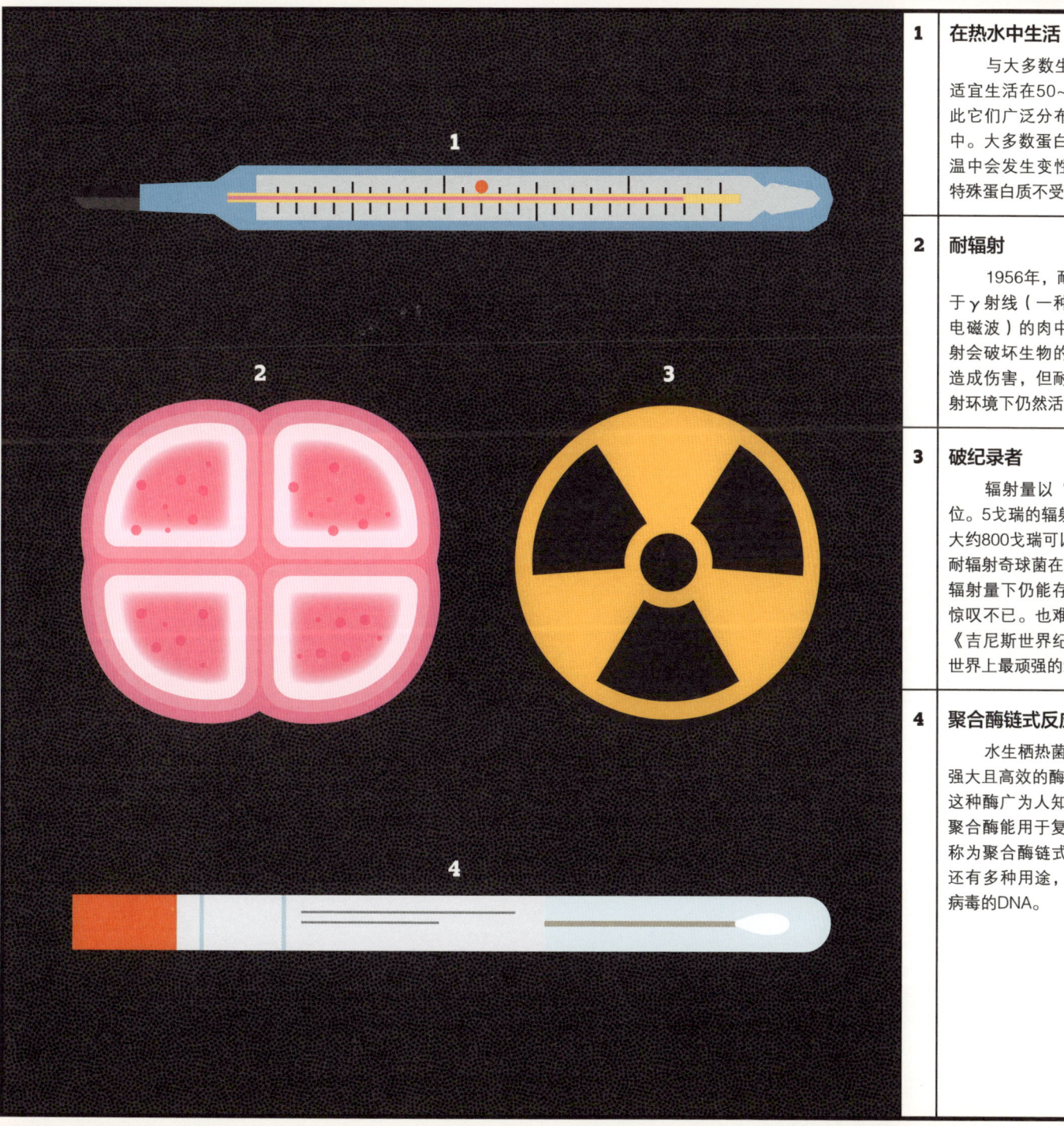

#	
1	**在热水中生活**
	与大多数生物不同，栖热菌最适宜生活在50~80℃的热水中，因此它们广泛分布于世界各地的温泉中。大多数蛋白质在37℃以上的高温中会发生变性，但栖热菌合成的特殊蛋白质不受高温的影响。
2	**耐辐射**
	1956年，耐辐射奇球菌在暴露于γ射线（一种对细胞有杀伤力的电磁波）的肉中首次被发现。核辐射会破坏生物的基因，从而对生物造成伤害，但耐辐射奇球菌在核辐射环境下仍然活得很好。
3	**破纪录者**
	辐射量以"戈瑞"（Gy）为单位。5戈瑞的辐射足以杀死一个人，大约800戈瑞可以杀死大肠杆菌，而耐辐射奇球菌在5000~15000戈瑞的辐射量下仍能存活！科学家们对此惊叹不已。也难怪耐辐射奇球菌在《吉尼斯世界纪录大全》中被列为世界上最顽强的细菌。
4	**聚合酶链式反应中的超级明星**
	水生栖热菌能够产生一种特别强大且高效的酶，即**DNA**聚合酶，这种酶广为人知。在实验中，DNA聚合酶能用于复制DNA，这种方法称为聚合酶链式反应（PCR）。它还有多种用途，比如用于检测新冠病毒的DNA。

真细菌 > 酸杆菌门

嗜酸菌

酸杆菌门

当前位置

真细菌

具体内容

酸杆菌门直到 1991 年才被发现，但是足迹遍布各地。在有些土壤中，一半以上的细菌都属于酸杆菌门，然而我们对它们在生态系统中所起作用的了解才刚刚起步。其中一个原因是酸杆菌在实验室中很难培养，研究难度很大。

科学家们已经能够收集土壤中酸杆菌的遗传信息，并从中"读取"它们的基因。我们可以从这些基因中了解到酸杆菌的多样性，以及酸杆菌通过帮助土壤疏松透气以获取水和养分的特性。此外，酸杆菌还有许多特性，有利于跟其他细菌争夺营养，甚至控制其他细菌，从而在恶劣的环境中得以生存。

1 **冰冻土地上的幸存者**

南极洲麦克默多干谷的环境极其恶劣，然而酸杆菌可以在那里茁壮成长。虽然这些山谷里没有植物或动物存在，但土壤却含有大量细菌，科学家们希望深入了解酸杆菌在这个"天然冰柜"中生活的适应策略。

细菌域（真细菌）

真细菌 > 网团菌门

超嗜热菌

网团菌门

具体内容

迄今为止，科学家们仅对两种网团菌门进行了命名。网团菌与其他细菌完全不同，从外观上看它们像外星生物，能够在高温和无氧的栖息地（例如温泉）中生存和繁殖。

除了耐高温的特性外，网团菌还会产生一种酶，能将大量碳水化合物分解为自己的食物。这些酶可用于造纸行业，通过分解木浆中的有色化学物来将纸张漂白。

当前位置

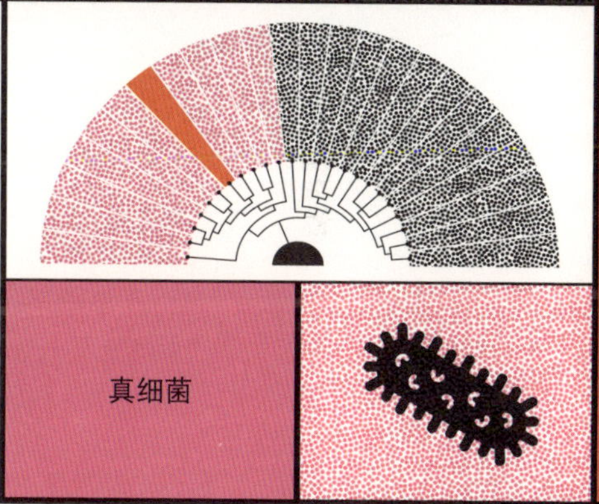

真细菌

真细菌 > 芽单胞菌门

芽单胞菌

芽单胞菌门

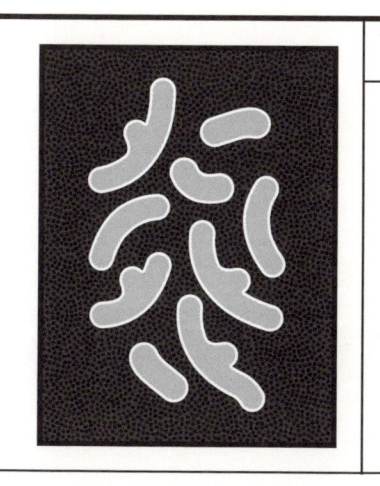

具体内容

芽单胞菌是真细菌中最神秘的成员。科学家们几乎找不到任何芽单胞菌的活体样本，但它们的 DNA 却无处不在。无论是在土壤和海洋，还是山涧和污水处理厂中，都能发现这些 DNA 的身影。芽单胞菌一定很重要，但我们目前尚不清楚其重要性在哪里。首个芽单胞菌样本是在一个污水处理厂的恶臭污泥中发现的，它们以污泥中的化学物质为食。其他的芽单胞菌则利用光能自己合成食物，有一种芽单胞菌甚至可以分解有害的温室气体。也许有一天，它们能帮助我们找到解决气候突发事件的新方法。

当前位置

真细菌

细菌域（真细菌）

古菌域

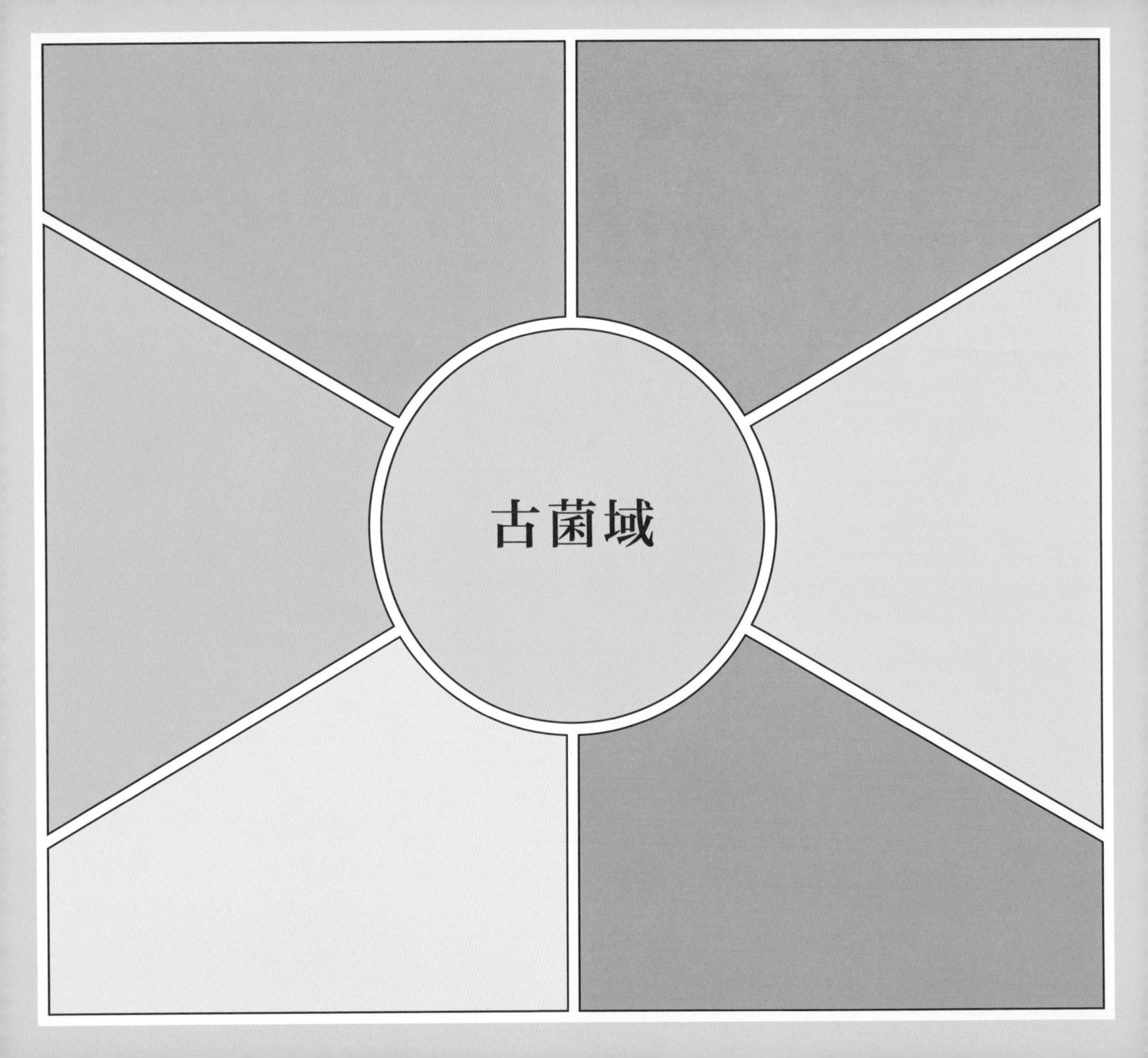

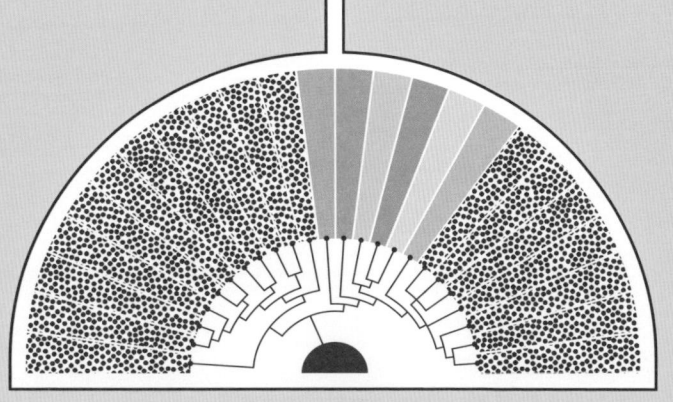

古菌

长期以来，科学家们不够重视古菌，认为它们只是一些细胞结构简单的细菌，与许多细菌并无分别。但当人们发明出了读取基因的工具后，这种观念发生了改变。事实证明，古菌的细胞结构和动植物的细胞结构非常相似，远古的古菌甚至可能是我们的祖先。

如果对地球上的每一种生物进行称重，那么古菌的重量会占总重的五分之一。虽然古菌是非常微小的**微生物**，但它们的数量却超过了地球上大多数生物，因此古菌在大多数**生态系统中**发挥着关键作用。

我们知道古菌在生命之树上有着重要地位，科学家们也希望能尽快找到与它们有关的更多信息。如今约有500种古菌被命名，它们栖息的范围比任何生物都要广。有的古菌生活在温和的环境中，如土壤、海洋和动物肠道；更多古菌是嗜极菌，喜欢生活在环境恶劣的**栖息地**，如极热的间歇泉、冰冷的南极水域、有腐蚀性的湖泊、有毒的矿井以及黑暗高压的深海，大多数生物无法在这些环境中存活。环境越是恶劣，能发现的古菌种类就越多。

为了在这些地方生存，古菌已经进化出很多获取和利用能量的本领，这些本领非常特别。有的古菌能够释放有毒**矿物**中的能量（如恶臭的硫化氢或氨气），有的从空气中获取碳，还有的将阳光作为能量来源。此外，古菌能够产生的废物也很特别，比如在农场动物（和人类）肠道里产生的甲烷气体。古菌是很多动物体内**微生物组**的一部分，但与其他微生物不同的是，古菌很少引发疾病。这也是我们花了这么长时间才发现古菌的一个原因，另一个原因是大多数古菌都喜欢极端环境，因此很难在实验室中对其培养和研究。

我们仍需要探索不同古菌之间以及古菌与其他生物之间的关系。本章探讨了迄今为止所发现的最大、最重要的古菌群，然而古菌在生命之树上的确切分类还远未确定。

古菌 > 广古菌门

产甲烷菌和嗜盐菌

广古菌门

自然界中有一些奇怪的现象，如诡异的光、紫色的湖泊以及奶牛打嗝，而这些奇怪现象的幕后主使就是广古菌。

当前位置

古菌

关键信息

- 广古菌门有几百个物种；
- 大多数都非常小，长度不到1微米；
- 深海热泉、动物肠道、垃圾堆、干燥沙漠、盐湖、油井以及地球表面以下的矿井，都有广古菌门分布。

样本

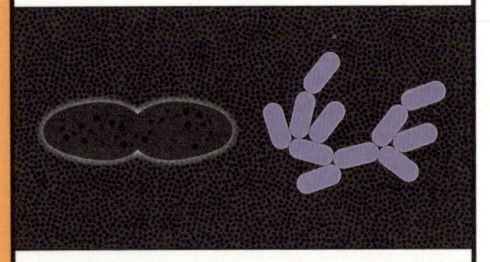

盐沼盐杆菌（Halobacterium salinarum）

具体内容

Euryarchaeota（广古菌门）一词来源于希腊语，含有"种类繁多"之义。广古菌门中有很多种微生物，可以分为三个更小的类群，即耐高温的古菌（嗜热菌）、栖息在高盐环境中的古菌（极端嗜盐菌）和能产生甲烷的古菌（产甲烷菌），但有的广古菌具有以上两种或三种能力。

一类广古菌分布于地球上最极端（和最臭）的环境中，如富含**硫黄**的温泉以及格陵兰岛0℃以下的冰层深处。有些科学家认为，有一天或许能在火星上找到产生甲烷的广古菌，因为它们不仅能在恶劣的环境下生存，释放的气体混合物也与火星上的空气出奇地相似。

另一大类广古菌称为嗜盐菌，因喜欢盐分而得名。嗜盐菌最适宜的栖息地含盐量至少是海水的三倍，如死海和南极咸水湖，甚至是咸鱼体内。人们对此感到无比惊奇，因为在盐分高的环境中，大多数生物都会受伤或死亡（这也是最初用盐来保存食物的原因）。这种适应性机制能够有效保护嗜盐**细胞**免受损害。迄今发现最古老的**DNA**属于一个古老的嗜盐菌物种，是在4.19亿年前的盐晶体中发现的。

共同特征

- 形状和大小多样，有球状、杆状、丝状等，广古菌的细胞甚至有三角形的；
- 有些产甲烷菌有着与细菌类似的细胞壁，这对于古菌来说很不寻常。

好邻居？

有些广古菌会产生甲烷。甲烷是一种温室气体，会导致全球变暖和气候变化。有些广古菌则能够吸收甲烷，并将其分解为碳源。总之，这些广古菌是地球碳循环的重要一环。

1	**幽灵之光**
	在夜晚，沼泽地上空的"幽灵之光"曾是民间鬼故事的灵感来源，例如"鬼火"的传说。如今，科学家们对此做出了解释：这些诡异的光其实是一种会发光的"沼气"混合物，是泥浆中的产甲烷菌制造的。
2	**温室气体**
	甲烷是一种强效温室气体。在全世界每年制造的甲烷中，几乎有四分之一都来源于生活在稻田和其他陆地栖息地里的广古菌。
3	**盐分爱好者**
	嗜盐广古菌的细胞膜中含有粉色和红色色素，与胡萝卜和西红柿中的色素相同。由于盐湖中栖息着大量广古菌，湖水看起来通常呈粉色或紫色。
4	**甲烷"制造商"**
	产甲烷菌通常分布于没有氧气但有氢气积聚的环境中，例如粪便堆。这些广古菌可以利用氢气产生甲烷气体，并在这个化学反应中释放出能量，而它们依赖这些能量生活、生长和繁殖。
5	**原谅我！**
	产甲烷菌也同样生活在食草家畜和人类肠道中。产甲烷菌产生的甲烷气体会在我们放屁时一同释放出来（尽管肠道中大部分气体只是我们吃喝时吸入的空气）。

古菌 > 泉古菌门

嗜热嗜酸古菌

泉古菌门

最耐热的嗜热微生物属于泉古菌门，虽然它们体型微小，但却十分顽强。它们的最佳生长环境是高达100℃的热水，与壶中沸腾的水温度相同。

当前位置

古菌

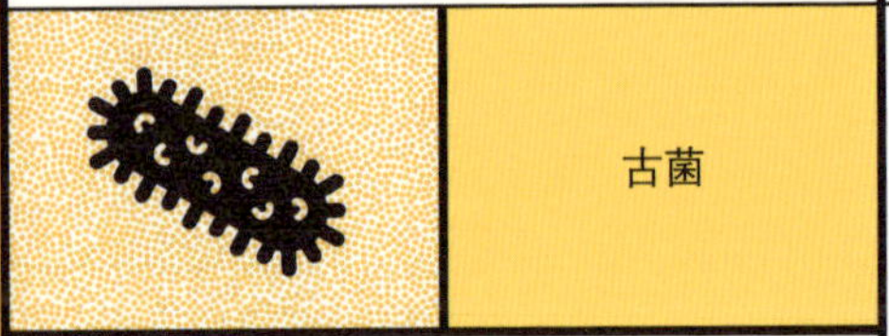

关键信息

- 目前泉古菌门已有近50个物种被命名；
- 单个细胞长度小于1微米，但连接在一起能够形成100多微米长的细丝；
- 分布于热水环境中，无论是**海底热泉**还是温泉，都有泉古菌的存在。

样本

极端铁代谢嗜热菌（Pyrodictium Abyssi）

具体内容

所有泉古菌都生活在水里，但并非所有的水里都有它们的身影。它们喜欢极热的环境。有些泉古菌可以在温度高达113℃的环境中生活，比如地下热水、火山泥浆、温泉，以及**海底热泉**附近。

火山和温泉周围的泥浆和土壤中通常富含硫黄，里面的许多微生物将硫黄作为食物和能量来源。有些微生物利用硫黄，就像我们利用氧气一样，都是将其用于化学反应，在化学反应中食物的能量得以释放。

为了能够在恶劣的环境中生存，很多泉古菌进化出了抵御辐射或酸性物质的能力。有些甚至生活在热的稀硫酸溶液中，这种溶液具有很强的腐蚀性，因此人类将其用作下水道清洁剂。硫酸会灼伤皮肤、溶解金属，但对泉古菌来说却是极佳的生存环境。

在极端环境中生长繁殖的泉古菌是首批被发现的古菌类群，它们非常神奇，因此科学家们对其了解甚多。最近，我们才知道它们有近亲生活在土壤和海洋中温度较低的地方（见第40页）。

共同特征

- 许多细胞形状奇特，例如不对称的圆盘形、矩形、杆形和奇异的球体；
- 有些会形成庞大的细胞群，就像一串葡萄紧紧抱在一起，有些会利用束状纤维结成细胞网络。

好邻居？

这些微生物喜欢极端栖息地，这种栖息地可能与地球上早期生命产生时的环境类似，因此研究泉古菌可能有助于我们了解最早的生物是如何生存的。不仅如此，泉古菌产生的酶能在极端条件下发挥作用，所以生物技术行业对泉古菌也有浓厚的兴趣。

1	**火星上有生命？**
	从太空拍摄的火星照片中，我们可以推测出，火星表面可能曾被温泉覆盖。派往火星的机器人漫游车一直在寻找古代火星微生物的踪迹，如果有一天能够找到这些踪迹，就能证明火星微生物可能与温泉中分布的泉古菌具有相似的特征。
2	**硫黄爱好者**
	热变形菌喜欢富含硫黄的温泉，可以在高达97℃的酸性环境中生存。它们将硫黄作为食物，从中获取能量，并产生臭鸡蛋味的硫化氢。
3	**生活在热水中**
	除硫球菌在耐高温方面创下了世界纪录！它们可以在温度高达113℃的海底热泉周围生存。事实上，它们最适宜的生长温度是105℃，这样的温度高于沸水温度，通常水会变成水蒸气，但是深海的巨大水压却能让沸水难以蒸发，一直保持在液体状态。
4	**火山居民**
	活火山可能不是你寻找生命的最佳选择，但生物学家们惊奇地发现，在意大利维苏威火山周围的黏稠泥浆中生活着一种古菌，即硫化叶菌。硫化叶菌可产生硫酸，能够**在氢离子浓度指数（pH）为2**（酸度与柠檬汁相当）的环境中生存。不仅如此，它们体内还携带着大量病毒。

古菌 > 奇古菌门

固氮菌

奇古菌门

当前位置

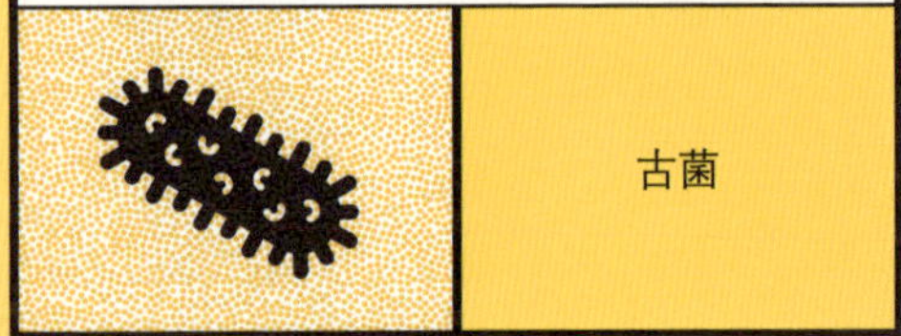

古菌

关键信息

- 科学家发现奇古菌门至少有 80 个物种，但只有少数被命名或研究；
- 包括一些宽达 10 微米、长达 24 微米的巨型菌株；
- 在深海、泥泞的亚马孙河、土壤（尤其是深层土壤和泥炭）和红树林沼泽中均有分布。

样本

氨氧化奇古菌（Nitrosopumilus Maritimus）

海洋中至少有五分之一的微生物属于奇古菌门，奇古菌在地球的氮循环和碳循环中扮演着重要角色。

具体内容

海洋是地球上最大的生物栖息地。在海洋表面附近，生存着植物（第 46 页）和蓝细菌（第 24 页），它们处于大多数食物链的底端。在这里，它们可以获取光能，并将其转化为食物中的化学能。然而，世界上海洋的平均深度为 3.7 千米，远远超出了太阳光的照射范围，这意味着巨大的海洋栖息地有 95% 的区域是完全黑暗的。

长期以来，科学家对深海生物的食物来源感到困惑：它们仅靠从海面沉下来的残渣就可以存活吗？它们能否依靠深海热泉周围微生物制造的食物为生？科学家们在深海中发现大量的奇古菌后，终于解开了谜团。

奇古菌生活在海洋的深处，包括深度为 6~11 千米的哈达尔区——地球上环境最恶劣的栖息地之一。奇古菌是这个区域唯一的浮游生物，许多奇特的深海生物之所以大量捕食奇古菌，是因为它们除了奇古菌以外，几乎没有任何食物。

生物学家们首次发现奇古菌时，认为奇古菌是生命树上泉古菌门的一个分支。但随着对奇古菌基因的进一步了解，我们逐渐意识到奇古菌门本身就是一个单独的分支，是地球上最重要的分支之一。

共同特征

- 许多细胞有古菌鞭毛，即从细胞表面伸出的细长鞭毛或"尾巴"；
- 古菌鞭毛可以帮助细胞移动，也可以帮助它与其他细胞互动；
- 有些物种的细胞连接在一起，可以形成长达 30 毫米的丝状物。

好邻居？

奇古菌能促进地球的碳循环和**氮**循环，所有生命都依赖这两大循环。人类正在研究如何让奇古菌在不同领域发挥作用。例如，氨对鱼类是有毒的，有些奇古菌可以通过分解氨来获取氮和能量，所以在鱼缸和水族箱里放入奇古菌能让鱼类保持健康。

古菌域（古菌）

#		
1	**马里亚纳海沟**	即使在没有光的海洋最深处，奇古菌也可以将腐烂有机物中的化学物质转化为其他海洋生物所需要的营养物质。因此，奇古菌在海洋生态系统中发挥着不可或缺的作用。
2	**海绵的好伙伴**	有的奇古菌与海绵是共生关系（第104页），它们能够在海绵体内生活，但不会成为海绵的食物。事实上，海绵体内超过三分之一都是微生物。奇古菌会产生对海绵有益的化学反应，例如一些反应有助于海绵抵御捕食者，能产生海绵所需的营养物质并帮助它排出有毒废物。这也解释了为什么海绵在自然界中进化得如此成功。
3	**研究难度可不小**	将奇古菌从海水中提取出来，再放到实验室中培养，这个过程非常困难，所以只有极少数奇古菌能用于研究。但也有成功的例子，在美国西雅图的一个热带水族馆里人类就首次培育出了奇古菌。
4	**土壤超级英雄**	一些奇古菌生活在陆地上，可以分解森林土壤中腐烂的植物。
5	**红树林里的微生物**	巨型奇古菌分布于红树林沼泽中的树根处，它们在生态系统中扮演着重要角色，可以循环利用生命的基本组成元素。

古菌 > 初古菌门

初古菌

初古菌门

当前位置

具体内容

我们越是努力寻找古菌，就越能意识到古菌种类之繁多。初古菌门是第三个被认定的主要类群，它们的基因显示出特别之处。大多数生物获取食物或能量的方式只有一种，但有些初古菌门物种却在基因中编辑了两种方式。这意味着它们或许能够根据自身所处的条件，选择合适的方式将食物转化为能量。目前为止，我们已经在**海底热泉**附近炎热的栖息地和陆地热泉中发现了初古菌。

古菌

古菌 > 纳古菌门

超小型古菌

纳古菌门

当前位置

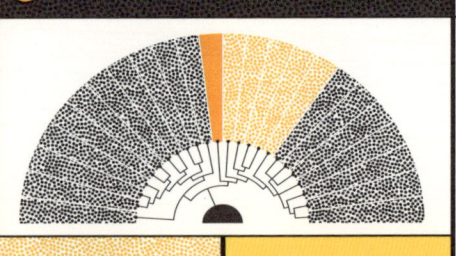

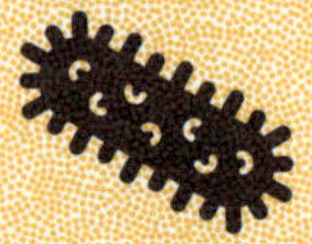

具体内容

纳古菌门是一个由小型古菌组成的庞大类群，包含了迄今为止发现的最小生物。每个纳古菌细胞大小只有大肠杆菌的百分之一。它们寄生在大型嗜热古菌表面，依赖宿主产生的物质才能生存和繁衍。纳古菌的**基因组**或"指令书"也是科学家目前在生物体内发现的最小的。

古菌

古菌 > 阿斯加德古菌门

阿斯加德古菌

阿斯加德古菌门

具体内容

2015 年，人类首次在大西洋海底 3.3 千米处发现阿斯加德古菌，它生活在名为"洛基城堡"的海底热泉附近。此后，很多古菌都用北欧神话中的神名和地名来命名，例如洛基古菌及其近亲索尔古菌、奥丁古菌和海姆达尔古菌。

人们一度认为制造蛋白质的指令只存在于植物、动物、真菌和原生动物中，但令人惊讶的是，阿斯加德古菌竟然也有这个指令。这一发现证明了古菌是所有真核生物的**共同祖先**，并改变了生物学家对地球生命的认知。

1 索尔古菌

我们很难在自然界中找到阿斯加德古菌，在实验室中对其进行培育和研究就更是难上加难。科学家们用了12年的时间，才首次在实验室里培育出阿斯加德古菌。首先，科学家们从太平洋底的泥土中挖出样本；之后，他们花了5年时间在实验室里模拟出富含甲烷的栖息地。即便如此，阿斯加德古菌的数量需要25天才可以成倍增长（而大多数细菌在1小时或1小时内就可以成倍增长），但这种等待是值得的。科学家们用显微镜观察到了阿斯加德古菌带有触角的怪异细胞，发现它们可能会利用这些触角附着在其他微生物身上并与宿主共同生存。

当前位置

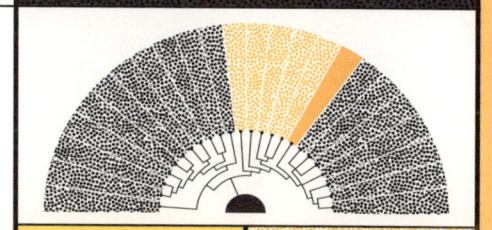

古菌

古菌域（古菌）

43

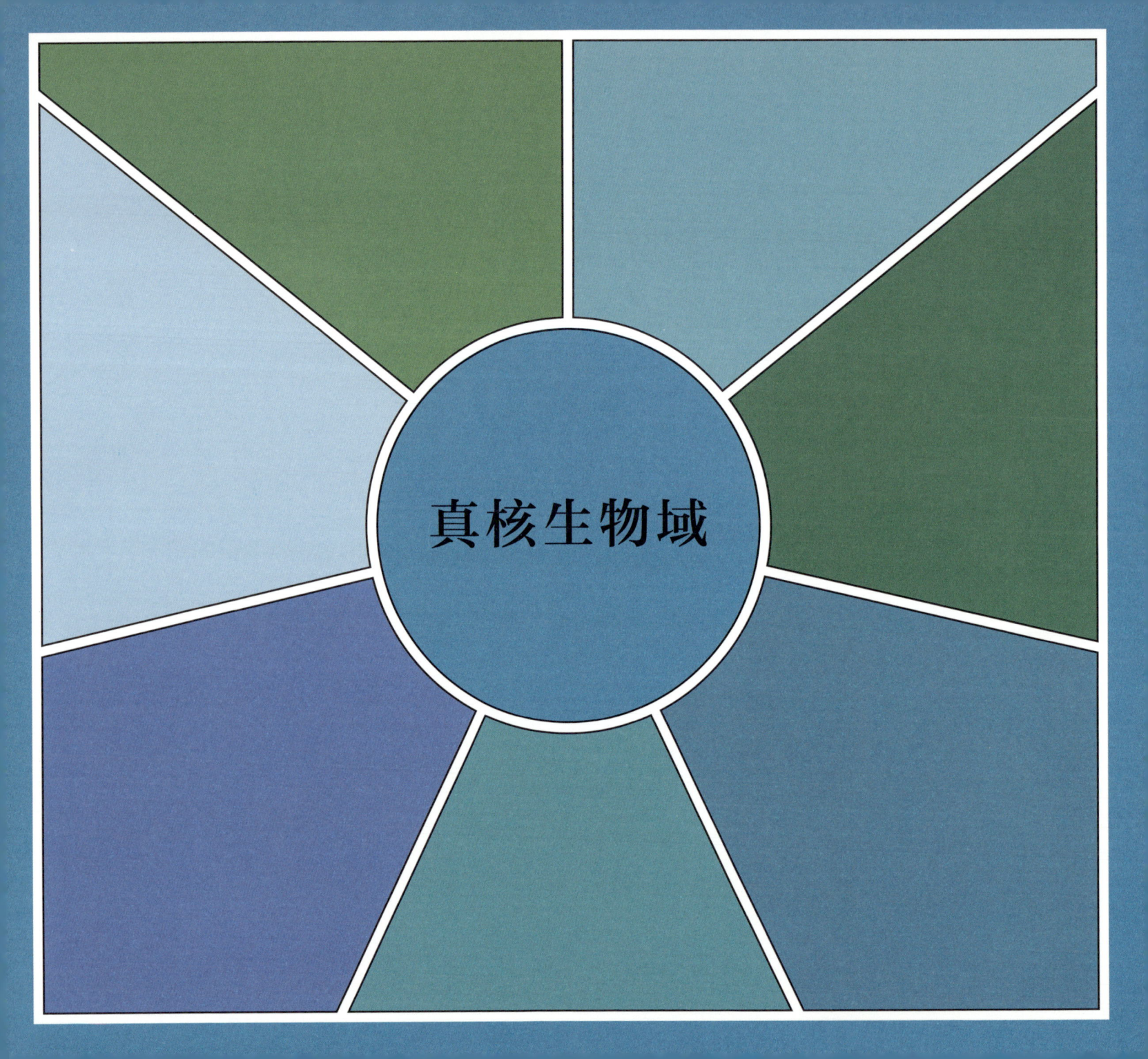

真核生物域

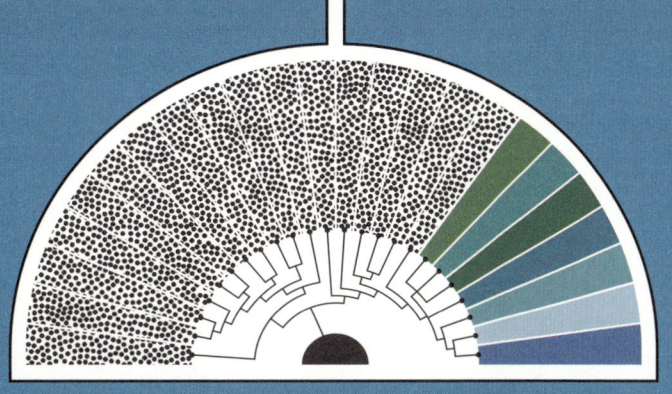

真核生物

欢迎来到地球上最大的生命之域。到目前为止,已经有近200万种真核生物被命名,几乎涵盖了所有你看到的生物——植物、藻类、真菌和动物。

真核生物域既囊括了蓝鲸、参天大树等大型生物,也囊括了酵母(yeast)、阿米巴原虫等微小单细胞生物。

从表面上看,不同真核生物的外观和行为可能差别很大,但其**细胞**十分相似。本书在前两章讲到了细菌和古菌这些原核生物的细胞,相比之下,真核生物的细胞更复杂,也更有序。真核生物的细胞有着不同的分区和称为细胞器的微小结构,它们具有不同的功能。

真核生物域覆盖的范围很广,所以该部分将分为三节展开。第一节介绍植物和藻类,它们的细胞有着了不起的能力,可以获取光能,自己制造食物,并因此养活了地球上大多数生物。

第二节介绍了生命之树上最大的两个进化枝,即动物和真菌。和植物一样,大多数真菌和所有动物都是多细胞生物,都由几十亿个或几万亿个细胞组成。它们也进化出了令人眼花缭乱的形态和生活方式。

真核生物域还包含一些称为原生动物的微小单细胞生物。有的原生动物非常奇特,归属很难界定,科学家在困扰了很长时间后,也只好将其归入原生动物界。第三节介绍了真核生物分支上一些重要的原生动物。虽然本书将这些分支放在一起,但通过观察它们的DNA可以发现,不同进化枝上的原生动物间区别很大,就如同植物和动物间的区别。

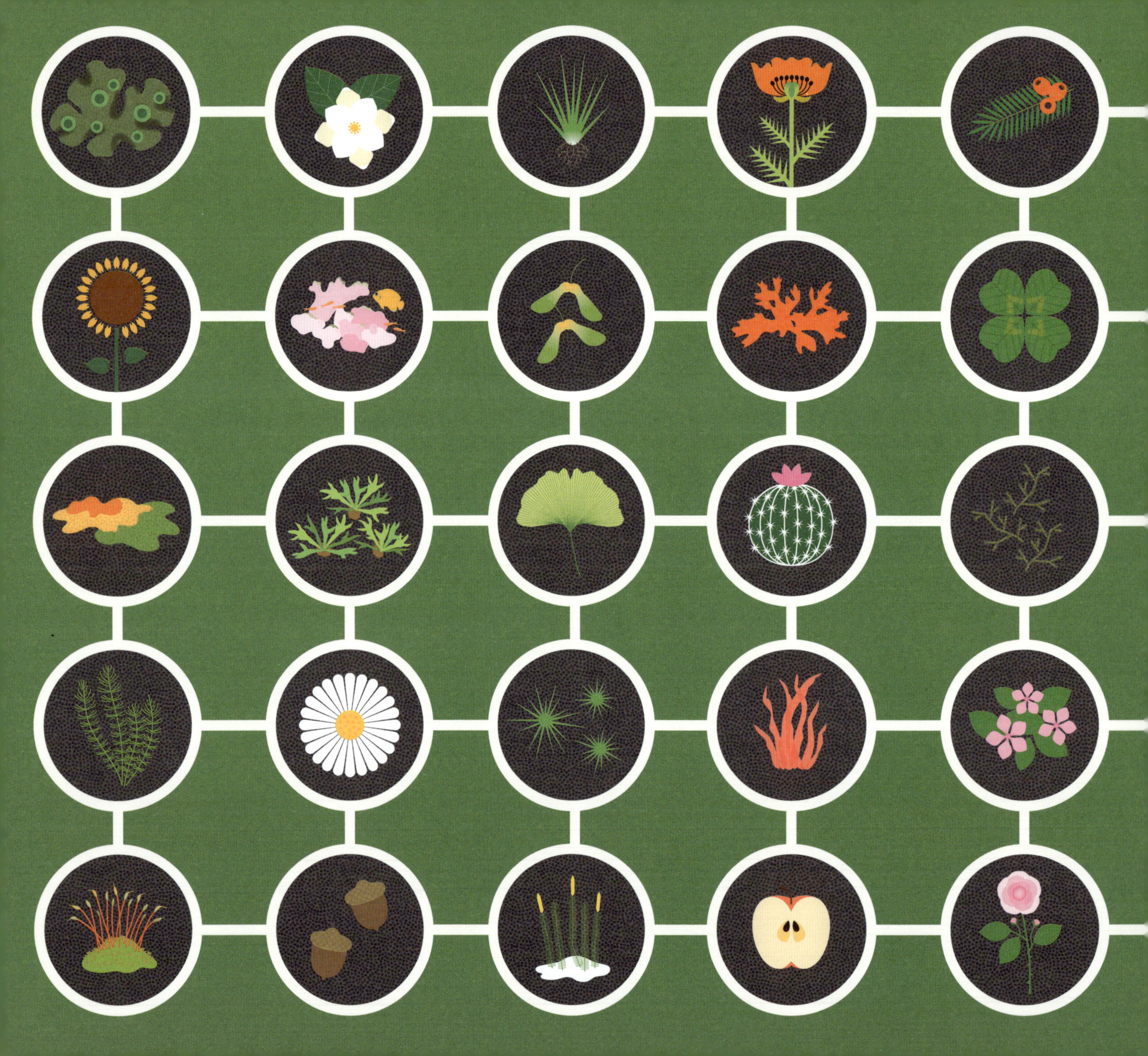

植物和藻类

原始色素体生物

束手就擒吧,你已经被包围了!植物和藻类已经遍布地球表面的每一个角落,如海边、山顶、雨林和沙漠。

你可能很善于观察植物,但你能区分藻类和变形虫吗?为什么树是植物而毒蘑菇不是呢?答案就藏在植物和藻类细胞的深处。

植物和藻类细胞中的微小结构称为质体,它们利用光能制造食物。这种超能力就是**光合作用**,非常古老又高效。植物和藻类已经在地球上生活了十多亿年,不过大多数仍然只能通过光合作用来获取食物。原始色素体生物(Archaeplastida)甚至是以其质体的名字来命名。

真核生物极大地影响着地球上的生命。绿藻和植物的祖先最开始在陆地上生活时,改变了陆地上的空气和气候,全新的**栖息地**就此形成。因此,动物能够从海洋转移到陆地。如今,动物从植物和藻类那里几乎获得了所需要的一切,比如食物。如果没有植物和藻类,也不会有其他生物的存在。

准备好了吗?接下来就让我们一起探索生命之树上的植物和藻类,了解它们究竟以何种方式来塑造我们的家园。

真核生物 > 原始色素体生物 > 红藻门

红藻

红藻门

当前位置

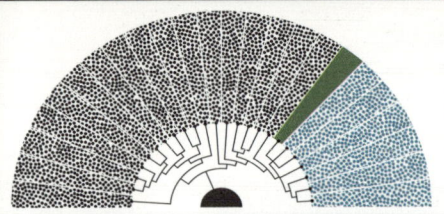

真核生物

原始色素体生物

关键信息

- 红藻门有5000多个物种；
- 无论是大型海藻，还是微小单细胞藻类，都属于红藻门；
- 大多数红藻分布在靠近海岸的咸水中，但也有少数分布在淡水中。

样本

紫菜（pyropia）

红藻会出现在科学实验室、冰激凌店和寿司店这些你意想不到的地方。

具体内容

你在岩池中或海滩上看到的红色海藻，其实是红藻这一古老藻类中结构简单、类似植物的生物，但它们又不像真正的植物一样有根、茎或叶。最古老的红藻化石有10多亿年的历史。

大多数红藻生活在咸水栖息地中。与陆地上的植物一样，红藻依靠阳光自制食物，所以它们生长在海岸附近，那里的水很浅，可以进行"日光浴"。

红藻依靠称作色素的彩色物质来吸收光能，从而进行光合作用。植物和藻类中的主要色素是**叶绿素**。除了叶绿素以外，红藻中还有红色和棕色**色素**，可以帮助它们获取更多光能。红藻主要吸收蓝光，因为蓝光在水中传播得最远。因此，与其他进行光合作用的生物（绿色植物和其他藻类）相比，红藻生活在海里更深的地方——水下270米处，这个深度几乎相当于埃菲尔铁塔的高度。

红藻能够从阳光中获得许多能量，因此它们在海洋食物链中发挥了巨大的作用。它们不仅是鱼类、蠕虫和许多生物的食物，还是海水中氧气的重要来源。

共同特征

- 生命周期复杂，共有三个阶段；
- 细胞壁非常坚固，能够保护它们免受病菌、汹涌的海浪、阳光和其他物体的伤害；
- 含有绿色、红色和棕色的色素。

好邻居？

有些地方，红藻是一种重要的食物。不仅如此，红藻也可以用于制药，其提取物也可以添加到食品和化妆品中，用来改变颜色或质地。此外，像琼脂这种重要凝胶的制作也离不开红藻的参与。

真核生物域（真核生物）——植物和藻类（原始色素体生物）

1	**琼脂**	
	红藻被用来制作琼脂。生物学家用这种果冻状的物质培养**微生物**，以便能更近距离地观察研究对象。	

2	**珊瑚礁建设者**
	数百万年来，有些红藻帮助珊瑚建造了热带珊瑚礁。单细胞藻类如珊瑚藻，可以为自己建造坚硬的外壳，这些外壳甚至在藻类死后也能保持原状。这些藻类在建造外壳上非常出色，甚至被人类用来培育替代骨骼。

3	**优秀的浸渍剂**
	海藻生活在咸水中，体型很大，不借助显微镜也能看见。红藻可以附着在岩石、蛤蜊、海螺甚至其他海藻上。它在附着的地方，吸收透过水面阳光中除了红光以外大多颜色的光，这就是红藻看起来是红色的原因。

4	**食品添加剂**
	红藻坚固细胞壁中的一些特殊物质溶于水后便形成凝胶。凝胶剂能够让我们的食物变得黏稠，比如，酸奶、冰淇淋、珍珠奶茶和果酱中就添加了凝胶。

5	**制作寿司的材料**
	可食用红藻中含有丰富的维生素和蛋白质。紫菜就是一种红藻，烘干后会变绿变脆，可用来包寿司。

真核生物 › 原始色素体生物 › 绿色植物

绿藻和陆地植物

绿色植物

当前位置

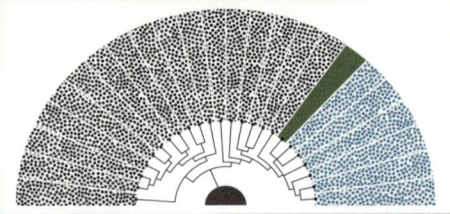

真核生物

原始色素体生物

关键信息

- 绿藻多达 1.2 万个物种，陆地植物超过了 43.5 万个物种；
- 无论是直径仅 0.2 微米的微小浮游生物，还是有 60 米长叶片的巨大海藻，都属于绿色植物，有的陆地植物甚至比巨大的绿藻还大；
- 在陆地和水中随处可见。

样本

常见的地钱

绿色植物在自然界中非常重要！它们是生物圈中最大的生物类群之一，其成员随处可见。

具体内容

绿色植物这一**进化枝（clade）**上的植物通常是绿色的，很容易被发现。绿色来自一种称为叶绿素的色素，无论是微小的单细胞藻类，还是高大的树木，其细胞中都含有叶绿素。绿藻和植物利用叶绿素吸收光能，以此来制造食物，并将食物储存起来备用。

绿藻最初可能是在海洋中进化，如今大多数绿藻仍然生活在水中。有些绿藻附着在石头或其他水下物体上，有些则在水中自由漂浮，在死水表面形成"浮渣"，将水染成绿色。绿藻同时也是水生生物的食物和氧气的重要来源。

大约 4.7 亿年前，有些绿藻从水中转移到陆地上，它们的到来改变了地球原有的样子。这些古老的藻类是如今所有陆地植物的祖先。数百万年来，植物重塑了地球上的气候和陆地，创造出了其他陆生生物的栖息地。

有些绿藻仍然生长在水面、树干、土壤以及露天的岩石上。但如今陆地植物的数量已经超过了它们的藻类祖先，成为大多数陆地栖息地的主要生物。接下来本章将继续深入介绍陆地植物的多样性。

共同特征

- 细胞中含有两种叶绿素以及黄色和棕色色素；
- 它们制造的淀粉类食物可以储存起来，在需要时转化为糖类；
- **纤维素**可以提高细胞壁的强度，有助于植物和藻类维持其形状并保持直立。

好邻居？

世界上几乎所有食物链都是从绿藻和陆地植物开始的。我们还利用它们来制作衣服、建造房屋、生产药品和燃料，以及你能想到的一切东西。绿藻中的色素甚至可以用来预防癌症。

真核生物域（真核生物）——植物和藻类（原始色素体生物）

1	**绿藻**
	最容易发现的绿藻是海藻，例如巨儒艮的食物海白菜。虽然绿藻看起来非常繁茂，但大型绿藻没有真正的根、茎或叶，结构比大多数陆地植物更简单。
2	**浮游植物**
	和陆地植物一样，藻类能吸收空气中的二氧化碳，但藻类的生长速度更快。1立方米藻类吸收的碳量相当于100平方米森林的吸收量，最小的绿藻是重要的浮游植物，它们吸收的能量和**营养物质**可以通过海洋食物链来传递。
3	**陆地植物**
	陆地植物成功找到在陆地上生存的方法，如今已经繁衍出了几十万个物种。本章接下来将介绍一些主要的陆地植物。
4	**地衣**
	你是否发现过树上或石头上生长着卷曲、易碎或黏稠的地衣？地衣其实是绿藻与真菌两种生物的混合体，二者是共生关系。如果仔细观察，你可能还会发现有的"地衣"其实是斑点蛾伪装的。
5	**奇怪的栖息地**
	有些绿藻生活在其他生物体表或体内，例如树懒的毛发上。树懒像海绵一样的毛发不仅是绿藻的庇护所，也是蓄水池，能够为绿藻提供水分。作为回报，绿藻为树懒提供营养物质或帮助行动缓慢的树懒进行伪装。

真核生物 > 原始色素体生物 > 绿色植物 > **有胚植物**

陆地植物

有胚植物

当前位置

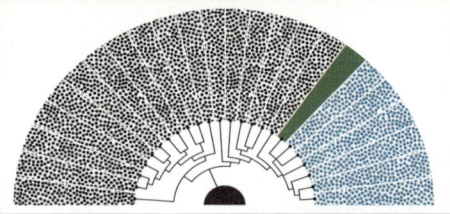

真核生物
原始色素体生物

关键信息

· 有胚植物有 43.5 万个物种；
· 无论是不到 1 毫米宽的芜萍，还是 100 多米高的参天大树，都属于有胚植物；
· 有胚植物在所有陆地上均有分布，如南极洲的沿海地区。

样本

番红花(crocus)

在海洋生命诞生大约 30 亿年后，植物才开始在陆地上生活，但它们很快就把地球变成了自己的家园。

具体内容

陆地植物是一个庞大且重要的生物类群。如果我们回顾历史，会发现了解陆地植物如何征服地球这件事情非常有趣。陆地植物的化石显示，它们大约在 4.7 亿年前的奥陶纪时就生活在陆地上。那时，地球上的浅海中已经有许多生命，所有生物都在争夺能量、生存空间和营养物质。有些绿藻另辟蹊径，选择长时间离开水域，附着在海岸边的岩石上，享受着"日光浴"，借助光能制造食物。

藻类死亡后会形成**沉积物**，冲到有泥沙淤积的地方，例如河流与海洋交汇的河口处。腐烂的藻类形成了最初的土壤，为新的陆地植物创造了生长的栖息地。从那时起，数千种不同的陆地植物不断进化，将地球上的陆地变成了绿色。

最初的陆地植物必须得适应有空气而没有水的环境。它们很难保持细胞内的水分，因为水分遇到阳光和风会迅速蒸发。因此植物进化出名为**角质层**的保护层，以锁住水分，这个保护层就是你在叶子上看到的有光泽的蜡质表层。环境越干燥，植物的角质层往往就越厚。

共同特征

· 因为有胚植物含有绿色色素，所以呈亮绿色；
· 细胞中也含有其他颜色的色素；
· 食物以淀粉形态贮存；
· 细胞壁中含有纤维素；
· 陆地植物的学名为"有胚植物"，因为它们生命周期中有一个阶段叫"**胚**"，但藻类没有这一阶段。

好邻居？

很难想象没有陆地植物的生活会是什么样的，因为我们吃的大部分食物、呼吸的氧气都与陆地植物息息相关。我们还用陆地植物来制作衣服、建造房屋、生产药品和燃料，以及其他你能想到的一切东西，甚至你正在阅读的书也是用植物制成的。

真核生物域（真核生物）——植物和藻类（原始色素体生物）

1	**极端环境下的生存者**
	除了冰雪长期覆盖的地方，陆地上几乎到处都有植物存在。南极洲是唯一没有乔木或灌木的大陆，但苔藓（见第56页）、地钱（见第54页）和禾草（见第76页）能够在此生长。
2	**构造简单的植物**
	与大多陆地植物相比，地钱、苔藓和角苔的体型更小，构造也更简单，但如果在显微镜下观察，你就会发现它们不仅形态丰富，还特别漂亮。
3	**种子植物**
	种子植物能够产生种子。种子是一种很特别的胚胎，如果没有合适的生长环境，就会一直处于休眠状态。许多种子植物还会形成一种称为木质的坚韧组织，所以它们比其他植物长得更高，这更利于获取阳光。
4	**维管植物**
	大多数陆地植物都有特殊的**组织**（木质部和韧皮部），可以将水和食物运输到植物的各个部分。将芹菜茎部放到一杯稀释的墨水或食用色素中，你就会看到这个过程，但别把做实验的芹菜吃掉哦！
5	**永葆生机**
	陆地植物和大多数生物都不一样，它们的细胞非常特殊，只要植物还活着，细胞就会不断分裂。因此，只要植物细胞没有死亡，植物就不会停止生长。就像饥饿的食草动物一样，只要有一口吃的就能活下去。

真核生物 > 原始色素体生物 > 绿色植物 > 有胚植物 > 地钱门

地钱

地钱门

当前位置

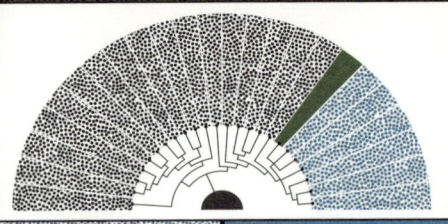

真核生物
原始色素体生物

关键信息

- 地钱门有 9000 多个物种；
- 宽度从小于 1 毫米到大于 5 厘米不等；
- 遍布世界各地，特别是热带森林、沼泽、腐烂的原木和潮湿的土壤这类栖息地。

样本

叶状地钱（thallose liverwort）

地钱的体型虽小但力量强大，能够帮助我们了解植物最初是如何征服陆地的。

具体内容

古老的化石表明，地钱是最早在地球上出现的陆地植物。在恐龙还未出现时，这些小型植物就已经开始进化，并且在沙漠、北极这些地方不断发展壮大。200多年来，生物学家通过地钱来探索植物的奥秘，比如植物细胞如何工作，植物如何寻找最适合自己的生长方式。

小小的地钱生长在潮湿物体的表面，如岩石、树木和溪边。它们是小型"杂草"，常在室内植物的潮湿土壤上像变魔术一样地冒出来。如果仔细观察，你就会发现地钱没有根、种子、花和果实，只有圆圆的叶子，和我们的睫毛差不多长。但地钱并不如表面看起来那样"弱小"，它们能够分解自己居住的岩石，促进土壤形成。此外，地钱与细菌和真菌的关系密切，在它们的帮助下完成各项工作，例如附着在地面生长。

地钱的悠久历史，让试图弄清植物如何开始在陆地上生长的科学家们很感兴趣。人们认为，现在的地钱无论是在外观还是行为上，都比其他植物更像最初的陆地植物。地钱和其他植物都进化了很长时间，但它更早找到了适合自己的生长方式。

共同特征

- 没有运输水分的根或脉络；
- 体积很小，可以从栖息地表面（甚至空气中）吸收水分；
- 没有种子，通过**孢子**繁殖。

好邻居？

有些园艺师将地钱视作一种杂草，因为它们能够快速"偷走"幼苗生长所需的空气和阳光。但是，地钱是动物重要的食物来源，也能分解**腐烂**的木头。目前科学家正在研究地钱叶子里的化学物质，希望能利用它们来帮助人类更好地生活。

真核生物域（真核生物）——植物和藻类（原始色素体生物）

#	
1	**生态缸里的"大麻烦"**
	地钱非常适合在潮湿的环境中生长，常在生态缸中占据重要位置。人们为了建生态缸，会从野外采摘植物，所以建造太多生态缸会带来很多问题。
2	**像"肝脏"一样的植物**
	有些地钱（liverwort）的叶片会分叉，形状有点像肝脏（liver），这就是其名字的由来。
3	**科学之星**
	科学家研究一个树种在植物家谱中的归属时，经常将其遗传信息与常见地钱的**基因组**进行比较。200多年来，生物学家一直利用小小的地钱来了解植物内部的运作情况，了解细胞和染色体如何工作，以及植物如何找到自己的生长方式。
4	**谋杀案之谜**
	冰人奥茨（Ötzi the Iceman）是著名的冰冻木乃伊，是5300年前被谋杀的史前人类。科学家在仔细观察与奥茨一起困在冰中的地钱后，推断出了他死前的行走路径。
5	**叶状地钱**
	叶状地钱也被称为"鳞苔"，生长在潮湿的热带森林中，一般附着在树干或树叶上。这种生长在其他植物上的植物，我们称之为附生植物。

真核生物 〉 原始色素体生物 〉 绿色植物 〉 有胚植物 〉 苔藓植物

苔藓

苔藓植物

当前位置

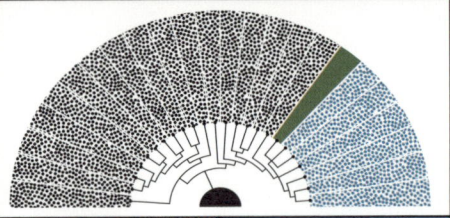

真核生物

原始色素体生物

关键信息

- 苔藓植物约有 1.2 万个物种；
- 无论是 1~2 毫米高的生物，还是 60 多厘米高的"小丘"，都属于苔藓植物；
- 除咸水外到处都有分布，尤其是潮湿的地方，因为苔藓必须在潮湿的地方才能繁殖。

样本

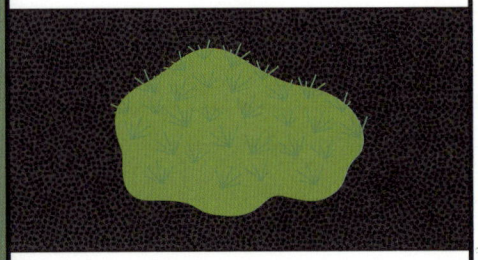

泥炭藓（sphagum）

苔藓体型小、有弹性，是最早生活在陆地上的植物。

具体内容

苔藓体型小、结构简单，没有真正的根，也没有茎、花或种子。然而苔藓生长密集，像地毯一样铺满了大片森林，形成的有弹性的"**波伏地**"可高达 1 米。苔藓与地钱一样，体型虽小，但生存不受影响。苔藓的结构看起来可能很简单，但科学家最近发现，一个苔藓物种的基因数量比人类多 1 万个左右。

栖息地被破坏时，苔藓是所有生物中能最快恢复原状的。苔藓并不畏惧完全裸露的地面，甚至岩石墙、屋顶或人行道都可以成为它们的家，这是因为它们不依靠根系吸收水分。整片苔藓就像巨大的海绵，下雨时吸收并储存起大量的水分，天气干燥时就依靠储存的水分存活。其他生物也依赖这些水生存，尤其是鼠妇这样的小动物。有的鸟也会撕开苔藓，捕食里面的小动物。

苔藓将水锁在地表，能有效防止土壤侵蚀，维持栖息地的水平衡，便于其他植物生长。世间万物都离不开苔藓，但作为自然界的英雄，苔藓非常低调。苔藓很小，如果所处环境的酸度、温度和湿度发生了变化，它很快就会受到影响。所以，苔藓在监测空气污染、水污染和气候变化方面越来越体现出重要性。

共同特征

- 没有根系；
- 叶片小而薄；
- 用细细的棕色**假根**将自己附着在地表上；
- 没有种子，通过孢子繁殖。

好邻居？

泥炭是苔藓死亡后慢慢腐烂形成的物质。在有些地方，人们会把泥炭挖出来晒干后作燃料使用。虽然泥炭形成的速度比煤、石油和天然气的速度快，但也需要数千年的时间，所以泥炭也被视为一种化石燃料。此外，泥炭还可以用于种植树木等植物。

真核生物域（真核生物）——植物和藻类（原始色素体生物）

1 泥炭地

泥炭地是泥炭藓在积水的沼泽中死亡后腐烂形成的，约占地球表面积的3%，它为成千上万的生物（如婆罗洲猩猩）提供了重要的栖息地。

2 环游世界

苔藓是如何出现在山腰和屋顶上的呢？科学家们发现，是风把苔藓吹到了这些地方。紫色的角齿藓分布范围最广，无论是水泥建筑还是冰川，到处都有它们的身影。

3 沼泽里的苔藓

泥炭藓常分布在湿地和沼泽地中。这些特殊的栖息地就像巨大的海绵，能够减缓土地上的水流速度，预防其他地方的洪涝灾害。

4 小小世界

苔藓中生活着很多小动物，例如缓步动物（又称水熊，见第108页）。苔藓就像水熊一样，可以在无水环境下生存多年，等地面回潮后恢复生机。南极冰层中有苔藓冰冻了长达1500年，科学家们最近已经将其复活。

5 气候变化

泥炭中储存的碳比很多植被中储存的都要多，是全球森林总碳量都无法企及的。泥炭燃烧时会释放出二氧化碳这种"温室气体"，引起全球变暖和气候变化。

真核生物 > 原始色素体生物 > 绿色植物 > 有胚植物 > 石松门

蕨类植物联盟

石松门

如果你想了解会伸舌头或像烟花一样爆炸的植物，那么就来阅读这一页的内容吧。

当前位置

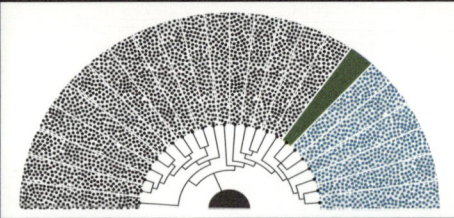

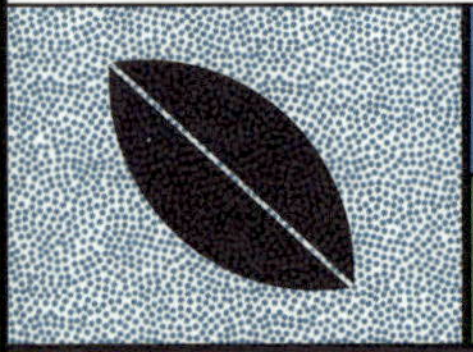

真核生物
原始色素体生物

关键信息

- 石松门有1200多个物种；
- 现在的石松长度从1厘米到几厘米不等；
- 除南极洲外，各个生态系统中都有石松分布。

样本

水韭（quillwort）

具体内容

起初，科学家认为石松门中的很多植物是苔藓或蕨类植物，毕竟这类植物体型小且没有种子，长得像苔藓或者蕨类植物。自从科学家发现了和树一样大的古老石松化石后，开始意识到这种观点是错误的。

石松有一个苔藓（和地钱）所没有的特殊组织，可将水和食物运送到身体的各个部位。因为石松属于维管植物，有木质部和韧皮部，所以其体型比地钱和苔藓大很多。对于地钱和苔藓来说，将水从一个细胞运输到另一个细胞可没有这么容易。

石松利用木质部运输水分，利用韧皮部运输养分。也就是说，即使维管植物长到和楼房一样高大，也能将养分和水输送到每个细胞中。

现在的石松没有那么大，不过它们是最古老的维管植物（约有4亿年的历史），研究起来非常有趣。石松的生活方式与其他植物略有不同，正因为如此，基因工程师正在研究如何将石松的基因转移到其他作物上，以创造更优质的可再生燃料。

共同特征

- 石松没有种子，通过孢子繁殖；
- 孢子通过风传播；
- 叶子上只有一条叶脉，贯穿整个叶片。

好邻居？

世界上大部分的煤炭是由古老石松的"残骸"转化而来的，这种化石燃料如今仍是许多国家的主要能源。煤炭燃烧是导致全球变暖和气候变化的一个原因，但科学家们正在利用现在的石松"设计"更为环保的燃料。

真核生物域（真核生物）——植物和藻类（原始色素体生物）

1	**卷柏**
	卷柏属植物或"卷柏"像绿色地毯一样铺满了整片热带森林。卷柏因其叶子上有尖尖的"舌头"而得名，叶舌会产生一种黏液，让嫩叶保持湿润。
2	**奇特的群居生活**
	科学家最近发现，澳大利亚的鹿角蕨种群庞大，其生活方式和蚂蚁或蜜蜂（见第136页）有些相似，都是为种群的利益分工合作，比如为种群收集水。
3	**水韭**
	水韭生长在水中或水边，如湖泊和潺湲的河流。由于水韭的茎完全藏在地下，我们只能看到顶端的叶子。
4	**石松**
	石松看起来像小型杉树，所以曾是流行的冬季装饰品。但事实证明石松很危险，因为石松的孢子燃烧得很快，会发生爆炸。因此，"石松粉"曾被用来制作相机闪光灯和烟花。
5	**依附**
	许多石松都依附在雨林中的树上生活。对此，树木就得受累确保石松附着的地方可以吸收阳光。
6	**煤炭创造者**
	早在恐龙漫游地球之前，石松就已经是地球上进化最成功的植物了。有些石松能长到30多米高，它们的残骸在漫长的岁月中形成了煤，我们至今仍将其作为燃料。

真核生物 〉 原始色素体生物 〉 绿色植物 〉 有胚植物 〉 蕨类植物

蕨类和木贼类植物

蕨类植物

蕨类植物曾经是地球的主宰，它们的祖先既有大型树木，也有坚硬到可以磨损恐龙牙齿的植物。

当前位置

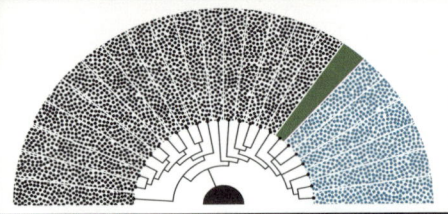

真核生物

原始色素体生物

关键信息

- 蕨类植物超过 1.15 万个物种；
- 无论是只有 5 毫米高的水生蕨类植物，还是 7 米以上的大型墨西哥木贼，都属于蕨类植物；
- 蕨类植物分布于所有潮湿的环境中；蕨类植物似乎特别喜欢热带和亚热带山区，很多以附生植物的形式在树上生长。

样本

荚果蕨（ostrich fern）

具体内容

蕨类植物和木贼类植物的祖先所处时代相同，当时地球上所有大陆都连在一块，是一个称为"盘古大陆"的超级大陆。这也是为什么尽管有巨大的海洋形成，我们还能在每个大陆找到它们。

蕨类植物有巨大的叶子，称为蕨叶，刚长出来的时候是螺旋状的，叶片紧密地盘绕在一起。"蕨菜"有着神奇的生长方式，蕨叶展开的时候，你会发现它由许多一样的小叶按重复的模式排列。

蕨类植物和木贼类植物与它们的远古近亲（苔藓植物和石松）一样，没有种子只有孢子。翻开蕨类植物的叶片，你可能会在叶子背面看到发育中的孢子。

蕨类植物和木贼类植物非常顽强，其他植物无法生存的地方，比如背阴的森林地面，它们也能生存。发生森林火灾或旱灾后，蕨类植物和木贼类植物是最早恢复生机的，即使是土壤中有危害植物的物质，它们也能应对。中国凤尾蕨可以吸收和储存土壤中大量的砷和铅，并且不会受到伤害。因此，人们正利用中国凤尾蕨来清理受污染的土壤，以此确保土壤的安全性。

共同特征

- 蕨类植物的叶子很大，称为蕨叶；
- 蕨叶由许多小叶子重复排列组成；
- 没有种子，依靠孢子繁殖。

好邻居？

古籍记载，人们曾经尝试用蕨类植物来清除头皮屑和治疗普通感冒。如今，蕨类植物作为园林植物和室内植物广受欢迎，每年都有数百万株出售。但是，有些蕨类植物和木贼类植物的生长速度比其他植物快，或对动物有毒，因此人们会将它们当作杂草除掉。

真核生物域（真核生物）——植物和藻类（原始色素体生物）

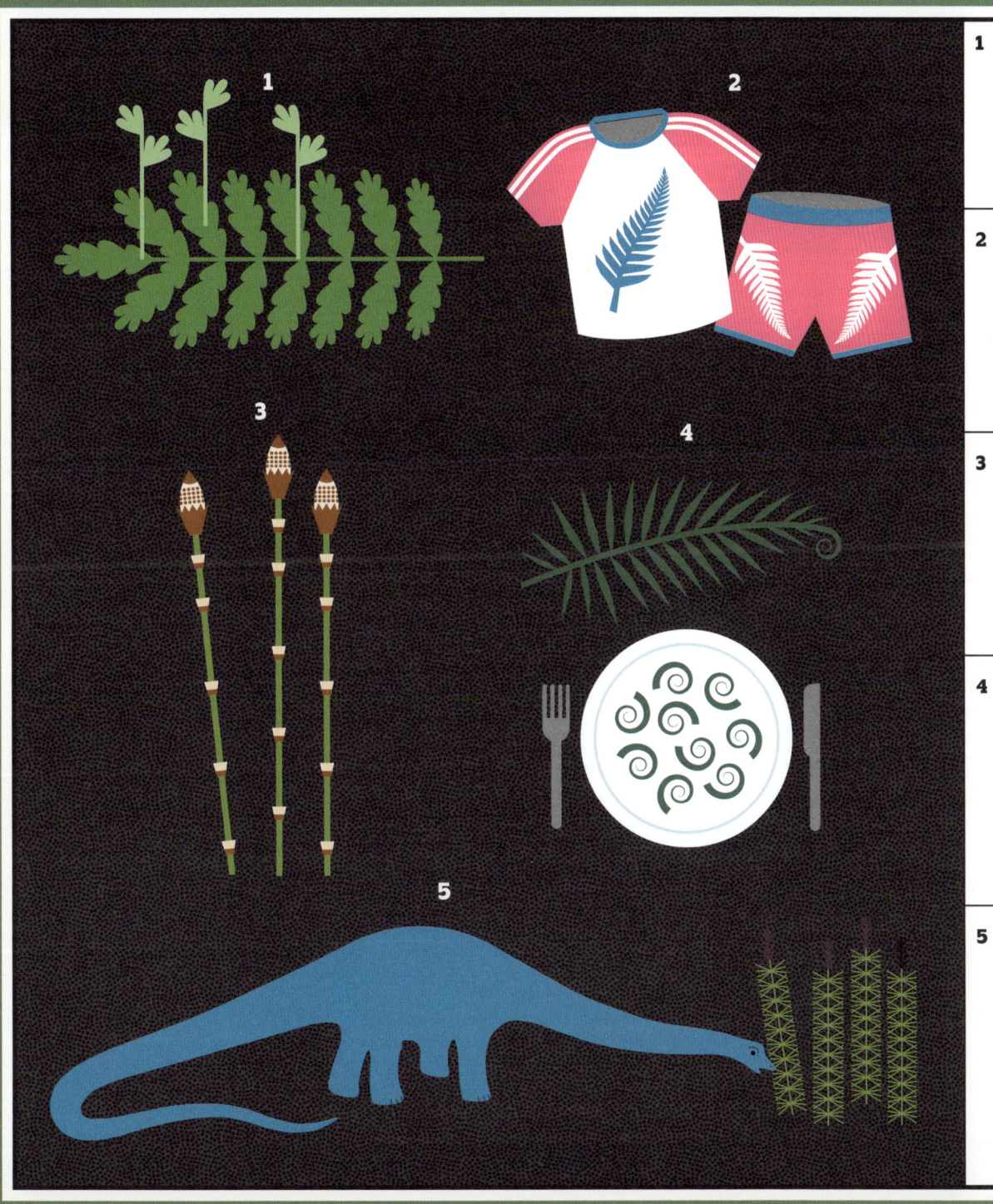

1	**"母鸡孵小鸡"** 珠芽铁角蕨通过"复制"蕨叶上的孢子繁殖,这个过程如同"母鸡孵小鸡",像"小鸡"一样的孢子从母体叶片上掉落后即可慢慢生根发芽。
2	**毛利人** 在新西兰,毛利人习惯用蕨类植物制作食物和药品,这一传统影响了新西兰的文化和历史。无论是在新西兰更换国旗的设计方案中,还是在运动套装的设计中,都有蕨类植物的身影。
3	**木贼类植物** 如今,只有少数木贼类植物还活着。木贼类植物比它们像树一样高大的祖先矮小,但也同样坚韧。木贼类植物的茎中含有类似玻璃的二氧化硅,曾被用来擦洗锅碗瓢盆。
4	**蕨类植物爱好者** 维多利亚时代的人们在专门的花园里采集蕨类植物,用它们来装饰艺术品、房屋和衣服。这种卷曲的蕨类植物甚至也有人烹饪食用,如今看来这种行为是很危险的,因为部分蕨类植物有毒,并且很难区分。
5	**恐龙的晚餐** 蕨类植物和木贼类植物原本是食草恐龙的重要食物,但是对于今天的食草动物来说,即使吃欧洲蕨也会中毒。

真核生物 > 原始色素体生物 > 绿色植物 > 有胚植物 > **种子植物**

种子植物

当前位置

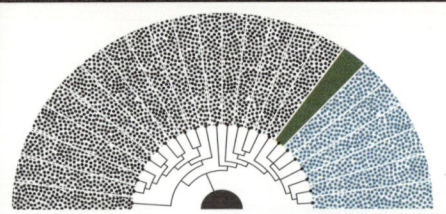

真核生物
原始色素体生物

关键信息

· 种子植物有 30 多万个物种；
· 最大的种子植物是 90 多米高的树木；
· 种子植物在陆地上随处可见，甚至海草这样的海洋植物也属于种子植物。

样本

苹果种子

植物通过种子扩大自己的生存范围。如今，种子植物在陆地上占据主导地位，甚至在海洋中一些地方也能发现它们的踪影。

具体内容

欢迎来到陆地植物中最大的分支。种子植物因能产生种子而得名，但种子植物的不同之处并不只在于此。种子植物在各方面都比其他植物更有"组织性"。苔藓的各部分都能吸收水分，蕨类的各部分都能进行光合作用，而种子植物的各部分有不同的分工。

"组织性"是种子植物脱颖而出的一个原因，另一个原因则是能产生种子。种子植物不像前面提到的植物那样，把数以千计的微小孢子散布到环境中，相反，它们把胚胎包裹在种子里，确保它们能在适宜的地方生长。

每颗种子都有营养物质和保护层，有助于胚胎离开母体走得更远。有些种子还没开始落地就已经"四处游走"了好几年，甚至还可能跨越海洋。因此，种子找到适宜环境的概率更大，不用再与自己的父母和兄弟姐妹争夺营养物质、光照和水。

种子植物可以分为两大类：一类是裸子植物，包括松柏类、苏铁类、银杏和买麻藤类，它们的种子没有果实包裹；另一类是更大的植物类群被子植物，它们开花、结果，种子在果实内发育，如苹果种子。

共同特征

· 通过种子繁殖；
· 有些植物不断产生新的木质部来增强茎干的强度；
· 根部能感知重力并向下生长。

好邻居？

种子植物塑造人类历史的方式有很多种，例如在日常生活中，种子植物可用作食材、木材以及制作衣服的纤维。也有特别的例子，例如古埃及人利用雪松分泌的油脂来制作木乃伊。此外，人们也会因为种子植物美丽的外表去种植它们、赞美它们。

真核生物域（真核生物）——植物和藻类（原始色素体生物）

1	**银杏**
	银杏在侏罗纪时期非常常见，但如今只剩下一个物种。古老的银杏树几乎**绝迹**了，不过，在中国佛教寺院里还能看到其身影。如今，银杏在世界各地都有种植，并因美丽的扇形叶子受到人们的喜爱。
2	**买麻藤类**
	该植物类群小而多样，因可以在奇怪的地方生存而闻名。其中，最古怪的是千岁兰，这种沙漠植物的两片叶子就像人的指甲一样，不会停止生长。
3	**开花植物**
	被子植物能开花和结果，所结的果实里面有种子。第一批开花植物大约在1.3亿年前出现，但从那时起它们几乎占领了世界上所有栖息地。大多数现存的植物都属于开花植物，开花植物在本书第68~87页有具体介绍。
4	**大小各异的种子**
	椰子是地球上最大的植物种子，而香荚兰（见第74页）的种子是世界上最小的。在香草冰淇淋或奶油冻中，你看到的小黑点其实就是香草籽。
5	**针叶树**
	针叶树是球果内产生种子的乔木和灌木的统称，它们高大挺拔，叶子就像针一样又细又长。针叶树在寒冷地区的森林中很常见。如果你想了解更多关于它们的内容，请看第64页。

真核生物 〉 原始色素体生物 〉 绿色植物 〉 有胚植物 〉 种子植物 〉 **松柏门**

针叶树

松柏门

当前位置

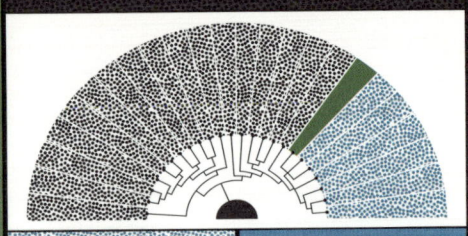

真核生物
原始色素体生物

关键信息

- 松柏门约有 630 个物种；
- 成熟的针叶树高度从 30 厘米到 100 多米不等；
- 气候温和、湿润的地方均有分布，但多生长在寒冷的地方。

样本

海岸松（maritime pine）

世界上现存的最高大古老的植物都是针叶树，那么它们成功的秘诀是什么呢？

具体内容

松柏门是小型的种子植物类群，但影响力很大，多为松树、杉树等树木。在**北半球**，针叶树通常很高，叶子形状像针。针叶在其树枝上呈螺旋状排列，以便全年尽可能多地获取阳光。在**南半球**，针叶树更矮，形状像灌木，叶片更大、更宽。

虽然针叶树只有几百种，但它们就像地球的肺，可以通过光合作用吸收二氧化碳并释放大量氧气。针叶树在较寒冷的地区很常见，尤其是在泰加林（寒温带针叶林），泰加林是巨大的北方森林，覆盖了地球 17% 的土地。总之，泰加林是陆地上最大的碳储存库，甚至超过了热带雨林。为了在寒冷的冬天生存，针状树呈圆锥状生长，顶端窄小，树枝下垂，便于雪滑落。它们还会产生特殊的化学物质，以此避免叶片冻结。

如果你曾经划破过针叶树的树皮，可能会注意到有黏稠的树脂渗出。树脂流出来后，会牢固地封住伤口，保护自己免受感染和昆虫攻击。树脂的味道很好闻，可以用来制作香薰产品、药品、清漆和胶水。

共同特征

- 松子在松果的木质鳞片上形成；
- 松果是用来保护松子的；
- 松子已成熟而且环境适宜的时候，松果的鳞片会打开让松子脱落。

好邻居？

针叶树是建筑木材非常重要的来源。针叶树又称"软木"，可以用来生产纸张、油漆以及各种食品。人们甚至用针叶树的树脂化石（即琥珀）来制作珠宝。12 月份的时候，有些地方的人会用针叶树和松果来装饰房子。

真核生物域（真核生物）——植物和藻类（原始色素体生物）

1	**"温柔的巨人"**
	红杉（又称红木）是世界上最高的生物。有的红杉可以长到100多米，树枝可以长到30多米。
2	**"恐龙树"**
	瓦勒迈松被视为"活化石"，其起源可以追溯到恐龙所在的时代。人们一度认为它已灭绝，直到有人在澳大利亚的峡谷中偶然发现了一棵瓦勒迈松。从那时起，瓦勒迈松的种子在世界各地播撒。
3	**有毒树种**
	紫杉对人类来说是有毒的，仅仅吃下几片叶子或几个浆果就足以让人丧命。但如今，紫杉内的有毒化学物质已经成为药效极强的抗癌药物，可以用来杀死癌细胞。
4	**原材料**
	北半球的大多数木材、纸张和纸板都是用针叶树的树干制成的。
5	**古老的琥珀**
	松树脂的化石在抛光时，会发出橙黄色的光芒。如果树木被昆虫啃食，就会分泌树脂，将昆虫包裹在内。因此，我们会发现松树脂中有虫子。
6	**长寿的生物**
	地球上已知最长寿的生物是美国加利福尼亚的狐尾松，目前已存活了5000年。这棵狐尾松自石器时代末期开始萌芽，那时也正是伟大古埃及文明的开端。

真核生物 ▸ 原始色素体生物 ▸ 绿色植物 ▸ 有胚植物 ▸ 种子植物 ▸ 苏铁纲

苏铁

苏铁纲

当前位置

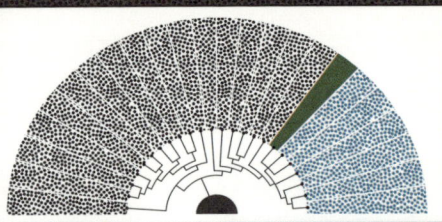

真核生物

原始色素体生物

关键信息

- 苏铁纲约有300个物种；
- 多数苏铁为灌木，但一些可达18米高；
- 分布于美洲、亚洲和澳大利亚的热带和亚热带地区。

样本

螺旋大泽米种子

苏铁巨大、坚韧且危险，是植物界的"鳄鱼"。

具体内容

苏铁看起来就像棕榈树和蕨类植物的结合体。2.8亿年前，恐龙还未出现时苏铁就开始进化了。苏铁没有成为大型食草动物的食物，也许是因为在漫长的进化过程中它的毒性越来越强。现在许多苏铁与它们的祖先外观相似，并且都对哺乳动物有害。

苏铁的毒素主要存在于种子、根和坚韧的革质叶片中，称为苏铁素。苏铁素是苏铁免疫系统的一部分，有助于保护它们免受微生物感染。苏铁素在哺乳动物体内分解时，会形成氢氰酸、氮气、甲醛等有毒物质。对猫或狗来说，吃下一两粒苏铁种子就足以毙命。尽管苏铁会危及生命，不同地区的人还是会将其用作食物和传统药物。

大多数野生苏铁分布于热带和亚热带栖息地，如雨林和草原。也有野生苏铁分布于其他极端栖息地，例如沙丘和陡峭悬崖。苏铁体型大、寿命长，寿命最长达1000岁！苏铁外观美丽，作为园艺植物广受欢迎，因此出现了非法私挖野生苏铁的现象。如今，有些野生苏铁濒临灭绝，国际法律已明令禁止交易某些野生苏铁种子。保护苏铁也是在保护整个生态系统。

共同特征

- 根系独特，呈珊瑚状，有很多分叉；
- 叶冠很大，每个叶冠由许多小叶子组成；
- 种子在球果内产生；
- 有木质茎或树干，没有分枝；
- 雌雄异株。

好邻居？

苏铁是其他植物的好邻居，它们共享土壤中的营养物质，例如氮和碳。苏铁在有些地方不仅可以用来制作面粉，产生的毒素还会转变成药效强的药物，可以用来治疗一些疾病。

真核生物域（真核生物）——植物和藻类（原始色素体生物）

1	**面包树**
	面包树属于苏铁类植物，只生长在非洲野外。无论是高海拔和干旱地区，还是强风和冰雪环境，面包树都可以适应。美丽的面包树由于遭受偷挖和虫害，已经濒临灭绝。
2	**游动的根部**
	苏铁的珊瑚根（图中的黄色部分）在土壤中向上生长，而不是向下生长，真是令人难以置信！也就是说，苏铁根部的友好蓝细菌（见第24页）可以沐浴在阳光下。至于让哪种细菌进入自己的根部，似乎都在苏铁的掌握之中。
3	**西米粉**
	在西米棕榈等苏铁类植物的幼苗时期，树干内含有大量淀粉。印度人会把这些淀粉从树干中提取出来，然后磨成粉，用于制作多萨薄煎饼。
4	**大型器官**
	因为苏铁寿命长，所以繁殖速度非常缓慢。法当（Fadang）是一种巨型苏铁，在关岛和密克罗尼西亚均有分布。雄性植株结的球果有50多厘米长，雌性植株也会长出巨大的孢子叶球。
5	**防毒**
	有些苏铁会产生热量和强烈的气味，以吸引蝴蝶等授粉昆虫。苏铁会制造毒素来阻止其他昆虫靠近，但一些昆虫会对苏铁的毒素产生抗药性，因此得以藏身其中。

真核生物 > 原始色素体生物 > 绿色植物 > 有胚植物 > 种子植物 > **被子植物**

开花植物

被子植物

开花植物真爱炫耀！但开花植物美丽的花朵并不是为了造福人类……

当前位置

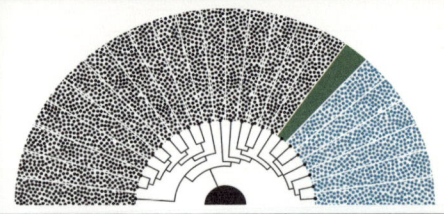

真核生物

原始色素体生物

关键信息

- 被子植物有 30 多万个物种；
- 无论是不到 2 毫米高的小花，还是 100 多米高的大树，都属于被子植物；
- 多分布于各大洲（包括南极岛屿）的陆地，在水中也有分布。

样本

王莲（giant waterlily）

具体内容

开花植物是种子植物中最大的进化枝。无论是毛茛还是苹果树，所有开花植物都会开花和结果。花是植物的生殖器官，里面含有植物的卵子和花粉，一朵花可能有雄性花粉或雌性卵子，或两者都有。卵子受花的子房保护。开花植物的花瓣硕大、颜色鲜艳，能够吸引蜜蜂、甲虫和蝴蝶等传粉者前来采食。

花经授粉后受精卵就会发育成种子，而花朵的子房会发育成果实。果实保护着发育中的种子，确保它们找到新家。许多水果特别美味、多汁且富含能量，因此更容易成为鸟类或哺乳动物的食物，这能使种子排到远离母株的地方。

不是所有的花都像毛茛一样鲜艳，也不是所有的果实都像苹果一样大。草、仙人掌、香草、橡树、捕蝇草和棕榈树也是开花植物，甚至在海浪中开花的海草也是开花植物。

最早的开花植物颇像现在的睡莲。在过去的 1.3 亿年里，开花植物适应了不同的栖息地，因此不同栖息地的开花植物大小、形状、颜色、气味和口感都大不相同。

共同特征

- 花是植物特有的生殖器官，里面含有雌性卵子和雄性花粉；
- 受精卵长成种子时，包裹它的化会长成果实。

好邻居？

我们食用的植物几乎都属于被子植物，例如我们吃的各种水果。人们喜欢种花，有的在家里养花，甚至用花来装饰衣服和物品。我们还学会了把开花植物的不同部分用于制作药品、衣服、建筑材料、纸张和轮胎等。

真核生物域（真核生物）——植物和藻类（原始色素体生物）

1	**请来看看我！**
	许多花都会分泌香甜的花蜜，能够吸引飞蛾和其他昆虫前来吸食。但大王花闻起来像腐烂的肉，只能吸引以动物尸体为食的甲虫和苍蝇。
2	**食虫花**
	并非所有开花植物都能自己制造食物。有的可以利用菌根真菌（见第94页）的菌丝网络获取食物，有的寄生植物的根部可以直接伸入其他植物体内"偷取"食物。甚至还有像捕蝇草这样的食肉植物，可以捕捉并消化昆虫和其他小动物。
3	**植物的各个部分**
	所有花都有相同的四个部分：**萼片、花瓣、雄蕊和心皮**（也称为雌蕊）。心皮和雄蕊是植物的卵和花粉所在的地方；花瓣硕大而鲜艳，有助于吸引传粉者；而萼片在花的发育过程中起到保护作用。
4	**多汁水果**
	果实可以保护正在发育的种子，并帮助种子找到新家。例如，鸟类或哺乳动物会吃掉非常美味并且富含能量的果实，并将种子带到其他地方。

真核生物 〉原始色素体生物 〉绿色植物 〉有胚植物 〉种子植物 〉被子植物 〉**木兰类植物**

木兰类植物

木兰类开花植物因其芳香的气味而闻名。几千年来，它们的果实、叶子甚至是树皮都可以用来给食物调味。

当前位置

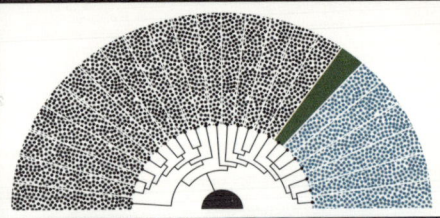

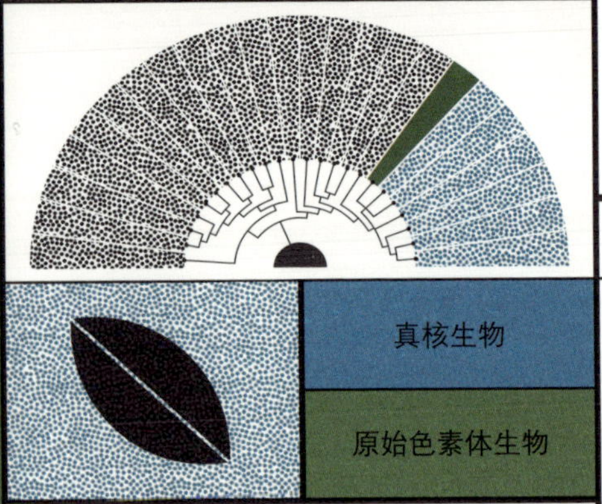

关键信息

- 木兰类植物约有 1 万个物种；
- 无论是小型草本植物，还是依附其他植物生长的藤蔓，都属于木兰类植物；
- 木兰类植物遍布全世界，常见于温暖潮湿的地方。

样本

木兰花（magnolia）

具体内容

木兰类植物以花闻名，其花瓣硕大而坚韧。我们从最古老的开花植物化石中得知，木兰花已经存在了很长时间。

在过去的 1.3 亿年里，无论是寿命长、茂盛的常青树，还是一年内**发芽**、开花和死亡的草本植物，都经历了漫长的进化。木兰类植物中有高大的乔木、矮小的灌木、长长的藤蔓以及寄生在其他植物根部"窃取"养分的寄生植物。

木兰科植物与单子叶植物（见第 72 页）和双子叶植物（见第 78 页）都有共同特征，这些线索表明它们比这两个类群中的任何一个都存在得更久。研究木兰类植物非常有趣，因为科学家们不仅可以了解开花植物的起源，也可以了解它们成功的秘诀。

木兰类植物会产生两种**生物碱**，这两种化学物质在其他植物中十分罕见。生物碱有助于保护植物免受**微生物**和饥饿食草动物的攻击。为了利用生物碱制作药物和为食物调味，人们尝试了很多方法。所以几千年来，黑胡椒一直是使用最广泛的香料之一，甚至古埃及木乃伊的鼻孔中也有胡椒。

共同特征

- 叶片又长又宽；
- 花朵硕大；
- 花瓣和萼片看起来是一样的；
- 会产生叫作生物碱的强效化学物质。

好邻居？

人类烹饪时使用的许多香料以及鳄梨，都属于木兰类植物。许多木兰类植物只分布于热带地区，这些地方的人们通过开展木兰类植物种植以及运输业务（即香料贸易），极大地改变了人类的历史、文化和政治。

真核生物域（真核生物）——植物和藻类（原始色素体生物）

1	**甲虫的力量**
	许多木兰类植物之所以依靠甲虫来采食和传播花粉，是因为甲虫（见第138页）出现在地球上的时间比蜜蜂更早，为开花植物授粉的时间也更长。
2	**绿色黄金**
	鳄梨是木兰类植物所结的果实。世界上大多数鳄梨都产自墨西哥和中美洲，但欧洲、北美洲和亚洲才是其主要市场。为了种植更多鳄梨树，人们不断扩大种植面积，对环境造成了破坏，甚至影响了帝王蝶（见第84页）的迁徙。
3	**安于现状**
	现在人们用月桂叶给食物调味，但在古罗马，月桂叶也用来制作花环授予杰出人物，以示表彰。如今，我们仍然用"桂冠"这个词来指代因其成就而受到嘉奖的人。
4	**香料来源**
	许多受人喜爱的香料都来自木兰类植物进化枝，例如胡椒（藤本植物的果实）、肉桂（卷曲的干燥树皮）和肉豆蔻（树的种子）。黑胡椒的浓烈味道来自果油，但吃下去时产生的刺痛感来自胡椒碱，胡椒碱是一种生物碱，植物通常用来自我防卫。在古罗马，黑胡椒非常珍贵，曾作为货币使用，人们称之为"黑色黄金"。

真核生物 > 原始色素体生物 > 绿色植物 > 有胚植物 > 种子植物 > 被子植物 > **单子叶植物**

单子叶植物

单子叶植物

当前位置

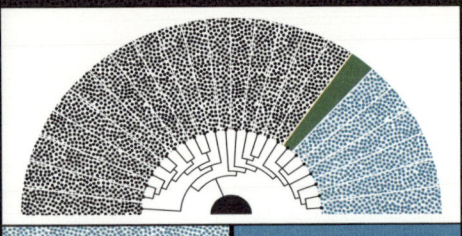

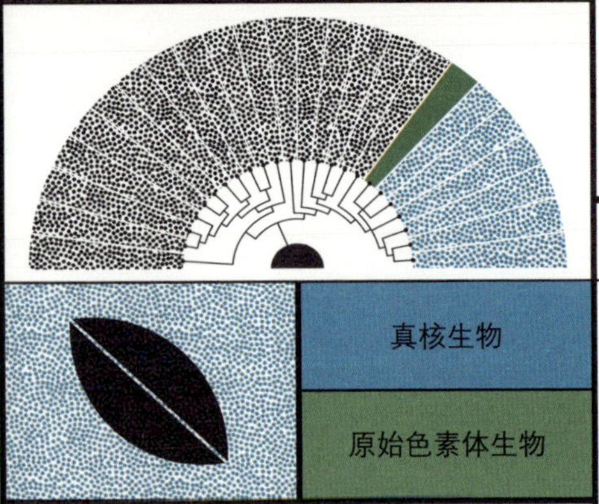

真核生物

原始色素体生物

关键信息

- 单子叶植物有 6 万多个物种；
- 无论是只有句号大小的浮萍，还是高达 60 米的金迪奥蜡棕榈，都属于单子叶植物；
- 大多数单子叶植物都是热带植物，分布在温暖湿润的地方；非单子叶植物则几乎到处都有。

样本

海草

单子叶植物对人类极其重要，因为我们在农场种植的大多数作物都属于这一类群。

具体内容

如果观察过种子发芽，你可能会注意到新芽最初有一片或两片叶子。科学家曾根据这一特征将开花植物分为两类：一片叶子的称为单子叶植物，两片叶子的称为双子叶植物。然而，仔细研究它们的遗传信息之后，科学家们发现双子叶植物之间并没有直接关联，但大多数单子叶植物确实有**共同祖先**。

单子叶植物还有其他共性。例如，大多数开花植物的花粉粒上有三个凹痕或孔隙，而单子叶植物的花粉粒上只有一个。如果要观察这一点，就需要借助显微镜了，幸运的是还有一种更简单的方法。

你看到一朵花时，试着数一数花瓣、雄蕊或其他部位的数量。如果数量能够被三整除，那么它很可能属于单子叶植物。但如果花瓣有四片或五片（例如四片花瓣、五个心皮或十枚雄蕊），那么它可能是真双子叶植物（见第 78 页）。当然，在数的过程中，如果植物的一些部位被饥饿的食草动物吃掉了的话，这种计算方法可能就不管用了。

也许最明显的区别就是单子叶植物无法形成木材或树皮。尽管一些单子叶植物（如棕榈树）能够形成高大且坚固的"树干"，但它们并不是真正的树木。

共同特征

- 叶脉不像网状叶脉一样在不同方向分支扩散，而是以平行线形式从上到下延伸；
- 无法形成木材或树皮；
- 幼苗最初只有一片子叶；
- 花瓣数量通常是三的倍数。

好邻居？

世界上最重要的农作物（也就是养活最多人口的农作物）大多数都是单子叶植物。包括禾草（见第 76 页），如玉米、小麦、水稻、大麦等庄稼，还有甘蔗、香蕉等果树。此外，我们还用竹子、棕榈树等单子叶植物来建造房屋、生产植物油以及制作纺织品。

真核生物域（真核生物）——植物和藻类（原始色素体生物）

1	**珍贵的花朵** 珍贵香料藏红花是由番红花的柱头（花的心皮顶端）制成的。每朵花只有三个柱头，这些柱头需要在日出时手工采摘并晾干，制作1千克藏红花需要约1.5万朵番红花。
2	**无法生产木材** 棕榈树不是真正的树！它属于单子叶植物，就像其他单子叶植物一样，无法生成木材或提供树皮。棕榈树的茎无法向外生长，只能向上生长，我们看到的"树干"实际上只是重叠在一起的老叶子。苏铁（见第66页）和蕨类植物（见第60页）有着相同的生长方式。
3	**尸臭花** 巨魔芋（俗称"尸臭花"）是世界上最大的花，高达3米。但它其实并不是一朵单独的花，而是由很多小花组成的巨大花序。巨魔芋大约每隔7年才会开一次花，每次盛开只持续约48小时，还散发出腐肉般的臭味，以此吸引甲虫和苍蝇来授粉。
4	**能源来源** 龙舌兰的革质叶片呈莲座式排列，很厚实，可以储水（它生长的环境非常干燥），并因此而闻名。在部分地区，龙舌兰用来制造坚韧纤维和甜味剂的历史已达数千年。龙舌兰富含能量，因此在不久的将来有望用来制造生物燃料。
5	**彩虹色** 有鳞茎的植物大多数都属于单子叶植物，例如洋葱、大蒜、水仙花、郁金香等。在全球销售的郁金香中，有90%以上都是在荷兰种植的。

真核生物 > 原始色素体生物 > 绿色植物 > 有胚植物 > 种子植物 > 被子植物 > 单子叶植物 > 兰科

兰花

兰科

当前位置

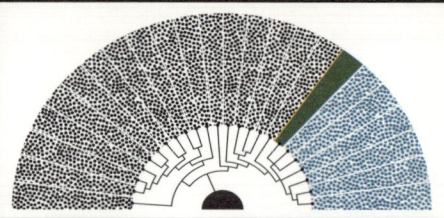

真核生物
原始色素体生物

关键信息

- 兰科约有 2.8 万个物种；
- 最小的兰花直径只有 2 毫米，最大的有 38 厘米；
- 野生兰花遍布世界各地，如沙漠、北极圈等，尤其是潮湿的热带地区。

样本

附生兰（epiphytic orchid）

兰花是植物世界中的"洛基"（Loki，北欧神话中的谎言和诡计之神。译者注），**擅长使用各种诡计和伪装引诱昆虫给自己的花朵授粉。**

具体内容

单子叶植物家族庞大，成员遍布世界各地，无论是热带森林，还是冰冷的北极地区，都有它们的身影。单子叶植物的花朵很特别，通常只有一条对称线，因此看起来更像是一种动物而不是一朵花。事实上，许多兰花已经进化得和昆虫很像了。它们不用浪费能量制造更多花粉和花蜜，仅仅通过模仿蜜蜂、苍蝇或蜘蛛就能吸引昆虫。

与其他开花植物相比，兰花的种子特别小，还没有一粒灰尘大，很容易随风飘散。由于它们的种子太小，无法快速生长发育，所以兰花产出几百万颗种子，增加落在"友菌"上的概率。这些种子吸收真菌的养料来生长，直到长出叶片才开始自己合成养分。反之，如果栖息地没有真菌，兰花种子也就无法发芽。

幼小的兰花植株长大后，可能会用叶子产生的糖分来回馈真菌，共同生存，也可能离开真菌，开启崭新独立的生活。

许多兰花不是用根系将自己固定在土壤中，而是寄生在更大的植物上。兰花在热带云雾林中有着最为丰富的多样性，它们附着在树梢上，利用树叶吸收光能，而它们海绵状的根系则可以从湿润的空气中吸收水分。

共同特征

- 兰花通常只有一条对称线，左右两侧对称分布，内轮有三片花瓣，外轮有三枚看起来像花瓣的萼片；
- 产生的微小种子数以百万计，并通过风传播；
- 根系并非扎入土壤中，而是附着在地表。

好邻居？

人们喜欢在花园和家中种植兰花，因此每年有数百万盆兰花被销往世界各地。天然胶水有很多种，有的是用兰花制成的，但香草调味料是唯一一种主要由兰花制成的产品。随着我们对兰花的进一步了解，可能会挖掘出兰花的更多用途。

真核生物域（真核生物）——植物和藻类（原始色素体生物）

1	**它是一种蠕虫吗?** 并非所有的兰花都美丽可人。自然界中刚发现了一种"最丑陋的兰花",长得就像黏糊糊的棕色蠕虫。这种兰花没有叶子,一生中都埋藏在森林地面的腐烂树叶下,通过吸收真菌的养分来生存。
2	**巨型飞蛾** 不只是花朵要适应昆虫,昆虫也要适应花朵。斯芬克斯蛾的"舌头"长达25厘米,常常从鬼兰巨大喇叭状的花蕾中吸食花蜜,同时为鬼兰授粉。
3	**香草味** 香荚兰将其种子包裹在黏液中,豆荚炸开时,种子会粘在经过的动物身上,脱离母体植株。人类喜欢用这种黏液给食物调味。
4	**长得几乎一模一样** 蜂兰的外表和气味都和雌性蜜蜂很像,这能确保雄蜂频繁来访。蜂兰的花瓣形状就像一个着陆平台,让雄峰可以在此停留。虽然蜜蜂无法从花中获取更多食物,但离开时身上已经沾满了花粉。
5	**蚂蚁军团** 一些兰花会分泌花蜜,但花蜜并不总是只储存在花朵中,它们将花蜜储存在不同部位,以此来吸引蚂蚁,同时蚂蚁也会帮助兰花驱赶有害的昆虫。有些兰花甚至生长在蚂蚁的巢穴上,从蚂蚁军团中获益。

真核生物 › 原始色素体生物 › 绿色植物 › 有胚植物 › 种子植物 › 被子植物 › 单子叶植物 › 禾本目

禾草、香蒲和莎草

禾本目

禾草覆盖了地球上的大部分土地，如热带稀树草原、稻田和麦田。因为有这些植物的存在，近 80 亿人才能够在地球上生存。

当前位置

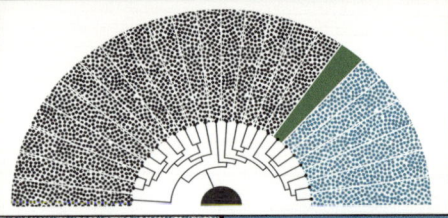

真核生物

原始色素体生物

关键信息

- 禾本目超过了 1.8 万个物种；
- 最大的禾本植物是竹子，可以长到 40 米高；
- 分布于各大洲和各种类型的栖息地，例如干燥的沙漠与潮湿的沼泽地。

样本

糙茎早熟禾（rough meadow grass）

具体内容

大多数单株的草类植物体型都不大，却占据了大量地表空间。常见的禾草植物分布在稀树草原、干草原、草地、大草原、苔原、水田和竹林中。

禾本植物成功的秘诀是什么呢？是它们根茎底部奇怪的隆起。多数植物从茎尖生长，但禾本植物从根部隆起处生长。这意味着即使动物将隆起上方的草啃食殆尽，它们也能继续生长，这就是秘诀。所以，即便在大多数植物都难以生存的艰苦环境，禾本植物依然充满生机。

对于人类来说，禾草是地球上最有用的植物。它们的种子称为谷粒，小巧但坚硬。禾草虽然没有多汁的果实，但是种子中含有的淀粉、蛋白质和油都是优质的能量来源。大约 350 万年前，我们的祖先就开始吃禾草了，通过烹饪谷物（草籽）我们可以获得更多能量。有一种理论认为，正是这种能量的增加，人类才发展出与体型相匹配的大脑。

如今，世界上 70% 的农田都用于种植不同的禾本植物，例如水稻、小麦、大麦、燕麦、甘蔗等农作物和喂养家畜的牧草。同时，人体所需能量一半以上都是谷物提供的。另外，草坪不仅在世界各地的花园中很受欢迎，还因其柔软的特性被广泛应用于运动场地中。

共同特征

- 细细的根在土地里蔓延；
- 狭长的"叶片"；
- 隐藏在禾本科植物里的小花称作"小穗"；
- 花粉通过风传播。

好邻居？

对人类而言，禾草是最重要的植物。几千年来，人类种植野生禾草，慢慢培育出一些谷类庄稼。35 种不同的食用禾草不仅是素食者的主要食物来源，还是所有人类的主要食物来源。我们养殖的家畜、家禽也以草或谷物为食。

真核生物域（真核生物）——植物和藻类（原始色素体生物）

#	
1	**死亡陷阱** 禾本科植物还包括菠萝及其亲属凤梨科植物。积水凤梨的叶子会积水，成为树蛙等动物的栖息地。但请注意，有些积水凤梨是食肉植物。
2	**美妙的音乐** 萨克斯等木管乐器的吹嘴里有一个簧片，可以通过振动发出声音。这种簧片是由芦竹的茎制成的，芦竹是主要生长在地中海地区的一种巨型禾草。
3	**坚韧的竹子** 竹子是最高大、最坚韧的禾草类植物。有些品种一天之内就可以长到1米高。竹子的重量很轻，其延展性比钢铁更好，压扁时比混凝土更坚固。
4	**求救信号** 刚割过的草散发的气味，实际是一种求救信号。如果草类植物遭受昆虫啃咬，就会释放出有气味的化学物质，吸引捕食昆虫的动物。如果用割草机割草，也会发出同样的气味。
5	**切割刀片** 草类植物还有一个让饥饿的食草动物远离自己的方法。草类植物的叶子含有二氧化硅，即玻璃的主要成分。所以，如果食草动物咀嚼这些草类食物，牙齿就会被二氧化硅磨损，这就是牛的牙齿一直都在生长的原因。

真核生物 › 原始色素体生物 › 绿色植物 › 有胚植物 › 种子植物 › 被子植物 › **真双子叶植物**

真双子叶植物

当前位置

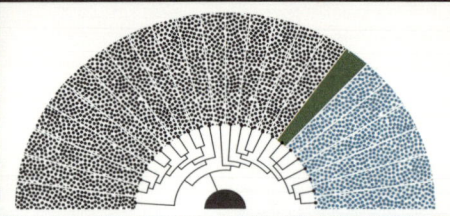

真核生物

原始色素体生物

关键信息

- 真双子叶植物至少有 19 万个物种；
- 无论是只有几毫米高的小风铃草，还是最高的开花植物（100 米高的山灰树），都属于真双子叶植物；
- 在地球上最高的栖息地和最干燥的栖息地中均有分布。

样本

仙人球（barrel cactus）

尽管听起来很令人惊讶，但与高耸的冷杉相比，古老的橡树与胡萝卜的关系更为密切。

具体内容

单子叶植物（见第 72 页）已经在地球上留下印记，但最大的开花植物类群其实是真双子叶植物。这个进化枝根据古老的术语双子叶植物命名，用来描述那些以两片子叶开始生长的开花植物。

要确定一个植物是否为真双子叶植物，一种方法是观察其花朵的组成部分。许多真双子叶植物的花通常由五片萼片、五片花瓣以及十个雄蕊组成。有时花瓣和花的其他部分融合在一起，形成像钟一样的形状，有助于吸引昆虫进出。但如果你仔细观察，就能看到花瓣之间的接合处，并数出花瓣的数量。真双子叶植物的数量多到数不完，因为四分之三的开花植物都是真双子叶植物，超过了所有植物总数的一半。

真双子叶植物包含大多数木本植物，如橡树、枫树和白蜡树，以及苹果树、李子树、桃子树、橄榄树等果树。在这个庞大的群体中，植物可以分为两个更小的**进化枝**，即蔷薇类（见第 80 页）和菊类（见第 84 页）。本章接下来将介绍真双子叶植物惊人的适应性，以及它们如何利用这些特性来适应更广泛的栖息地，如植被密集的热带森林和极其干燥的沙漠。

共同特征

- 花瓣有四片的，也有五片的；
- 叶子上有分支状的叶脉；
- 花粉粒有三个小孔或凹槽；
- 一条粗大直根分枝形成根系。

好邻居？

真双子叶植物让我们的生活有趣且美味。许多我们喜欢的食物都属于真双子叶植物果实，如热带水果、浆果和巧克力。它们还包括豆科作物（见第 82 页），如豌豆、花生和大豆。我们在花园里种植它们，攀爬它们，还利用它们的植物纤维制作衣服和纸张。

真核生物域（真核生物）——植物和藻类（原始色素体生物）

#		
1	**直根**	胡萝卜植株的直根是一种受欢迎的食物。野生胡萝卜的根部呈白色，但大约1000年前，人们就已经开始培育不同的胡萝卜品种，这种品种的胡萝卜根部呈亮橙色，味道香甜，如今世界各地都有销售。
2	**普罗蒂亚木**	一些真双子叶植物在外表、生活方式甚至基因组上都非常独特。如普罗蒂亚木，它们能够在森林火灾中存活下来。
3	**生石花**	生石花是仙人掌的近亲，生活在同样干燥的栖息地。它们没有刺，外观像鹅卵石，能够防止动物啃咬。
4	**槲寄生**	槲寄生过着部分寄生的生活，附着在树木或灌木上，甚至是其他槲寄生上！槲寄生从大型植物中获取水和营养，同时也能自制食物。它们的种子通过鸟类的粪便传播，有些情况下会以每小时80千米的速度弹射出去。
5	**巨大的大黄**	巨大的大黄植物会给人一种穿越到了白垩纪的错觉，它们最早在白垩纪出现。大黄植物的叶子很大，大到可以当作伞来使用，但茎上的刺可能会让你望而却步。
6	**野花**	真双子叶植物毛茛科中包含许多野花。野花生长迅速，是昆虫重要的食物来源，而昆虫又可以为我们所需的植物授粉。

真核生物 › 原始色素体生物 › 绿色植物 › 有胚植物 › 种子植物 › 被子植物 › 真双子叶植物 › **蔷薇类**

玫瑰及其亲属

蔷薇类

当前位置

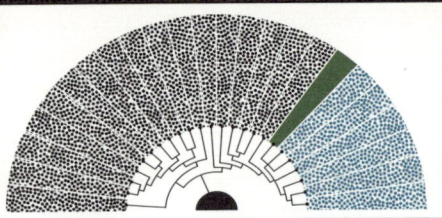

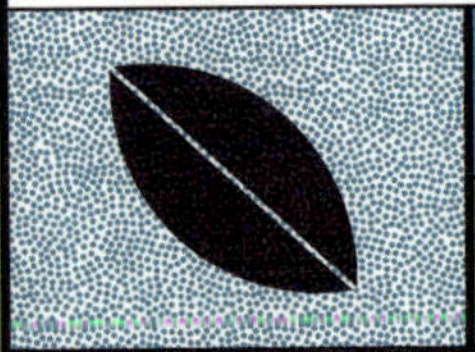

真核生物

原始色素体生物

关键信息

- 蔷薇类有 9 万多个物种；
- 黄色柳桉树分布于印度尼西亚的热带雨林中，可以长到 90 米高；
- 分布于世界上各类栖息地，尤其是热带森林。

样本

蔷薇

如果你想要一些蔷薇类植物，那么你可能会得到一把卷心菜、羽衣甘蓝或球芽甘蓝。

具体内容

庞大的蔷薇类真双子叶植物进化枝是以蔷薇的名字命名的，而蔷薇类植物是开花植物中最大的类群之一。开花植物包含各种果树，如苹果、李子和油桃树，还包含落叶林木，如橡树、桦树和角树，以及生活在咸水中的红树林植物。蔷薇科包含荆棘等多刺灌木和美丽的玫瑰。玫瑰因其美丽、芳香的花朵而闻名，它的刺其实是它的嫩芽，随着时间的推移而进化得又硬又尖，以防止食草动物啃咬。

西兰花、球芽甘蓝、花椰菜、高丽菜等蔬菜也是玫瑰花的近亲。事实上，所有这些蔬菜都是蔷薇类的一个物种——甘蓝。几百年前，甘蓝只是生长在海岸附近的小型植株，农民通过挑选具有一些特征的植物进行繁殖，不断重复，最终创造出几十种甘蓝。

对有些人来说，这不是什么好事。甘蓝体内含有的化学物质对昆虫有毒，而且对大型食草动物来说是有苦味的。"超级味觉者"比其他人更容易尝出这些苦涩的化学物质，这就解释了为什么有些人讨厌甘蓝，而有些人却很喜欢。

共同特征

- 许多蔷薇类植物可以"固定"或从空气中获得氮气，这要归功于生活在其根部**结节**中的细菌；
- 对许多蔷薇类的花朵来说，每片花瓣都是独立的，花瓣之间并不相连。

好邻居？

蔷薇类植物包含重要的成材木、橡胶树等植物，以及令人意想不到的可食用植物，如苹果、梨、甜瓜、秋葵、杨桃、南瓜、黄瓜、杏、核桃和胡桃。玫瑰无论是在花园还是家里都很受欢迎，其花瓣可以用来制作香水和调味品。

真核生物域（真核生物）——植物和藻类（原始色素体生物）

#	
1	**不同的外表**
	西蓝花、球芽甘蓝、羽衣甘蓝、茎蓝和花椰菜都属于甘蓝。
2	**机智的治疗方法**
	夏威夷大学化学家爱丽丝·鲍尔（Alice Ball）用大风子树的种子油成功治疗了一种严重的皮肤病，即汉森病，爱丽丝因此闻名于世。
3	**蜇人的"毛"**
	刺荨麻表面覆盖着微小且脆弱的"毛"，有东西拂过时，刺毛发就会破裂。断裂的尖端会刮伤皮肤，并释放出化学物质，引起剧烈的刺痛。
4	**蜀葵根**
	这种有黏性的棕色根看起来不是很好吃，但却是用来制作早期棉花糖的原料。这种植物的根部有一种厚厚的胶状物质，可以让糖果更有嚼劲。
5	**花楸**
	花楸也被称为山灰树，它们激发了许多魔法故事和传说的灵感。有些地方，人们曾把花楸种在房子外面，相信它们可以驱除邪祟。鸟儿会吃下它们鲜红的果实，并通过粪便传播花楸种子。

真核生物 〉原始色素体生物 〉绿色植物 〉有胚植物 〉种子植物 〉被子植物 〉真双子叶植物 〉蔷薇类 〉**蝶形花科**

豆科作物

蝶形花科

当前位置

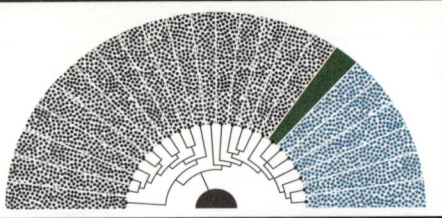

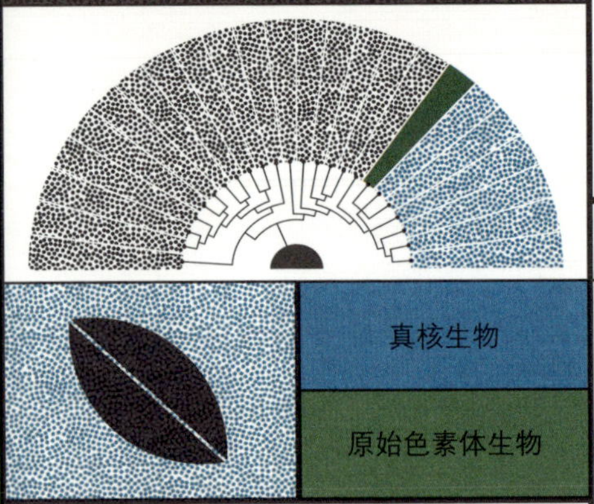

真核生物

原始色素体生物

关键信息

- 蝶形花科超过 1.9 万个物种；
- 无论是小型植物，还是高达 88 米的热带雨林树木，都属于蝶形花科；
- 蝶形花科遍布世界各地，被引入新地区的数量比任何植物都多。

样本

花生

让我们近距离观察农民最喜爱的植物家族。

具体内容

所有植物都需要氮气才能生长，但只有豆科作物能从空气中获取氮气。这类植物还可以被其他生物利用，进而维持整个**生态系统**的运转。

结豆子的植物被称为豆科作物，属于第三大开花植物，是人类食物和药物极其重要的来源。它们几乎遍布世界各地，除此以外，就只有禾草（见第 76 页）分布如此广泛。豆科作物甚至可以在极其贫瘠的土壤上生长，这要归功于它们从空气中获取氮的能力。

豆科作物能在固氮菌（如根瘤菌）的帮助下获取氮。固氮菌生活在其根部的特殊结节中，吸收空气中的氮，并将其转化为豆科作物可以用来制造蛋白质的形式。同时，这些氮也可以为生态系统中的其他生物所用。因此，豆科作物也成为地球氮循环的重要一环。

豆科作物的种子通常非常坚硬。有些种子一直处于休眠状态，只有森林大火才能将它们唤醒。在大火的灼烧之下，沉睡的种子终于发出嫩芽。这种适应性让豆科作物种子在生长初期不用与其他植物争夺营养和水分（因为其他植物在焚烧后的土壤中需要更长时间才能恢复）。

共同特征

- 有的花是一簇一簇的，称为花序；
- 有的花看起来像蝴蝶；
- 果实通常是狭长的豆荚，里面的种子排成一排；
- 豆荚裂开后会弹出种子。

好邻居？

豆科植物在农业中非常重要，其中包含了许多重要的粮食作物，如豌豆、蚕豆、大豆、扁豆、花生和紫花苜蓿。它们可以"固定"氮，使土壤更加肥沃，利于其他庄稼生长。此外，木本豆科植物可以用来生产木材、燃料、树脂和天然染料。

82 真核生物域（真核生物）——植物和藻类（原始色素体生物）

#		
1	**蚂蚁之家**	金合欢树与蚂蚁（见第136页）生活在一起。蚂蚁能够阻止食草动物吃掉树木，减少生活在树叶上的有害细菌数量。作为回报，蚂蚁得到了金合欢树的花蜜，并在树上的空心刺中栖息。
2	**豆中之王**	大豆被称为"豆中之王"，因为碾碎的大豆有很多用途，例如提炼植物油、制作豆腐、豆浆和巧克力。但是，一些人为了增加大豆种植面积而砍伐森林，这种行为正对生态环境以及世界各地的原住民造成持续性的伤害。
3	**幸运的四叶草**	你曾经采过四叶草吗？这种小型豆科植物在花园和草地上很常见，因为四叶草固氮效果好，所以也常分布于牧场中。
4	**药物**	可以用作药物原材料的豆科作物有2000多种，比其他任何植物都要多！这些植物会产生生物碱的化学物质来保护自己，不过少量的生物碱也可以杀死我们体内的有害细胞。
5	**作物轮作**	种植豆科作物有助于恢复大部分氮元素流失的土壤，从而让土壤再次变得肥沃。乔治·华盛顿·卡弗（George Washington Carver）发现，仅种植一年的花生或大豆就能恢复土壤中流失的养分，并且农民无须支付昂贵的肥料费用。

真核生物 > 原始色素体生物 > 绿色植物 > 有胚植物 > 种子植物 > 被子植物 > 真双子叶植物 > 菊亚纲

菊类植物

菊亚纲

几乎三分之一的开花植物都属于菊亚纲进化枝，如非常漂亮的植物和有剧毒的植物。

当前位置

真核生物

原始色素体生物

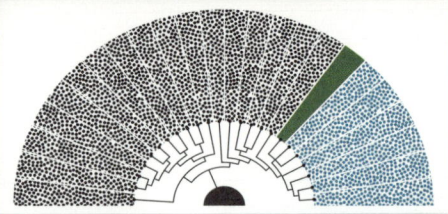

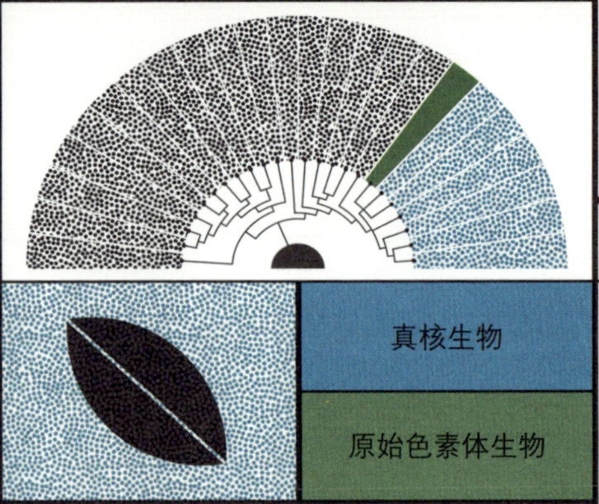

关键信息

- 菊亚纲约有10万个物种；
- 菊亚纲不仅包含寿命仅有一年的植物，也包含大型树木；
- 分布于广泛的栖息地，如雨林、沙漠、陆地和水中。

样本

向日葵

具体内容

让我们从生命之树的蔷薇类分枝移步到邻近的分枝上，即菊类植物。菊类植物是进化非常成功的裸子植物，已经习惯了不同的生活方式。大多数菊类植物的花瓣不是独立的，而是连在一起呈冠状分布。有的花冠会弯曲成喇叭状、管状或钟状，这些特别的形状有助于你一眼就能认出菊类植物，但是你在观察的时候，请务必要小心。

许多菊类植物会产生有毒化学物质，以此防止动物啃食或者杀死试图在体内寄生的真菌。风茄和致命的龙葵内含有世界上毒性最强的一些毒素。马铃薯也属于菊类植物，如果马铃薯变绿或长出嫩芽，就会产生有毒的龙葵碱。不过，油炸会破坏龙葵碱（难道这就是多吃薯片的理由？），但是把土豆存放在阴凉处，避免吃有毒的绿色土豆，才是更好的做法。

菊类植物中有许多大家熟知的食物，例如西红柿、茄子、橄榄、胡萝卜、红薯和莴苣，还有人们喜欢在花园里种植的植物，如冬青和金银花。

下一页会详细介绍菊类植物，你可以在里面找到蒲公英和向日葵的更多信息。

共同特征

- 花瓣通常连在一起，呈喇叭状、管状或钟状；
- 单轮雄蕊；
- 对一些菊类植物（如向日葵）来说，花瓣简单地连接在一起就构成了花瓣的形状。如果你仔细观察，就能看到花瓣的连接处。

好邻居？

菊类植物包含许多重要的农作物，作为食物和有用化学品的原材料而被广泛种植。一些菊类植物产生的防御性化学物质也可能是致命的毒药，如果对此有所了解，关键时刻可以救命。咖啡已成为世界上最受欢迎的饮料，每天的销售量超过了20亿杯。

真核生物域（真核生物）——植物和藻类（原始色素体生物）

1	**含羞草**
	你可能听说过勿忘我，但另一个名字含羞草（也是斑点橙凤仙花的俗名）更容易记住。含羞草的豆荚成熟时，只要轻轻一碰就会爆开，并把种子弹得很远！
2	**治疗癌症**
	长春花是一种美丽的雨林植物，它不仅名字好听，还有很强的药效，可以用来制作抗癌药物。科学家们是在了解马达加斯加传统治疗师使用长春花的方法后，发现了长春花的惊人功效。
3	**花形喙**
	蜂鸟已经进化出细长而弯曲的喙，能够伸进一些菊类植物中吸食花蜜，同时也能为植物授粉。
4	**权力争夺**
	有些昆虫已经习惯了菊类植物产生的毒素。例如，帝王蝶的幼虫可以在马利筋上大快朵颐而不受伤害，这是因为它们可以将有毒化学物质储存在体内，鸟类等掠食者一旦吃下它们就会中毒。
5	**咖啡树**
	咖啡豆是咖啡果的核，含有大量称为咖啡因的生物碱，可以防止动物食用咖啡豆。如今，数以亿计的人享用这些种子制成的苦味饮料。

真核生物 > 原始色素体生物 > 绿色植物 > 有胚植物 > 种子植物 > 被子植物 > 真双子叶植物 > 菊亚纲 > **菊科植物**

雏菊及其亲属

菊科植物

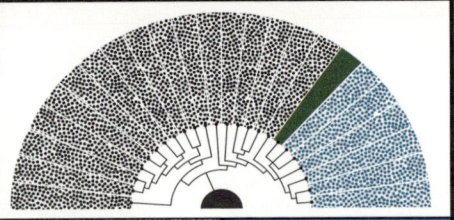

雏菊和蒲公英有各种奇怪的特性，因此成为最神奇的花朵。

当前位置

真核生物

原始色素体生物

关键信息

- 菊科植物至少有 2.4 万个物种；
- 向日葵的花冠宽度从不到 3 毫米到 80 多厘米不等；
- 几乎在各类陆地栖息地都有分布，如沙丘、陡峭的悬崖和不利于大多数植物生存的扰动土。

样本

雏菊

具体内容

雏菊及其近亲是生命之树上菊亚纲的一个分支，有着独一无二的特性。你有没有摘过雏菊，数过它的"花瓣"呢？你肯定会感到惊讶：每片花瓣本身就是一朵小小的白花，白色花冠围绕着雏菊中心一簇更小的黄色花朵。这些小花集合在一起，称为"花冠"。

菊科家族的许多成员也是如此，其中包括向日葵和蒲公英。向日葵的花冠上有几百朵更小的花，整朵花由主要花盘里的深棕色花朵和外围亮黄色的冠状花朵组成。

每朵花结一个果实，一个果实内只有一粒种子，这些果实紧紧地挤在一起。这种生长方式带来的一个问题是：种子不能同时发芽，只有相继发芽才能尽可能保证所有种子都有足够的空间、水、光和养分来生长。为了解决这个问题，菊科家族中的一些成员进化出了毛发状或刚毛状萼片。蒲公英把毛发状的萼片当成微型降落伞，带着种子随风飞行。带毛刺的种子会用体表的刺钩住动物的皮毛，将种子带到别的地方。

这就是为什么你在翻土时，随时会发现蒲公英和蓟等"杂草"。

共同特征

- 花冠由数百朵小花组成；
- 每朵花结一个果实，一个果实内只有一粒种子；
- 花的萼片形成刚毛或茸毛，能够帮助种子远离母体植株。

好邻居？

一些菊科植物在夏末秋初之际会引起花粉热这种疾病。但是，我们也从它们身上获得了一些非常重要的化学物质，例如环保杀虫剂、染料和杀死对我们身体有害的**寄生虫**的药物。

真核生物域（真核生物）——植物和藻类（原始色素体生物）

#		
1	**在风中飘浮**	每朵蒲公英的花萼会形成毛球，如同小小的降落伞，帮助种子在风中传播。
2	**治疗疟疾**	疟疾是一种致命的传染病，通过被疟原虫寄生的蚊子传播。中国科学家屠呦呦从一本中国古籍中了解到青蒿如何治疗疟疾，便开始研究如何从青蒿中提取青蒿素来杀死导致疟疾的寄生虫。自20世纪80年代以来，青蒿素拯救了数百万人的生命，屠呦呦女士因此获得了2015年诺贝尔生理学或医学奖。
3	**花粉热的罪魁祸首**	豚草是导致夏末秋初之际花粉热的主要元凶。一株豚草会释放出数百万颗花粉粒，它们飘进人的眼睛和鼻子里，引起打喷嚏、瘙痒甚至哮喘。
4	**把种子当零食吃**	鸟类很喜欢葵花籽，人类也找到了各种利用它们的方法，例如用葵花籽榨油，制作葵花籽酱、肥皂和油漆。
5	**搭便车**	一些菊科植物萼片形成的刚毛可以钩住路过动物的皮毛，动物无意间就将种子带到新的地方。长满毛刺的萼片是发明尼龙搭扣的灵感来源，尼龙搭扣的紧固件就相当于这些植物的小钩子和毛茸茸的"毛发"。

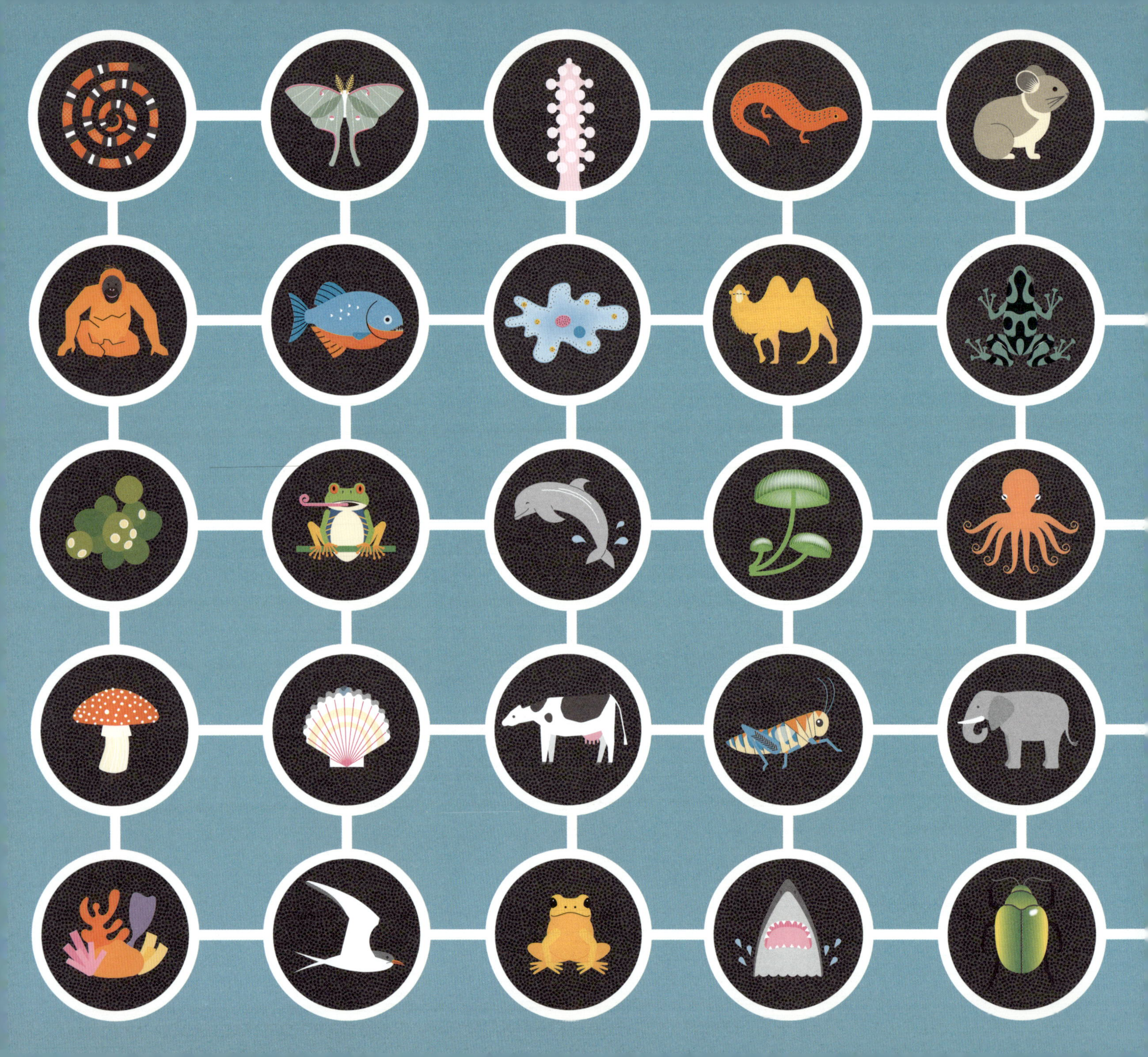

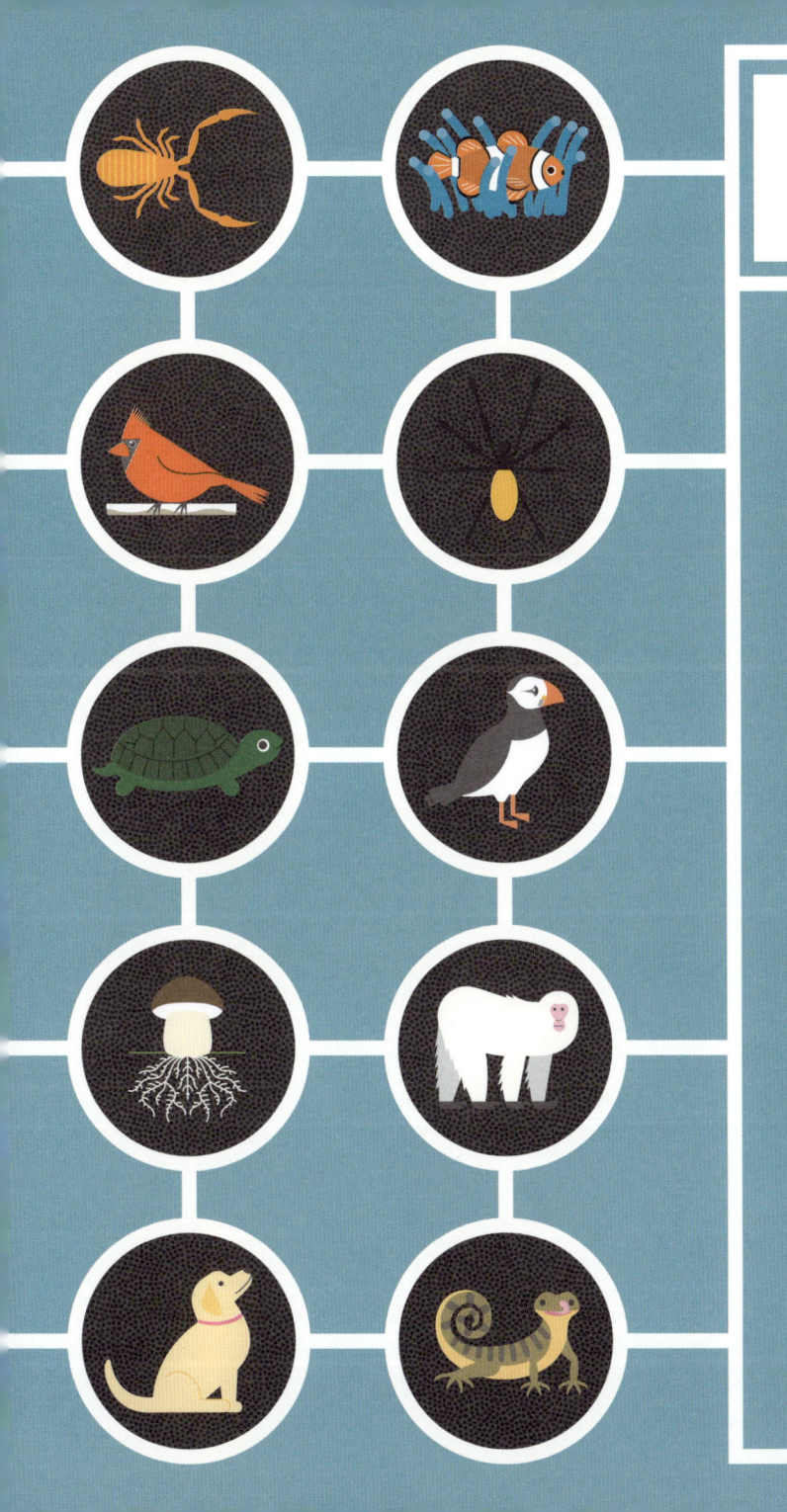

真菌、动物和它们的亲属

单鞭毛生物

第一眼看到老虎和毒蘑菇这两个物种,你可能会觉得它们压根没有什么共同之处。但基因研究显示,动物和真菌其实有着最近的亲缘关系。二者属于生命之树上的同一分支,即单鞭毛生物(Amorphea),一个超级庞大的生物类群。

动物不需要过多介绍,它们是地球上体型较大的生物,可以四处移动(其生命中的部分时间内如此),以其他生物为食。大部分动物都肉眼可见,不需要借助显微镜观察,所以很久以前人们就开始对动物的命名和研究。在已命名的两百万个现存物种中,超过一半都属于动物界。

真菌虽然不如动物那样显眼,但同样迷人,是自然界中非常重要的物种。人们曾经认为真菌和植物有着最近的亲缘关系,结果不论是对真菌基因粒的研究还是对二者"族谱"的追溯,都发现真菌和动物的关系反而比和植物的关系更近。实际上,动物细胞和真菌细胞都以同样的方式工作,于是科学家利用真菌作为模型来了解人类细胞是如何工作的。真菌几乎在每一个生态系统中都发挥着相当重要的作用。同样,我们也可以用不同的方式利用真菌来改善我们的生活。

单鞭毛生物这个"超大类群"还包括单细胞生物变形虫(又称阿米巴),这种生物很小,只有极少数可以直接用肉眼观测到。和动物一样,变形虫可以移动并且以有机物为食。在变形虫的日常生活中,它们往往会迅速改变形状,形成巨大的"手指",也就是伪足来爬行或者捕食猎物。

真核生物 〉 单鞭毛生物 〉 真菌界

真菌

真菌界

真菌可能是地球上最不挑食的生物！它们什么都吃，动物的粪便和腐烂的木头都可以成为它们的食物，它们通过进食塑造着这个世界。

当前位置

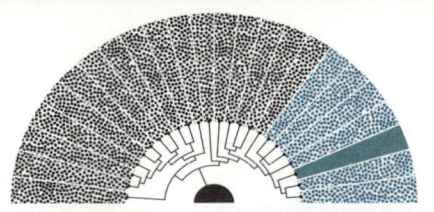

真核生物

单鞭毛生物

关键信息

- 目前发现的真菌已超过了 14 万个物种；
- 无论是极微小的单细胞还是绵延几千米的**菌丝**网络都是真菌大家庭的一员；
- 从高空大气层到南极冰川区；从干旱的沙漠到动物湿润的肠胃；从深海到你的浴室，它们无处不在。

样本

杏鲍菇（又称王子菇）

具体内容

在热带雨林的地面看到一棵蘑菇，很多人会以为它是某种植物，其实人类和蘑菇的关系比植物和蘑菇的关系近多了。实际上，真菌和动物同属于一条更大的**进化枝**，即单鞭毛生物。

真菌和动物的**共同祖先**可能是一种单细胞生物，有鞭状的"尾巴"，可以在**水域栖息地**里游动，像最早的真菌。如今还有一些真菌生活在水里，但大多数真菌已生活在陆地，不再只由一个细胞构成。

真菌不能像植物那样自己制造食物，也不能像动物那样通过捕猎获取食物，而是从所寄生的生物表面吸收营养物质。有些真菌会寄生在生物体表或体内，就像寄生虫一样。它们会释放化学物质，让宿主的细胞发生破裂或爆炸，以吸收细胞中流出的黏性物质。真菌也可能让植物和动物患病，甚至杀死宿主，如此一来它们便可以慢慢地吃掉整个宿主。

事实上，大部分真菌都是有益的。有许多真菌生活在植物附近或者植物内部，它们帮助植物获取一些特定的营养成分，这些植物会相应地给予它们一些糖类物质。还有许多真菌以死去的生物为食，这可以加速生物尸体**腐烂**的进程，并将剩下的基础物质还给大地，让这些物质继续为别的生物所用。

共同特征

- 真菌的细胞壁含有几丁质，即构成节肢动物（见第 124 页）**外骨骼**的同种物质；
- 产生长长的、管状的丝状物（菌丝），很多菌丝聚集在一起就形成了巨大的菌丝网络；
- 有一些真菌会长出子实体，比如蘑菇，它们会释放出孢子来帮助真菌繁衍。

好邻居？

虽然只有小部分真菌会感染人类，但也会造成大麻烦，如让食物变质或感染庄稼、牲畜。大部分真菌对人类有益，如真菌可以用于医学研究，还能制作许多重要的食物、饮品和药物。即使你不吃蘑菇（真菌的子实体），也可能每天都在吃由真菌制成的食物。

1	**食物**
我们不但会食用真菌的子实体——蘑菇，还会利用真菌来制作许多美味的食物和饮品，例如咖啡、巧克力、面包还有酱汁。有些真菌在进食的过程中会释放出一些物质，这些物质可以让食物的口感更好。比如，酵母菌能分解面包里的糖，并释放气体，让面包变得蓬松柔软。
2	**微小的病原体**
有的真菌是仅由一个细胞构成的微小生物，其中的微孢子虫通常寄生在更大生物的细胞里。而有些微孢子生物是**病原体**（一种有害的微生物），它们会感染昆虫、鱼类和包括人在内的哺乳动物，从而引发疾病。
3	**认识病菌**
"微生物学之父"路易斯·巴斯德（Louis Pasteur）证明了一种极小的微孢子真菌是引起蚕蛾某种疾病的罪魁祸首，这在微生物学上是一个巨大的突破。之后，他继续向世人讲述他的发现，即"'病菌'才是造成传染性疾病的元凶"。这一发现帮助医生和科学家找到了预防和对抗这些疾病的方法。
4	**复制**
真菌通常有不止一种繁殖方法（如自我复制）。有的真菌只需要简单分裂，每一个部分就可以成为一个单独的个体，比如芽殖酵母细胞；有的真菌可以产生**孢子**，这些孢子飘浮在空中，直到落在适宜生长的地方；还有许多真菌可以和附近同种类的真菌结合，从而产出不同的孢子。

真核生物 > 单鞭毛生物 > 真菌界 > 壶菌门

壶菌

壶菌门

当前位置

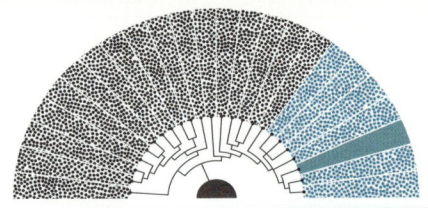

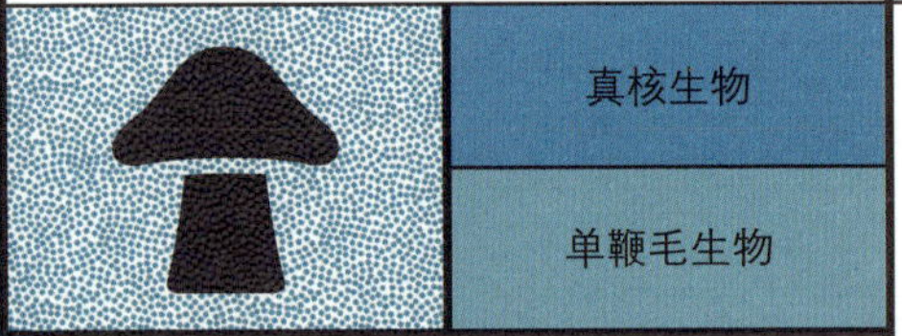

真核生物

单鞭毛生物

关键信息

- 壶菌门有 1000 多个物种；
- 有些是真菌里最小的种类，通常只由一个细胞构成；
- 壶菌生活在水域栖息地里，无论是淡水和海洋，还是土地和沼泽都是它们的家园。

样本

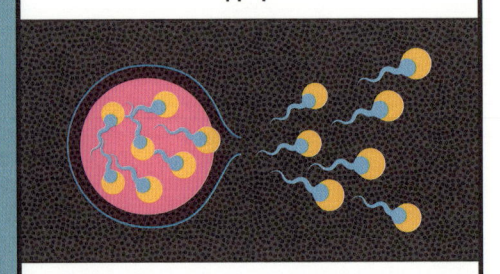

两栖壶菌（amphibian chytrid fungus）

壶菌有细小的尾形鞭毛，被认为与它们古老的祖先，也就是最初的真菌最为相似。

具体内容

壶菌生活在水里，它们的孢子上有一条小"尾巴"，可以在水里游动。当消耗完一个地方的食物后，这条"尾巴"可以帮助壶菌转移到新的栖息地或者新的宿主身上。一旦壶菌孢子找到了适宜的居住地，它就会长出许多长长的叫**假根**的"手指"来帮助它固定在一个地方。这时假根会在生物表面释放出消化酶，接下来就可以享用宿主的营养物质了。

一些壶菌会寄生在活着的藻类、植物和其他真菌表面或内部，甚至有可能伤害它们。但"甲之砒霜，乙之蜜糖"，对于另一种生物来说，它也可能是大救星，例如壶菌是许多小型水生动物的食物。不仅如此，壶菌也能让水域生态系统保持平衡，比如将藻类数量控制在合理范围内以及循环利用养分。

另一些壶菌则生活在地上堆积的潮湿落叶层中。它们以死去的植物和动物为食，并将其分解。除此之外，它们还可以分解花粉、木头甚至节肢动物（见第 124 页）的外骨骼。没有人确切地知道壶菌究竟在地球上生活了多久，但有人推算出这个时间至少有 15 亿年。如果没有它们，枯死的树木和风干的甲虫就足以将这个星球掩埋了。

共同特征

- 壶菌的主要部分称菌体原体；
- 有叫作假根的长"手指"，帮壶菌固定并吸收养分；
- 每个孢子都有一条小"尾巴"，左右摆动时能够穿越水域栖息地，寻找更适宜的居住地；
- 有些壶菌细胞可以沿着陆地爬行。

好邻居？

在陆地上，有不少壶菌会感染像胡萝卜、玉米、土豆等农作物，让它们长出"瘤子"，甚至让它们直接烂在地里。有些壶菌对肉业和乳业则是有益的，它们寄生在牛羊的肠胃里，帮助宿主分解一些难消化的草料。

1	**湖泊清道夫**
	有时候蓝藻（见第24页）会在被污染的湖里大量繁殖，形成一大片绿色泡沫，然后将其他生物需要的氧气全部耗光。而壶菌可以帮助恢复生态平衡，通过感染这些蓝藻将它们杀死，从而让水体回归正常。
2	**蛙类流行病**
	世界上的两栖动物（见第154页）正在遭受着一场由壶菌引起的流行病。这种叫作Bd的壶菌寄生在蛙类的皮肤上，让它们薄薄的皮肤变得越来越厚。两栖动物依靠皮肤补充水分、呼吸和保持身体内盐分的平衡，但Bd会让皮肤失去这些功能，从而夺走蛙类的生命。各国引入其他地方蛙类的过程中，也让Bd在世界范围内传播。目前，已有500多种蛙类感染了壶菌病，其中有许多已**灭绝**。
3	**病毒载体**
	一种叫作甘蓝壶菌的真菌寄生在生菜植株的根部，有时候这种真菌会被一种危害生菜的病毒感染，这就导致生菜叶子上的叶脉大得出奇。病毒（见第204页）无法移动，但是真菌的孢子却可以带它们从一株植物转移到另一株植物上。
4	**食草动物的好帮手**
	新丽鞭毛菌（Neocallimastigomycota）仅在草食性哺乳动物和美洲鬣蜥的肠道里发现。它们可以帮助这些动物分解肠胃里比较难消化的叶子。

真核生物 › 单鞭毛生物 › 真菌界 › 毛菌门

植物霉菌

毛菌门

当前位置

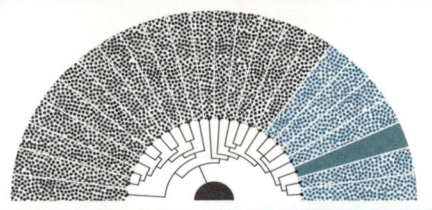

真核生物
单鞭毛生物

关键信息

- 毛菌门大约有 300 个物种；
- 丛状的菌丝是肉眼可见的，但霉菌孢子的大小只有 3 微米；
- 主要生活在世界各地的土壤中（包括南极洲的冻土）。

样本

面包霉（bread mould）

很多看起来毛茸茸的叫作"霉菌"的真菌就属于这一类。霉菌会让食物变质，所以名声不太好，但它们也有许多了不起的本领！

具体内容

霉菌是一种丝状的**丛生**真菌，这种丝状物叫作菌丝。其中毛菌是一种喜欢长在植物身上的霉菌，无论是死掉还是活着的植物它都喜欢。通过将丝状网发送到腐烂的植物上，它们可以将其分解并从中汲取养分。

如果有机会，有些霉菌会寄生在植物或者其他还活着的生物上。就像寄生虫一样，它们对宿主有极大的危害性，比如耗尽宿主的养分甚至破坏宿主的细胞。毛菌在拉丁语里叫作 mucor，其命名虽然晚于面包霉，但从古时候开始，它就一直影响着人们的生活。

有些毛菌则与植物和谐共生，通常生长在植物根部的表面和内部。菌根真菌会长出巨大的菌丝网络，就像植物多出的根系。它们帮助植物吸收土里的养分（如水、**氮**、磷、钙等元素），有助于植物生长。它们甚至可以帮助植物进行沟通。作为回报，真菌可以从植物那里获得一些利用**光合作用**合成的糖类食物。

菌根真菌是地球**生态系统**中非常重要的一部分。事实上，许多科学家认为，毛菌是最初让植物得以向陆地转移的条件。因为在植物进化出根系以前，毛菌的菌丝网络能够帮助它们收集地面上的水和养分。

共同特征

- 菌丝由许多细胞构成，这些细胞挤在一起，共用一个细胞壁；
- 即使距离很远，诸如养分这类物质也能够快速通过菌丝，而不用穿过层层细胞壁。

好邻居？

虽然霉菌在厨房里可能是一个让人烦恼的存在，但它也是一个很棒的邻居，例如霉菌是有益脂肪的重要来源，含有一些维持人体健康所需的营养成分。事实上，它们含有非常丰富的脂肪，在未来甚至可以用于炼油，这种油可以当作生物柴油来使用。

真核生物域（真核生物）——真菌、动物和它们的亲属（单鞭毛生物）

1	**脂肪酸**
	脂肪差不多占了真菌一半的重量，而脂肪中包含人体所需的脂肪酸，对我们的大脑和眼睛都有益处。一种名为ARA的脂肪酸通常被添加在婴儿配方奶粉中，以促进人体组织器官的发育。
2	**帽子投手**
	被食草动物吃下并排出体外后，针状的"帽子投手"真菌就会在动物们营养丰富的粪便里扎根。为了让其他动物吃下它们的孢子，它们只能离开臭气熏天的粪便堆。为了完成这个任务，它有一把嵌入式的水枪，"枪杆"里装满了水，等到"砰"的一声爆炸，就可以把一包孢子发射到2.5米以外的地方。
3	**植物的共生关系**
	如今，差不多十株植物里就有九株与菌根真菌有着共生关系。农民和园丁通常会撒一些含有真菌的肥料在土壤里，让植物长得更好。
4	**弹弓，发射！**
	肺线虫（见第122页）是一种可以感染牛的寄生虫。肺线虫的幼虫寄生在牛的肠胃里，但是和帽子投手真菌一样，它们需要离开粪便，找到被其他牛吃下的好机会。所以这种虫子会爬上帽子投手真菌的茎，坐在它的"帽子"上，等着投手把自己发射出去。
5	**一点儿也不挑**
	霉菌主要生活在土壤里，但它们的孢子可以在空中飘浮，所以可以寄生在很多不同的生物表面。假如这些霉菌正好落在草莓植株上，它们就会让草莓腐烂。假如我们将这些霉菌吸入，它们会寄生在我们的肺部。

真核生物 〉 单鞭毛生物 〉 真菌界 〉 子囊菌门

子囊菌

子囊菌门

从美味的巧克力到运动员出汗的脚，再到让人害怕的僵尸蚂蚁，这种真菌与我们每一个人息息相关。

当前位置

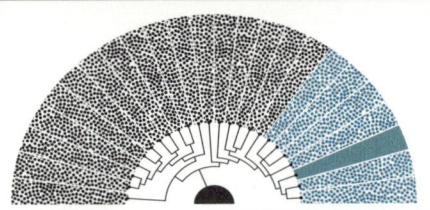

真核生物
单鞭毛生物

关键信息

- 子囊菌超过了5.7万个物种；
- 小到单细胞真菌，大到多细胞生物体都是子囊菌门的成员；
- 分布范围很广，甚至包括人体内。

样本

蓝纹奶酪里的青霉菌（penicillium）

具体内容

不论你能想到哪种物质，它都有可能是这一类真菌的食物。无论是在壁画上还是出汗的脚趾间，我们都可以发现它们的身影。在我们所知道的真菌里面，大约有三分之二都是子囊菌，其中包括可以独立生存的、寄生的以及与植物和谐共生的这三种类型。

子囊菌大致分为两类。一类呈丝状，有杯状的子实体，大到肉眼可见。有一些会引起植物严重的疾病（如荷兰榆树病），但它们也同样在分解植物遗骸的过程中发挥着重要作用，通过这种方式让基本元素在新生命中继续传递。

另一类是小小的，只有一个细胞的酵母菌。酵母菌是我们体内**微生物组**的重要成员，正是这些小小的真菌让我们的身体保持健康。几千年以来，人类利用酵母菌来制作食物和饮品，它们也在科学史中扮演着重要角色。酵母细胞在许多重要方面都和人类细胞很相似，但研究起来要容易得多。它们也曾帮助我们了解人体细胞的工作机制。酵母菌甚至是第一种测定了全基因组序列的真核细胞微生物！

共同特征

- 一些种类会长出特殊的结构子囊，这是产生孢子的地方；
- 单个的子囊通常是杯状或"囊"状，有点像底朝上的蘑菇，这就是子囊菌名字的由来；
- 酵母菌通过出芽这种简单方式来进行繁殖。

好邻居？

子囊菌可以将牛奶变成奶酪，如卡门培尔奶酪和罗克福奶酪。它们的菌丝会长到奶酪内部，在它们进食和排泄的过程中，塑造了奶酪独特的质地和风味。松露、羊肚菌和菌蛋白（一种肉类的替代品），也属于囊菌门。而青霉菌是世界上第一种抗生素药物的原材料。

真核生物域（真核生物）——真菌、动物和它们的亲属（单鞭毛生物）

1	**抗生素**
	青霉菌会产生一种叫作青霉素的物质来保护自己免受细菌的攻击。20世纪40年代，科学家找到了把这种物质制成药物的方法。这是有史以来第一种抗生素，它拯救了无数人的生命。
2	**僵尸真菌**
	有一种真菌可以感染弓背蚁，将蚂蚁的营养耗尽，甚至占据它们的大脑！这种真菌会控制蚂蚁离开巢穴，爬到植物的茎上，然后让长出的子囊直接从蚂蚁的头上钻出。最后，子囊中的孢子落到地上，让更多的蚂蚁被感染。
3	**蠕虫猎手**
	线虫捕捉菌甚至可以捕到小型线虫！它们会结网等待某条倒霉的线虫撞上它们的网，它们就会像潮水一样涌上去将它困住。这种真菌还会将自己身体的一部分插入猎物的身体，将猎物慢慢消化掉！
4	**巧克力品鉴师**
	真菌发酵是巧克力制作中非常重要的一环。真菌和细菌可以分解可可豆荚中的果肉，就是这个步骤赋予了巧克力独特的风味。
5	**酵母菌感染**
	白假丝酵母菌常见于我们的口腔和体表，但如果我们的体表环境失衡，这种酵母菌就会引发感染，比如湿疹。

真核生物 › 单鞭毛生物 › 真菌界 › 担子菌门

蘑菇、黑粉菌和铁锈菌

担子菌门

你见过长了"耳朵"的树,或者是顶端长了"果冻"的木头吗?欢迎来到担子菌门的魔法世界,这个最让人眼花缭乱的真菌世界。

当前位置

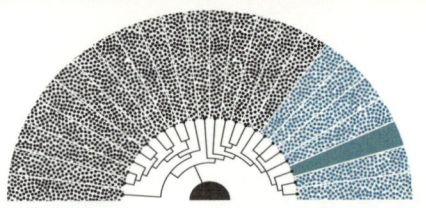

真核生物
单鞭毛生物

关键信息

- 担子菌门大约有 4 万个物种;
- 有些担子菌是地球上最庞大的存在;
- 可以在所有的陆地栖息地找到它们,也有许多物种分布于水域栖息地。

样本

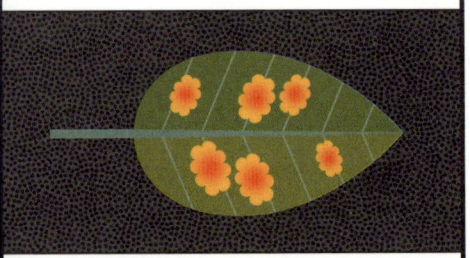

有锈菌(rust)寄生的叶子

具体内容

担子菌门是真菌家族树上一个巨大的分支,也是最能吸引你驻足观赏的一种。其中包含木耳、支架真菌、珊瑚真菌、马勃、鬼笔以及形成蘑菇和毒蕈(二者都是真菌的子实体)的真菌。它们会长在树干上,零星分布在被感染的植物叶子上,或者像是魔法一样突然冒出地面。

我们能看见的真菌其实是它的子实体部分,有点像苹果和苹果树的关系。真菌的大部分都藏在地下,并以菌丝(丝状物)网络的形式存在,它们可能在土壤中延伸几米或几千米远。蜜环菌在地下形成的菌丝网络能达到 20 个足球场那么大,重量可达 10 吨,差不多和一头蓝鲸一样重!但长这么大需要花一千多年的时间。

担子菌支系包括锈菌和黑粉菌,它们通常寄生于其他生物的表面或内部,因引起植物的疾病而臭名昭著。如果黑粉菌寄生在我们的头皮上,就会以我们皮肤产生的油脂为食,从而引起头皮屑。

担子菌门的许多物种生长在腐烂的木头上并以此为食,它们在森林里发挥着非常重要的作用,可以将收集的营养物质(如碳)转化为新生物可以利用的形式。另一些担子菌物种则以落叶或动物粪便为食,让我们不至于在及膝的动物排泄物中寸步难行。

共同特征

- 担子菌的子实体叫作担子果,也就是产生和释放孢子的地方,通过这种方式,真菌得以繁衍;
- 如果不小心损坏了真菌的子实体(如蘑菇),真菌本身也不会有事,它只会躲到地下或者宿主的身体里面去。

好邻居?

担子菌门的菌根真菌和木腐真菌通常用于垃圾堆肥,这对植物的生存至关重要。担子菌门也包含对农作物危害性极大的真菌,比如锈菌和黑粉菌。几千年来,由锈菌引起的小麦秆锈病广泛流行,造成小麦减产和绝收,严重时甚至会引发饥荒。

真核生物域(真核生物)——真菌、动物和它们的亲属(单鞭毛生物)

1	**木头上的"耳朵"** 　　木耳是支架真菌的肉质体，看起来就像是人的耳朵！你可以在潮湿背光的腐烂树干和木头上看到它们。
2	**狼屁菌** 　　马勃菌里有一种狼屁菌，学名为长刺马勃，它们能长到一个沙滩排球那么大。每一个狼屁菌内都有几十亿个或者几万亿个孢子，只需轻轻一碰，它们就会从纸一样薄的真菌小孔中喷出去，甚至落在上面的一颗雨滴也能让大量的孢子喷射到空中。
3	**地星** 　　地星和马勃菌很像，但是它们有着非常强的适应能力，能确保自己不被落叶覆盖。当它们的子实体准备释放孢子时，最外层会裂开，形状就像一颗星星，然后把落叶全都推到一边去。
4	**胶质菌** 　　银耳亮晶晶的子实体看上去就像果冻一样，这种胶质菌通常会在夏末的大雨后形成它的子实体。
5	**鸟巢菌** 　　鸟巢菌的子实体看上去就像是一个装满了鸟蛋的小窝。当雨滴掉落到这个"窝"里的时候，覆盖满孢子的"鸟蛋"就会被弹得到处都是。这些孢子会在落下去的地方扎根，长成一棵新的真菌。

真核生物 › 单鞭毛生物 › 真菌界 › 担子菌门 › 伞菌纲

形成蘑菇（或毒蕈）的真菌

伞菌纲

蘑菇和真菌在童话故事里经常出现，但是它们的魔法比任何故事中讲述的都要神奇。

当前位置

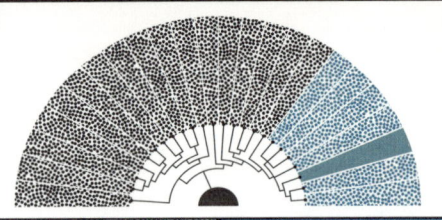

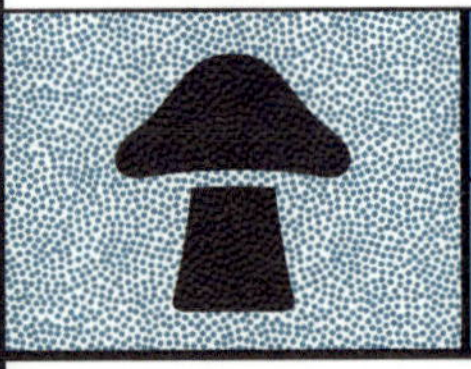

真核生物

单鞭毛生物

关键信息

- 伞菌纲超过了 2.1 万个物种；
- 一朵蘑菇的大小从几毫米到几米不等，可它们底下的真菌要比这些子实体大得多；
- 可以在所有的陆地栖息地里找到它们，但也有不少物种生长在水中。

样本

毒蝇伞（fly agaric toadstool）

具体内容

让我们走进担子菌门支系，去近距离观察其中最有名的成员——形成蘑菇和毒蕈的真菌。这些圆屋顶形状的子实体其实只是真菌的一小部分，可以帮助孢子在地面上传播，真菌的大部分其实都藏在地下。

蘑菇通常有不同的形状、大小和颜色，有的是光滑的白色圆屋顶形状，有的是亮粉色或亮蓝色的降落伞形状，有的毒蕈如墨般漆黑、手感如天鹅绒般柔软，也有闻起来像腐肉、柄的顶端有黏液以及长得像珊瑚或者大脑的蘑菇。甚至有被称作炮弹菌的弹球菌，它展开的形状就像星星，可以把孢子弹到几米开外的地方。

蘑菇生长在它们的食物来源上，一开始只是微小的结构，需要几天的时间形成。然后，它们从周围的环境中吸收水分，迅速膨胀起来，看起来就像忽然出现一样。现在我们主要食用的蘑菇都生长在垃圾堆肥中，比如用马粪和粉碎的玉米芯制作的堆肥。

许多野生的蘑菇和毒蕈是从与树根紧密相连的真菌上长出来的，它们也是判断一片森林是否健康的标志。

共同特征

- 许多蘑菇都是伞柄上有圆顶帽的；
- 圆顶下面的菌褶或"齿状部分"是产生孢子的地方；
- 一朵蘑菇就能产生几万亿个孢子；
- 毒蕈只是毒蘑菇的另一种叫法。

好邻居？

几千年来，蘑菇一直被应用于传统医学中。如今，蘑菇产生的化学物质制成的药物还可以用来杀菌、阻止血栓形成甚至治疗癌症。现在有很多种蘑菇因为营养丰富而被摆上了我们的餐桌，但也有很多种是有剧毒的，并且只有专业人士才能分辨出来。

真核生物域（真核生物）——真菌、动物和它们的亲属（单鞭毛生物）

1	**夜光蘑菇**
	只有极少数真菌可以产生一种能在夜晚发光的化学物质,这些发光的绿色蘑菇只在日本和巴西的野外有分布。
2	**仙灵环菌**
	有时候你可以知道真菌在地下延伸了多远,这是因为它们的子实体已经出现在各个角落。其中以仙灵环菌最为出名。当它们在土壤里不断延伸的时候,子实体也会变得越来越大。
3	**出血齿菌**
	有些蘑菇并不像童话里那样美好且梦幻,而更像是恐怖故事里某种瘆人的怪物。出血齿菌的子实体会渗出一滴滴的红色黏液,看起来像血一样。
4	**比一头蓝鲸大**
	蜜环菌是地球上公认的最大最重的生物。它们的子实体本身不大,但是它们位于地下的真菌网络无比庞大。
5	**发出恶臭的海星**
	并不是所有真菌的子实体都呈伞状。海星鬼笔是一种极其罕见的真菌,它的子实体有着白色的柄,顶端展开时就像是海星粉色的触手,上面覆盖着发臭的棕色黏液,这种黏液能吸引苍蝇来帮助它传播孢子。

真核生物 › 单鞭毛生物 › **后生动物**

动物

后生动物

是什么让动物有别于生命树上和它们关系最近的亲属真菌呢？首先，老鼠比蘑菇的移动速度快得多……

当前位置

真核生物
单鞭毛生物

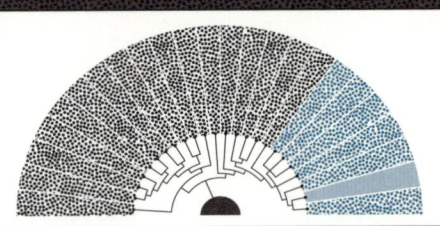

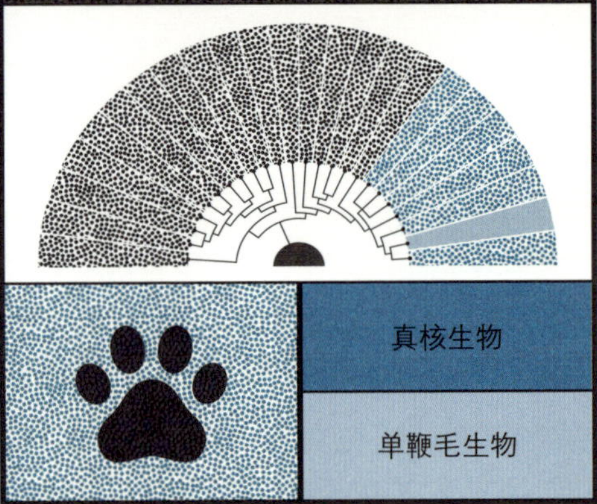

关键信息

- 后生动物约有120万个物种；
- 从小到五个摞起来只有头发丝粗的水母，到能长到55米长的鞋带蠕虫都是后生动物的成员；
- 分布于各种类型的栖息地，从陆地到水域、从高山到深海和沙漠都是它们的家园。

样本

红色土螈（red salamander）

具体内容

欢迎来到生命之树最大的分支之一后生动物**进化枝**，它囊括了世界上所有动物。从种类数量上看，已经超过了一百万种！虽然在生命之树上，真菌和动物关系最近，但它们也有很多不同之处。

动物的生殖方式比其他生物更为一致。无论是海参和竹节虫，还是绵羊和人类，大多数动物都有能够产生精子的雄性和产生卵细胞的雌性。每个精子和卵细胞中各携带一半遗传信息，当它们相遇时，二者结合形成受精卵，从而孕育出新生命。也有一些动物不是**有性生殖**，但植物和真菌中不是有性生殖的情况更为常见。

动物比真菌的活动范围更广。像鲸鱼和候鸟，就有在世界范围内迁徙的习性。其中一种特别有探索精神的动物（人类）甚至离开了地球，飞上了月球。

我们把动物看作一种特别的生命形式，可能是因为我们也是动物，但从进化论的角度来说，动物只是生命树上的一个分支。

共同特征

- 以其他生物为食；
- 有些可以形成坚硬的物质（如珐琅质和壳）；
- 比起植物和真菌，它们的活动范围更广。

好邻居？

动物是最讨人喜欢的邻居，同时也是人类利用最多的生物。几千年来，人类一直在养殖和驯化不同的动物，此前人类猎杀它们来获取食物和皮毛。

1	**栉水母**
	栉水母是一种生活在海里的透明动物。虽然它们和水母（见第106页）长得很像，但它们其实很不一样，且不能产生刺细胞（尽管有一种栉水母已经习惯了以水母为食，并保留这些水母的刺细胞，为自己所用）。
2	**对称线**
	大部分动物都有一条对称线，这些"**对称动物**"的左右部分互相对称。它们可以被归入原口动物（见第108页）和后口动物（见第140页）中。
3	**蠕虫的形态**
	你知道的大部分动物其实都是蠕虫。蠕虫有很多不同的形态，如巨型管虫和蛔虫以及图中所示的锤头虫。
4	**消费者**
	动物不能像植物那样自己合成食物，也不能像真菌那样待在一个地方然后从宿主身上吸收营养物质，它必须要以其他生物为食才能存活。
5	**坚硬的壳**
	位于动物细胞间的特殊**蛋白质**能够收集环境中的矿物质，并将它们转化为坚固的"脚手架"，使动物的某些身体部位（如骨头和外壳）更为坚硬。
6	**古老的祖先**
	要弄清楚最初的动物是什么样子是很困难的，因为它们湿湿软软的身体很难成为化石，许多科学家认为这些化石的证据都指向了海绵（见第104页）。

真核生物 > 单鞭毛生物 > 后生动物 > **多孔动物门**

海绵

多孔动物门

这些不同寻常的动物可以从一个细胞再生成一个完整的个体！这种再生能力能够让海绵活几百年甚至几千年。

当前位置

真核生物

单鞭毛生物

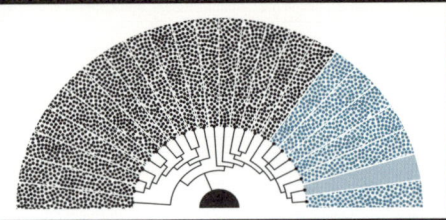

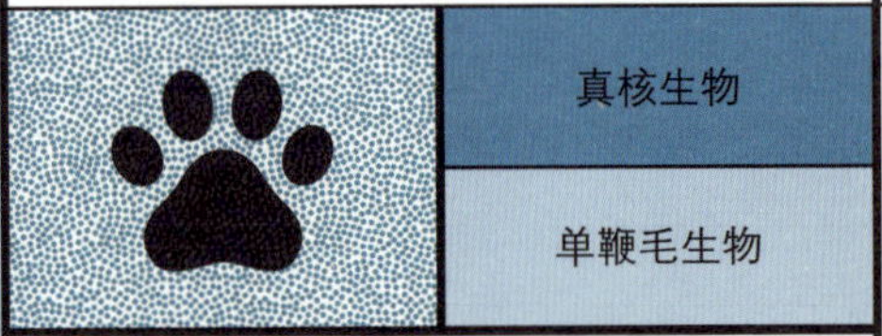

关键信息

- 多孔动物有 8000 多个物种；
- 大小从几毫米到几米不等；
- 可以在世界范围内的水域栖息地里找到它们，尤其是在海洋里。

样本

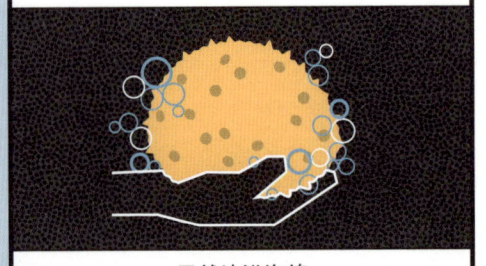

天然沐浴海绵

具体内容

一开始，人们以为海绵可能是一种植物。因为它们似乎有比其他动物更为简单的身体构造，而没有具有各种功能的身体器官。科学家通过对其细胞进一步观察发现，与灌木丛或者树木这些植物相比，海绵与我们的关系要近得多。举个例子，它们有弹性的骨骼由**胶原蛋白**构成，这种物质与构成我们很多身体部位的蛋白质是同一种。

海绵从幼体开始生长，然后定居在一个地方。即使没有身体器官，它们也能存活，因为它们的细胞能够直接从水里吸收养分和氧气，但在这个过程中通常需要住在边上的小型生物的帮助。在水流冲刷身体的时候，它们可以滤食到足够多的小型浮游生物。而一些深海里的海绵不仅以浮游生物为食，也以小型动物为食。

有人认为，多孔动物门可以细分为三条或者四条分支。玻璃海绵和钙质海绵只生活在海洋里，在那里它们可以获得所需的矿物质，从而让骨骼变得更坚韧。寻常海绵纲是多孔动物门下最大的子群，在咸水和淡水栖息地中都有它的身影。尽管所有的海绵都有类似的生活方式，但科学家还没确定它们是否拥有**共同祖先**。

共同特征

- 没有明显的**组织**或者器官；
- 身体没有对称线；
- 能够让失去的身体部分再生，但很多动物都不具有这种能力。

好邻居？

几千年来，人类使用海绵来清洁和作画。因为海绵只能固定在一个地方，无法移动，所以许多海绵会产生化学**毒素**来保护自己不被捕食者吃掉。医学家正在对这种特殊的化学物质进行研究，判断其是否可以用来造福人类。

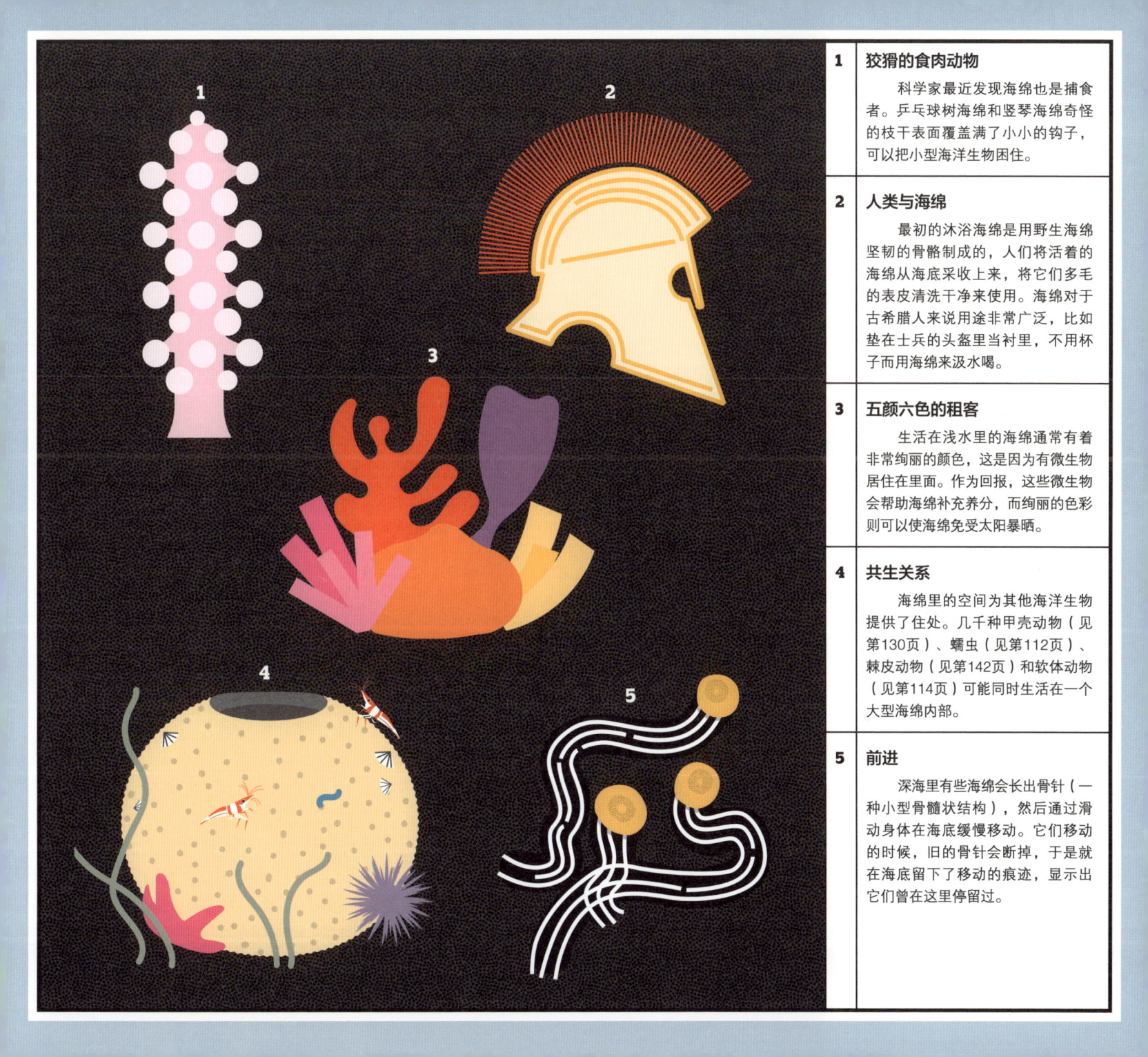

1	**狡猾的食肉动物**
	科学家最近发现海绵也是捕食者。乒乓球树海绵和竖琴海绵奇怪的枝干表面覆盖满了小小的钩子，可以把小型海洋生物困住。
2	**人类与海绵**
	最初的沐浴海绵是用野生海绵坚韧的骨骼制成的，人们将活着的海绵从海底采收上来，将它们多毛的表皮清洗干净来使用。海绵对于古希腊人来说用途非常广泛，比如垫在士兵的头盔里当衬里，不用杯子而用海绵来汲水喝。
3	**五颜六色的租客**
	生活在浅水里的海绵通常有着非常绚丽的颜色，这是因为有微生物居住在里面。作为回报，这些微生物会帮助海绵补充养分，而绚丽的色彩则可以使海绵免受太阳暴晒。
4	**共生关系**
	海绵里的空间为其他海洋生物提供了住处。几千种甲壳动物（见第130页）、蠕虫（见第112页）、棘皮动物（见第142页）和软体动物（见第114页）可能同时生活在一个大型海绵内部。
5	**前进**
	深海里有些海绵会长出骨针（一种小型骨髓状结构），然后通过滑动身体在海底缓慢移动。它们移动的时候，旧的骨针会断掉，于是就在海底留下了移动的痕迹，显示出它们曾在这里停留过。

真核生物 › 单鞭毛生物 › 后生动物 › 刺胞动物门

水母和它们的亲属

刺胞动物门

刺胞动物通常有着美丽的外表，但千万不要去触摸，因为它们身上都长有会蜇人的刺细胞。

当前位置

真核生物
单鞭毛生物

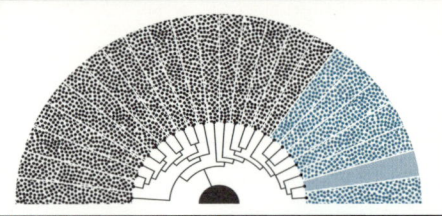

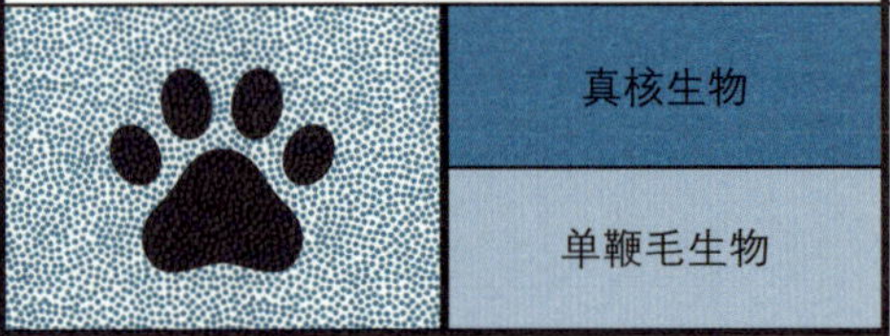

关键信息

- 刺胞动物大约有 9000 个物种；
- 从世界上最小的仅有 9 毫米的黏体动物，到有 30 米长触手的水母都是刺胞动物；
- 分布于世界上的海域内，尤其是海岸线附近和热带浅海区域，也有不少物种生活在淡水中。

样本

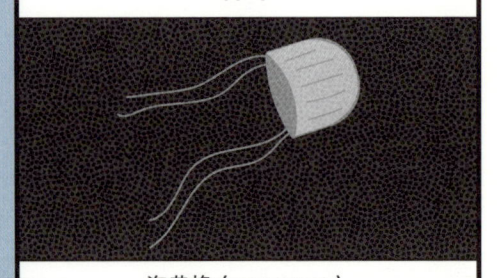

海黄蜂（sea wasp）

具体内容

刺胞动物包含水母以及它们同样满是滴状斑点的亲戚，如珊瑚、海葵和水螅虫。虽然这些动物从远处看起来差别很大，但只要你走近观察，就会发现它们拥有相同的身体特征，比如它们都有一个口部，口部周围有触手。刺胞动物通常有两种基本形态，即**水螅体**和**水母体**。水螅体的触手和口部是朝上的，例如珊瑚和海葵，而水母体是朝下的，例如水母。

请记住，千万不要离它们太近！刺胞动物的英文名"Cnidaria"来源于古希腊的"刺荨麻"一词。假如不小心碰到它们，你就会体会到这些"刺荨麻"的威力！每一只刺胞动物身上都分布着特殊的刺细胞，可以用来保护自己以及捕捉猎物。它们感觉到水里有动静时，就会喷出刺细胞，这种刺细胞有点像微型鱼叉，上面涂满了毒液，可以用来麻痹猎物。

并不是所有刺胞动物都依靠捕食猎物为生。黏体动物需要寄生在大型动物体内才能存活。腔肠动物珊瑚虫则从寄生在细胞内的小型藻类那里获取能量，这些小型藻利用阳光制造食物，珊瑚虫能从中分一杯羹，作为回报珊瑚虫为藻类提供住所。但并不是所有珊瑚虫都从寄生在体内的藻类中获取食物，只有生活在浅海里的珊瑚虫才会需要依靠藻类生活。

共同特征

- 它们果冻状的身体结构非常简单，没有血液、大脑和心脏等组织和器官；
- 大型刺胞动物拥有神经系统，可以感知到水中的阳光、震动以及化学物质；
- 有不止一条对称线（也称为放射状对称）；
- 有的水母在被触碰时会发出绿色或者蓝色的光，用来吓退捕食者。

好邻居？

每年大约有 1.5 亿人被水母和水螅蜇伤，但这些刺胞动物体内的化学物质也有少量可以用来制药。生物学家已经将发光水母体内的蛋白质变成了实验室工具。

1	**长生不老？** 许多刺胞动物在生命中有两种形态，一种是"上下颠倒的"水螅体，另一种是水母体。科学家惊讶地发现一些刺胞动物拥有逆转生命周期的能力，就像从蝴蝶变回毛毛虫一样！
2	**珊瑚白化** 全球变暖正在威胁珊瑚的生存。当海水变得过暖时，珊瑚会将体内寄生的藻类通通赶出去，然后完全变成白色。这种现象叫作珊瑚白化。这时的珊瑚并未死去，但会更容易受到疾病的侵袭。
3	**珊瑚礁** 珊瑚虫的体型很小，但它们通常是以几百万只为单位**聚居**。它们以有着碳酸钙外壳的浮游生物为食，然后用这些碳酸钙来构建可以让它们钻进钻出的"外骨骼"。当一只珊瑚虫死去，其他珊瑚虫就会在它留下的坚硬骨骼上继续搭建自己的住所，珊瑚礁就会一点一点地"长"高。
4	**海葵和小丑鱼** 小丑鱼对海葵的毒刺免疫。它们将卵产在海葵的触手间，那里很安全，可以保护这些卵不被捕食者吃掉。作为回报，色彩明艳的小丑鱼会将其他鱼类引到海葵里，毒刺会麻痹这些可怜的猎物，让它们成为海葵的食物。
5	**狮鬃水母** 狮鬃水母是世界上最大的刺胞动物。它的触手长达30多米，比一头蓝鲸（见第174页）还长。

真核生物 › 单鞭毛生物 › 后生动物 › **原口动物类**

原口动物

原口动物类

原口动物包含大部分骇人的爬虫，例如昆虫、螃蟹、蚯蚓和软体动物。

当前位置

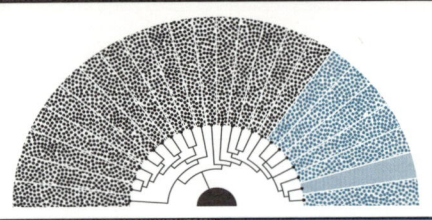

真核生物

单鞭毛生物

关键信息

- 原口动物是最大的动物类群，超过了100万个物种；
- 从极微小的个虫到像蠕虫和软体动物这种中等大小的生物都是原口动物；
- 在所有类型的环境中均有分布，无论是在陆地上还是海洋里都可以找到它们。

样本

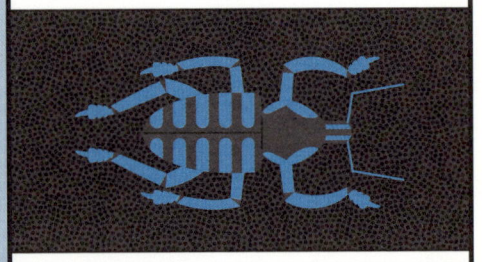

林奈艳象甲（Eupholus Linnei）

具体内容

海绵和刺胞动物的身体可能有多条对称线（或根本没有），但大部分动物只有一条对称线。它们的身体有明显的左边和右边，有一条有两端的消化道，一端的口部用来进食，一端的肛门用来排泄。像这样的动物叫作"两侧对称动物"，它们组成了动物家族树上两条庞大的分支：原口动物（Protostomia）和后口动物（Deuterostomia，见第140页）。

原口动物包括大多数（不是全部）在传统意义上被称为**无脊椎动物**的动物，如扁虫（见第110页）、环节动物（见第112页）、软体动物（见第114页）、节肢动物（见第124页）和线虫（见第122页）。

原口动物的成年体可能与幼体长得完全不一样，但它们都是以一种独特的方式成长起来的。对多数原口动物来说，口部是消化系统中最早发育起来的，这是它们拥有共同祖先的重要线索，也是"原口"名字的来源。

原口动物身体内部没有骨骼，部分动物有一层起保护和支撑作用的**角质层**。为了长得更大，它们必须在每次身体变大时蜕下坚硬的角质层。而有些物种已经适应了同时改变整个身体的形态，所以它们看起来和幼体时期差别很大。这种发育方式被称为**变态发育**。

共同特征

- 身体上有一条对称线；
- 对称线把身体分为了左、右两边；
- 身体内部没有骨骼。

好邻居？

从湿软的蠕虫、鼻涕虫和蜗牛，到疾跑的蝎子和咬人的昆虫，这些在我们看来可怕的爬虫大部分都是原口动物。我们可能不太欢迎它们进入我们的房子，但不可否认的是，原口动物包含地球上最重要的动物。

真核生物域（真核生物）——真菌、动物和它们的亲属（单鞭毛生物）

1	**轮虫**
	轮虫很小，大小不超过2毫米，但是它们小小的身体上有一只脚、一张嘴和一顶长满"头发"的王冠。它们足部的分泌物可以把自己固定在物体表面，然后它们用纤毛将微生物拂进嘴里。
2	**水熊**
	"缓步动物"这个分类中至少有1300种动物，其中最出名的是水熊。它们可爱的外表只能在显微镜下观察到。缓步动物是超级生存者，无论是北极还是温泉，它们都可以生存。
3	**天鹅绒虫**
	天鹅绒虫又称栉蚕，生活在热带雨林腐烂的植物下面。它们可以从体内射出有黏性的丝把小型昆虫缠住，这些丝线射出的距离可达15厘米。
4	**又湿又软**
	原口动物包含一些与扁虫（见第110页）、环节动物（见第112页）和软体动物（见第114页）有亲缘关系的动物。
5	**群居动物**
	苔藓虫是一种群聚的微小海洋生物。每一个单独的个体叫作个虫（zooid），它们的大小不到1毫米，但当它们聚集在一起的时候就有点像珊瑚、海藻或苔藓。它们用小小的触须在水里过滤以获取食物。
6	**令人惊叹的节肢动物**
	节肢动物长有一层非常坚硬的**角质层**，也叫作外骨骼。最出名的节肢动物是昆虫（见第134页）。

真核生物 〉 单鞭毛生物 〉 后生动物 〉 原口动物 〉 扁形动物门

扁形虫

扁形动物门

当前位置

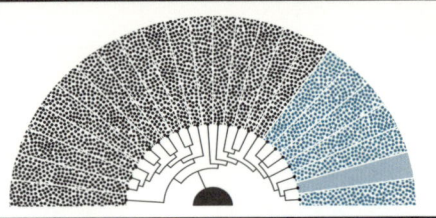

真核生物
单鞭毛生物

关键信息

· 扁形动物有 2 万多个物种；
· 体型差异大，体长从 1 毫米到 15 米不等；
· 它们生活在潮湿的地方，比如海洋、淡水、大型动物体内。

样本

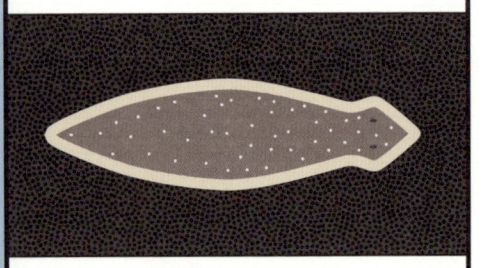

扁形虫（flatworm）

扁形动物看起来就像被压扁了一样，但它们是超级生存者，有极强的再生能力，甚至可以从最小的身体碎片再生。

具体内容

在所有的两侧对称动物中，扁形动物可能是身体构造最简单的。和我们的身体完全不一样，它们的肠道只有一个开孔，没有容纳食物、空气、血液和其他物质的单独体腔。扁形动物进食和排泄都通过这个唯一开孔，所以它们的嘴同时也是肛门。

虽然扁形动物的身体构造简单，但这并不意味着它们比其他动物进化得差。它们不需要复杂的身体构造就能生存，但是其他动物如果没有这些复杂构造就无法活命。

扁形动物头部里有结构简单的"大脑"，本质上只是神经细胞的集合体。万幸的是，它们本身也不需要思考太多。大多数（80%左右）扁形动物过着寄生生活，它们寄生在其他动物体表或体内，并偷走宿主的食物。因此，人们经常在动物肠道（如人类肠道）里发现它们。一些扁形动物长有吸盘或者小钩，帮助它们附着在宿主身上。一旦它们牢牢地固定在一个地方，就会疯狂地进食和生长。

许多寄生型的扁形动物有非常复杂的生命周期，了解它们也是学习如何让人类免受感染的第一步。

非寄生型的扁形动物生活在海洋及陆上的潮湿土壤里，以捕食其他动物为生。它们长长的扁平身体上通常有一个三角形的脑袋，眼睛能感知光线的强弱。

共同特征

· 身体扁平；
· 体内没有可以用来运输氧气和食物的**循环系统**；
· 扁平的身体意味着体内的每一个细胞都离外界非常近，有利于吸收氧气，细胞紧贴宿主的肠道，也便于直接从中吸收食物；
· 身体不分节。

好邻居？

有些扁形动物寄生在人体内以及人类食用的动物体内，如牛和猪。把肉烹熟可以杀死里面的绦虫和吸虫，让人体免受寄生虫感染。但有些扁形动物可以通过其他方式传播，这在很多地方都是一个非常严重的问题。

真核生物域（真核生物）——真菌、动物和它们的亲属（单鞭毛生物）

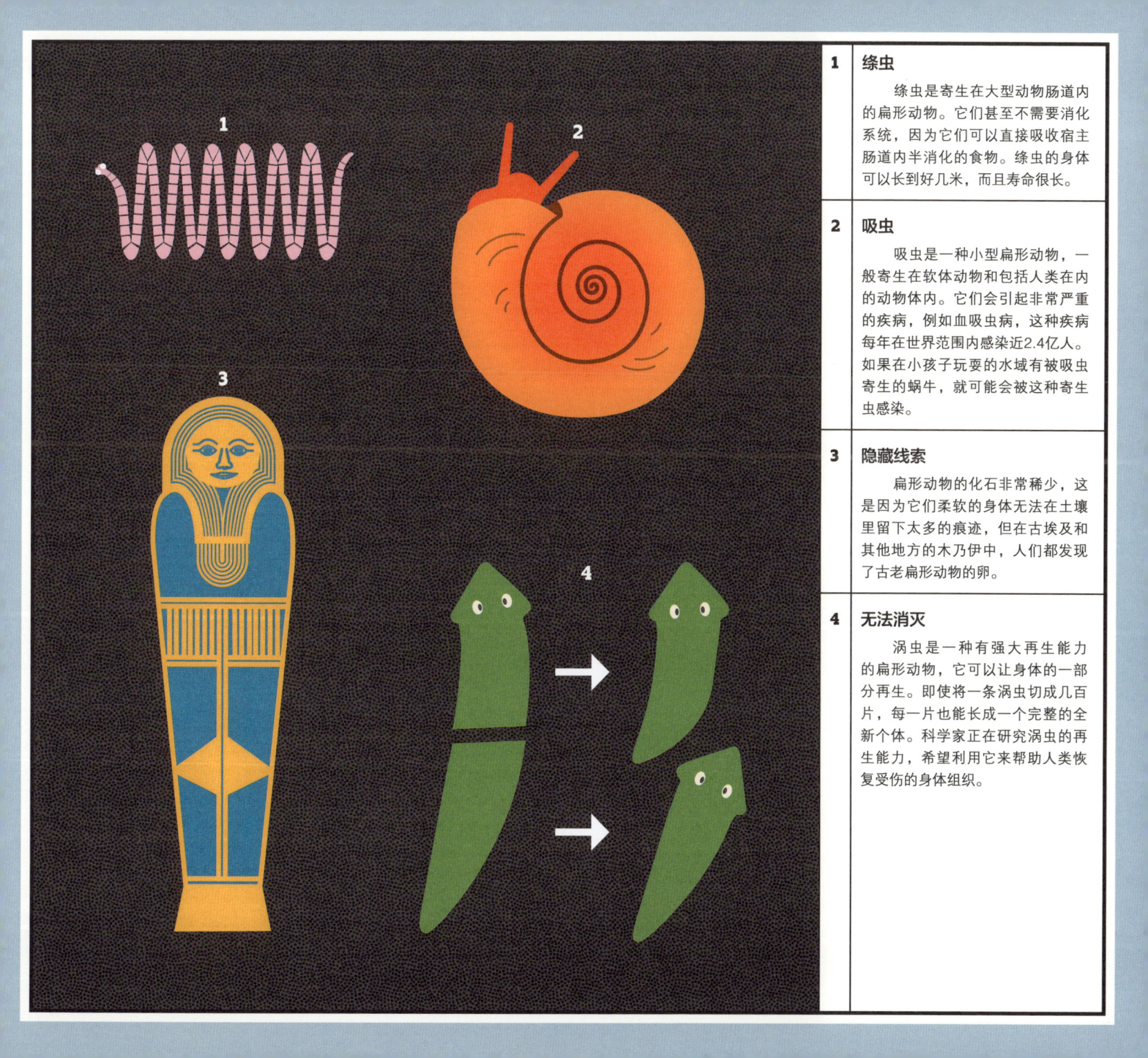

1	**绦虫**
	绦虫是寄生在大型动物肠道内的扁形动物。它们甚至不需要消化系统，因为它们可以直接吸收宿主肠道内半消化的食物。绦虫的身体可以长到好几米，而且寿命很长。
2	**吸虫**
	吸虫是一种小型扁形动物，一般寄生在软体动物和包括人类在内的动物体内。它们会引起非常严重的疾病，例如血吸虫病，这种疾病每年在世界范围内感染近2.4亿人。如果在小孩子玩耍的水域有被吸虫寄生的蜗牛，就可能会被这种寄生虫感染。
3	**隐藏线索**
	扁形动物的化石非常稀少，这是因为它们柔软的身体无法在土壤里留下太多的痕迹，但在古埃及和其他地方的木乃伊中，人们都发现了古老扁形动物的卵。
4	**无法消灭**
	涡虫是一种有强大再生能力的扁形动物，它可以让身体的一部分再生。即使将一条涡虫切成几百片，每一片也能长成一个完整的全新个体。科学家正在研究涡虫的再生能力，希望利用它来帮助人类恢复受伤的身体组织。

真核生物 〉 单鞭毛生物 〉 后生动物 〉 原口动物 〉 **环节动物门**

环节动物

环节动物门

当前位置

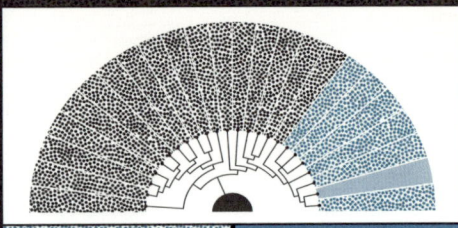

真核生物

单鞭毛生物

关键信息

- 环节动物超过了1.4万个物种;
- 长度从0.5毫米到几米不等。目前发现的最大的蚯蚓有6.7米长,20厘米宽;
- 栖息于海洋、淡水和陆地,除了南极,几乎任何地方都有分布。

样本

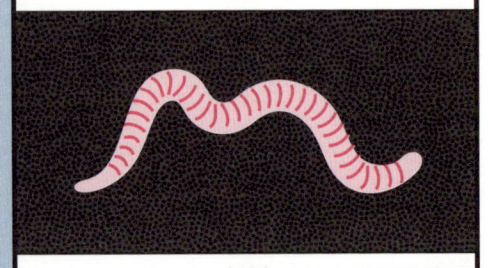

蚯蚓

虽然有一些环节动物长得非常漂亮,但平平无奇的土褐色蚯蚓才是真正的大明星。

具体内容

如果你曾经做过串珠项链,就会明白环节动物是如何移动的。它的身体由许多一模一样的环节组成,这些环节排成一列,组成了蠕虫长长的圆柱形的身体。这些环节只会从一头增加,所以在生长过程中,尾部的环节会比头部的环节更新。

环节动物只有第一个和最后一个环节长得不一样。对有的物种来说,你很难分清头和尾巴,有些环节动物有眼睛则比较容易分辨。它们也有嘴巴,有的还可以用牙齿或下颌骨嚼烂食物。这些蠕虫为了让血液在身体里流动而进化出了简单的循环系统,但它们没有肺,只能用皮肤呼吸。下雨时,蚯蚓会更靠近土壤表层,这样就不会淹死。

环节动物分布于世界各地,从海洋最深处的**沉积物**到你家后花园的泥土里,你都可以看到环节动物的身影。有些环节动物可以在水里或者土壤里自由地移动,在这个过程中搜寻或者捕食猎物,而有些环节动物大部分时间都待在一个地方,比如洞穴或者隧道里。有些用触手抓住猎物,而有些从水里滤食微小的颗粒。

地球上的蚯蚓有3000多种。它们在地里打洞,以土里的腐殖质为食,然后排出废物。在这个过程中,蚯蚓确保了空气和水能够进入地下深处,让土壤更加肥沃。不论它们生活在哪里,长得怎么样,这些大明星对于地球上的生命都是至关重要的。

共同特征

- 环节动物身体的每一环节中都有单独的小型消化系统、循环系统和**排泄系统**;
- 体表的毛发也叫作刚毛,它有很多种功能,例如抓住土壤来爬行;
- 成年的蚯蚓有一条"鞍带",这是一条特殊的环带,让蚯蚓能够繁衍。

好邻居?

几千年以来,环节动物一直在人类日常生活中发挥着重要作用,比如用作鱼饵以及药物。不仅如此,环节动物在食物链和分解作用中还扮演了非常重要的角色,例如循环利用营养物质,让土壤保持肥沃。如果没有蚯蚓,农事活动也会无法进行。

真核生物域(真核生物)——真菌、动物和它们的亲属(单鞭毛生物)

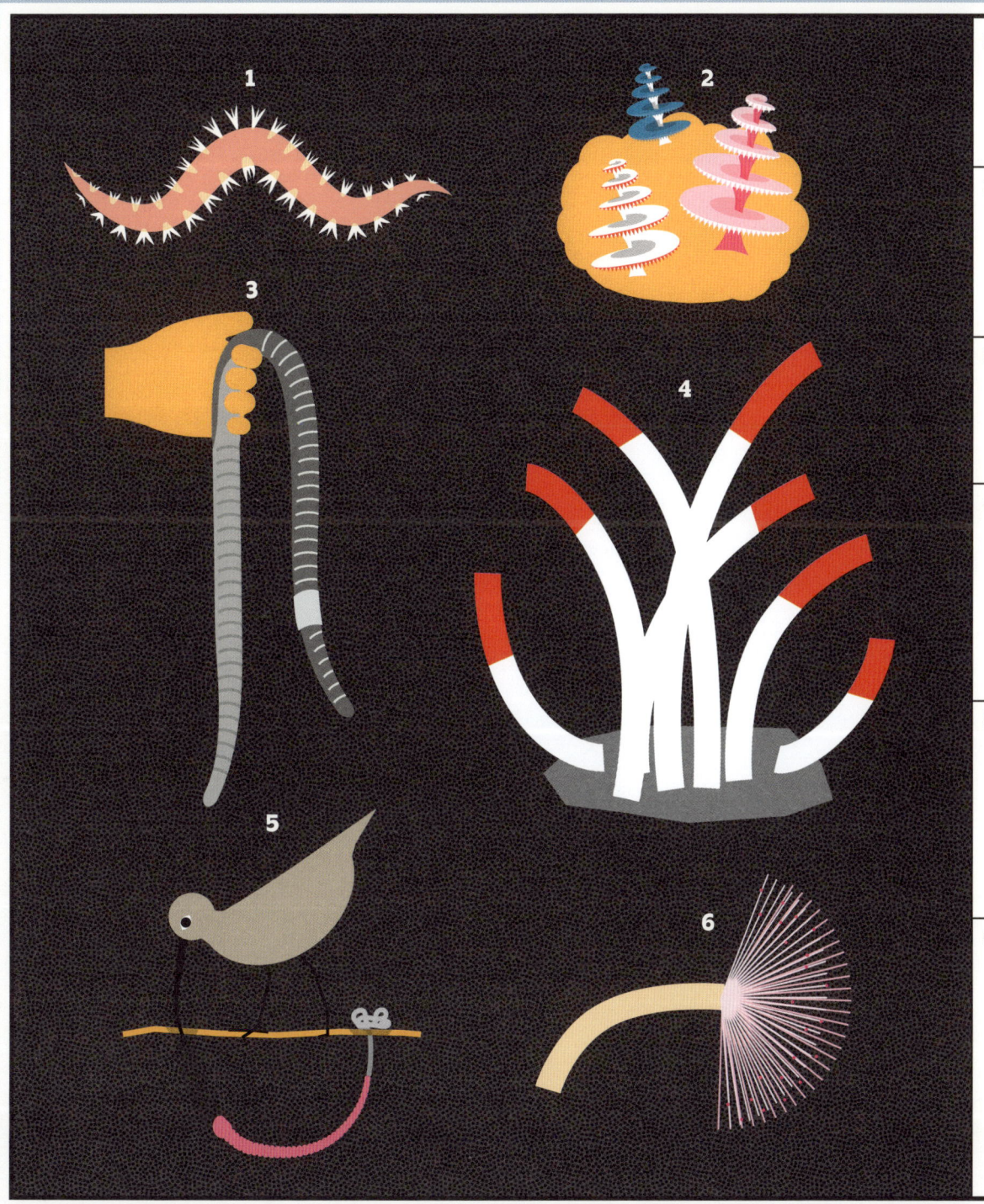

#	名称	说明
1	**刚毛虫**	刚毛虫看上去有点像生活在水里的马陆。从生活在热带地区的蠕虫如加勒比火刺虫，到生活在英国周边泥滩上的沙蚕都是刚毛虫。
2	**圣诞树蠕虫**	这些管状蠕虫附着在热带海域的珊瑚礁上。每一只圣诞树蠕虫都有两个触须冠，可以用来捕捉海里的浮游生物。如果受到惊吓，它们就会将触须缩回洞穴里。
3	**吸血动物**	亚马孙巨型水蛭最长可达45厘米。这些寄生虫附着在动物的皮肤上，并分泌可以防止血液凝固的唾液，以此来吸食宿主的新鲜血液。
4	**巨型管虫**	巨型管虫又称胡须虫，生活在固定于海底的长长的管子里，用它们羽毛状的触须捕捉猎物，其中最出名的是2米长的巨型管虫，这些家伙生活在海底的火山口附近，亮红色的羽毛上布满了血管，以便于从海水中吸收氧气。
5	**粪便堆**	海水退潮的时候，沙滩上会出现一些歪歪扭扭的线条，这其实是沙蠋（也称海蚯蚓）堆在一起的粪便。这些长满刚毛的蠕虫潜居在沙滩上U形的穴道里，以有机碎屑和沙粒为食，吸收它们所需的营养物质，然后将废物排出。
6	**缨鳃蚕**	缨鳃蚕可以用黏液将沙粒粘在一起形成一条坚硬的沙子管道。它们会躲在里面，将自己的羽状触须像扇子一样展开，从水中滤食经过的食物。

真核生物 › 单鞭毛生物 › 后生动物 › 原口动物 › 软体动物门

软体动物

软体动物门

这些长相奇特且有壳的软体动物进化得非常成功，从高山到深海，它们已经占据了地球上每一个生态系统。

当前位置

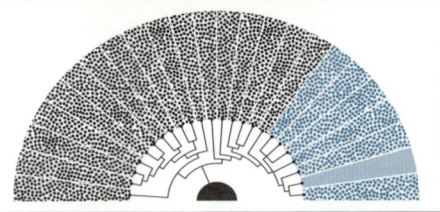

真核生物
单鞭毛生物

关键信息

· 软体动物大约有 10 万个物种；
· 大部分物种长度不到 1 厘米，但是巨型鱿鱼可以达到 20 米；
· 除了极度干旱的沙漠，它们在有水的地方几乎都可以生存。

样本

鹦鹉螺（nautilus）

具体内容

软体动物有超过 10 万种不同形状和大小的物种，如蜗牛、蛞蝓、章鱼、蚌、象牙贝和石鳖。尽管这条进化枝有很多小分支，但本质上它们很相似，比如大部分有柔软的身体、一条巨大的多功能肌肉足、最外层是坚硬的外骨骼（如贝类的外壳）。

我们对软体动物在地球上的演变史很了解，这是因为它们坚硬的壳很容易形成化石。比如，美丽的螺旋状菊石是原始生物的化石，也就是如今章鱼和乌贼（见第 120 页）的祖先。

现在的软体动物大都生活在比较潮湿的地方，例如森林地面、潮湿的土壤和海洋。它们是海洋里非常重要的动物类群，是大型动物的主要食物来源。

最初的软体动物以其他动物的外壳以及覆盖在石头上的藻类和微生物为食，通常用几千颗细小且坚硬的牙齿将它们刮下来吃掉。如今，也有些软体动物以植物为食，还有自己捕食猎物，以珊瑚为食、从水中滤食浮游生物或在海底到处搜寻找到什么吃什么的。

共同特征

· 嘴里有一条小小的、满是坚硬牙齿的带状物，称为齿舌；
· 齿舌可以把食物从物体表面刮下来，然后送入口中；
· 一些软体动物有碳酸钙外壳；
· 它们的身体分为头、足、内脏和外套膜四部分。

好邻居？

海洋软体动物是鱼类重要的食物来源。我们也吃一些软体动物，如蜗牛和贝类，并将软体动物的壳当作工具或者装饰物。自中世纪以来，有记载的灭绝动物中超过 40% 都是软体动物。科学家还未确定其原因，可能是软体动物更易受污染水源伤害的缘故。

1	**头足类动物**
	鱿鱼、章鱼、鹦鹉螺和它们的亲属是体型最大的软体动物,其中一些动物是世界上最引人注目的。你可以在第120页找到更多与这些头足类动物有关的信息。
2	**毒刺考验**
	并不是所有的软体动物都有外壳。无板纲动物,也叫沟腹纲动物,看起来有点像长毛的蛞蝓。它们能够吞下小型刺胞动物(见第106页)并且不会受到毒刺的攻击,还可以将这些刺细胞排出体外。
3	**象牙贝**
	这些狭长的海洋软体动物有圆锥形的外壳,看起来像一根象牙。它们藏在海床下面,以捕食小型猎物为生。
4	**双壳类**
	与其他软体动物不同,扇贝、蛤、蚌等生物在成长过程中一直保持对称。这些双壳类动物的两侧外壳(见第118页)能打开让食物和水进入,在遇到危险时紧闭以保证自己的安全。
5	**腹足类**
	腹足类软体动物(见第106页)是一个庞大且种类丰富的软体动物类群,在海洋、淡水和陆地上都有分布。其中包括蛞蝓、蜗牛和笠贝(limpet)。
6	**超级刮刀**
	石鳖沿着海岸爬行,将石头上的海藻刮下来。如果受到干扰,它们就会卷成一个球,用坚硬的外壳保护自己。它们能够紧紧地吸附在石头上,要想把它们撬下来几乎是不可能的。这个特性可以让它们避免在大浪来时被冲走,或者在退潮时被太阳晒干。

真核生物 > 单鞭毛生物 > 后生动物 > 原口动物 > 软体动物门 > **腹足纲**

腹足纲软体动物

腹足纲

当前位置

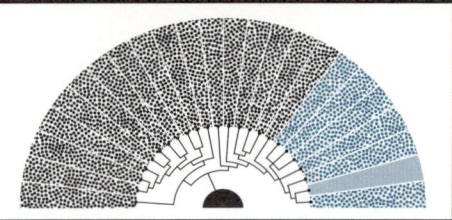

真核生物

单鞭毛生物

关键信息

- 腹足纲软体动物有 6.5 万多个物种；
- 体长从 0.5 毫米到 91 厘米不等；
- 生活在海洋、淡水和陆地，一些极端环境如极地海洋、**海底热泉**和沙漠中也有它们的身影。

样本

非洲大蜗牛（Giant African Snail）

这一庞大的软体动物类群因它们的足部而出名，其中包括蛞蝓、蜗牛和地球上一些最美丽的物种。

具体内容

腹足纲是软体动物门最大的分支，水里和陆地都有分布。它们看起来和其他软体动物不同，因为在生长过程中它们的身体向一侧扭转，导致它们的肛门转移到了头部上方，右侧的大部分身体都消失了。

大部分腹足纲软体动物都有一个螺旋状或者锥形的壳，这些壳朝一边扭转，最后呈螺旋状。最大的壳是澳洲圣螺壳，有将近 1 米长，而最小的壳是迈泰洞穴蜗牛壳，只有一粒白砂糖那么大。巨大的肌肉足占据了腹足纲的大部分身体，让它们可以沿着地面爬行。而有一些则在水中"飞翔"，这是在某种奇怪黏液的包裹下完成的，这种黏液其实是固体和液体的混合物。

有些腹足纲软体动物可以用足将自己固定，但大部分还是到处移动来寻找食物。有些腹足纲软体动物选择边走边吃，把植物撕碎或者从石头上刮取藻类和其他食物。另一些以小型动物为食或者在腐烂的植物和"海雪"（海里聚集在一起的有机物碎屑）中**搜寻**食物。有些是寄生生物，有些用致命的毒液杀死猎物，还有许多在其他动物的壳上钻洞然后吃掉它们柔软的身体。

共同特征

- 在腹足纲软体动物发育和成长过程中，它们的身体会扭转，最终长成身体内部和外部不对称的样子；
- 有肌肉发达的足部；
- 有眼睛；
- 有触手；
- 用齿舌（由许多细小的牙齿组成的身体部位）进食；
- 很多都有外壳。

好邻居？

无论是海螺还是蜗牛，人类采集和食用这些腹足纲动物已经有几千年的历史。它们的壳过去被用作工具、装饰品和货币。古时候的人们甚至用海蛞蝓制作出世界上第一种紫色染料。

1	**身披铁甲**
	鳞角腹足蜗牛的外部有一层铁甲，脚上布满了由硫化铁构成的鳞片，可以帮助它们在海底热泉附近生活。细菌寄生在它们的体内，利用从泉口喷出的化学物质来为自己和宿主制造食物。
2	**五彩斑斓的蛞蝓**
	海蛞蝓没有壳，但它们可以通过艳丽的颜色来弥补这一不足。这种艳丽的颜色是一种伪装，可以帮助它们融入同样颜色艳丽的猎物中。它们从食物中获取不同颜色的色素，以此来保证色彩足够丰富。除此之外，这些明亮的色彩也可以警告捕食者它们是有毒的！
3	**鸡心螺**
	鸡心螺的毒性是世界上最强的！它的毒液混合了上百种不同的毒素，可以在几分钟内致人死亡。鸡心螺像鱼叉一样的牙齿可以将毒液快速射出，猎物甚至都来不及做出反应。
4	**坚硬的牙齿**
	你有没有想过笠贝的壳底下有什么？其实是一排排牙齿。这些牙齿由世界上生物产生的最坚硬物质构成。当笠贝在岩石上刮取食物的时候，也会刮下来一部分岩石。
5	**海蝴蝶**
	这些小而美丽的蜗牛在海洋中自由自在地游动，由不停摆动的"翅膀"推动着前进。它们是鲸类和北极鱼类的主要食物来源。

真核生物 › 单鞭毛生物 › 后生动物 › 原口动物 › 软体动物门 › 双壳纲

双壳软体动物

双壳纲

扇贝、蛤、蚌及其亲属的壳都分为两半，打开的时候就像一个宝箱。这就是双壳纲名字的由来。

当前位置

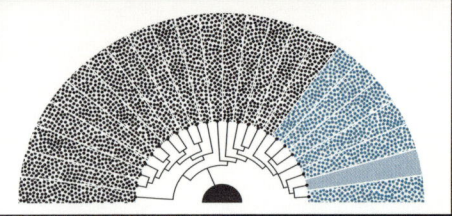

真核生物
单鞭毛生物

关键信息

- 双壳纲至少有 1 万个物种；
- 从 2 毫米的小鱼到 1.5 米的砗磲都是双壳纲；
- 几乎在所有的海洋栖息地里都可以找到它们，例如**海底热泉**、淡水河和淡水湖。

样本

皇后海扇蛤（Queen Scallop）

具体内容

你会在很多地方发现双壳软体动物或者它们的壳，比如海岸岩石、沙滩、滩涂以及红树林沼泽里。为了躲避捕食者，有些双壳软体动物会把自己埋进松软的泥地里。而有些会用牢固的蛋白质丝线（足丝）把自己附着在岩石或者珊瑚礁上，让捕食者很难把它们从上面撬下来。

每一只双壳软体动物的壳都有两部分，它们通过铰合部连接在一起，可以打开让水和食物进入，也可以快速关上将捕食者拒之门外。有些双壳纲动物如扇贝，甚至可以通过将壳反复打开合上而在水里游动。

从鸟蛤有凸起线条的心形外壳到蛏子长长的、亮亮的棕色外壳，双壳类软体动物的外壳在颜色和形状上各不相同。它们的内部结构非常相似，都是苍白的软肉，没有头部，在贝壳的边缘处排列着身体的重要部位，例如眼睛和**纤毛**这类感觉器官。

纤毛的摆动能让水从壳内进出，让鳃吸收氧气，并过滤细小的食物颗粒。通过这种滤水方式，双壳类软体动物能够保持水体清洁。

共同特征

- 壳的两部分由一块坚硬的铰合部连接；
- 鳃可以吸收氧气，从水中过滤食物；
- 部分有长长的、灵活的"足"，可以用来挖洞；
- 用虹吸管来呼吸。

好邻居？

很多双壳类软体动物被人类当作食物来采集，有一些甚至被人工养殖，比如砗磲、蚌、牡蛎和蛤。人们也会养殖牡蛎来生产首饰用的珍珠，双壳内闪着微光的珍珠层也叫"珍珠母"，也被用于装饰。

1	**完美的珍珠**
	珍珠因为可以当作珠宝而广受欢迎，但实际上牡蛎产生珍珠只是一种自我防卫的手段。当寄生虫或者其他东西侵入身体内部时，牡蛎的**免疫系统**会用一层层的珍珠质将异物包裹，防止对自己造成伤害。
2	**砗磲**
	砗磲是最大的双壳软体动物，有1米多宽，生活在珊瑚礁上。它们巨大的身体是五彩斑斓的腰鞭毛虫（见第192页）的住所。作为提供住所的报答，腰鞭毛虫会给它们提供一些食物。科学家认为，砗磲的寿命可达100岁以上。目前发现的最长寿的砗磲已经活了500多岁，并且还在生长！
3	**沉没的船**
	船蛆也叫凿船贝，它们用小壳在海洋里腐烂的木头上钻洞，然后藏在这些洞里生活。人类开始制造木船的时候，船蛆也开始在船里打洞，这就是它们名字的由来。
4	**受到威胁**
	由于人类往大气层中排放了越来越多的**二氧化碳**，海洋酸性越来越强。对于双壳软体动物来说，要形成碳酸钙外壳越来越难。蚌类在生命中的大部分时间里都定居在一个地方，这就意味着它们不能轻易地适应环境的改变。在世界上的某些地方，蚌类面临着灭绝的风险，一些以蚌类养殖为生的群体也正在受到威胁。

真核生物 > 单鞭毛生物 > 后生动物 > 原口动物 > 软体动物门 > 头足纲

头足纲软体动物

头足纲

头足纲动物可怕的触手让它们成了世界上最神奇、最容易识别的生物。

当前位置

真核生物

单鞭毛生物

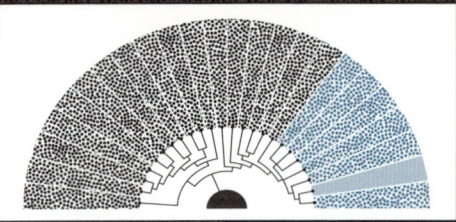

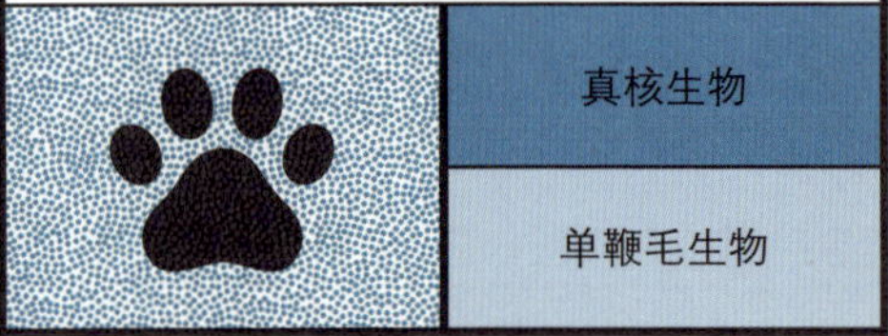

关键信息

- 头足纲软体动物有 700 多种；
- 从 5 毫米的侏儒鱿鱼到有公交车那么长的巨型鱿鱼都是头足纲软体动物；
- 除了黑海，所有的海洋中都能找到它们，因为对它们来说黑海的盐度不够，它们中的大部分都生活在温暖、盐度高的海域，例如地中海。

样本

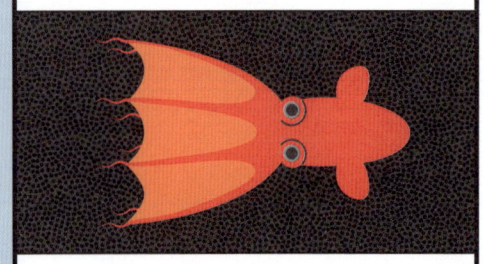

吸血鬼乌贼（Vampire Squid）

具体内容

头足纲软体动物的名字来源于它们独特的身体构造，即足部和头部相连。它们的足分化成触手，看起来非常怪异。

最初的头足纲动物可能用壳来保护自己，和成为化石的菊石（见第 114 页）类似。如今许多头足纲动物都没有壳，比如鱿鱼和章鱼。其实，它们依赖的是巧妙的伪装，巨大的大脑（对于一只软体动物来说）和神奇的触手。头足纲动物的身体也比其他软体动物更长。有些巨型鱿鱼甚至比一辆公交车还长！

所有头足纲软体动物都生活在海水里，都是捕食者。有些体型很小，只能以浮游生物为食，但是最大的头足纲软体动物可以捕食鱼类、甲壳纲动物和其他软体动物。在食物短缺的时候，巨型鱿鱼甚至会以同类为食！头足纲动物的口部位于触手的正中央，通常有喙状的下颌，以及软体动物基本上都有的齿舌环。

捕食者也可能成为猎物，头足纲软体动物柔软的身体很受鲸鱼、鱼类、海豚和各类海鸟的喜爱。有的头足纲软体动物可以喷出一股水回游并快速逃脱，有的会喷出一团黑色的"墨汁"来掩盖自己的踪迹。这种墨汁里含有黑色素，与人类皮肤和头发里的**色素**是同一种。

共同特征

- 足部的前端分化成可以抓取东西的触手；
- 坚硬的喙状下颌；
- 大部分都有一个墨囊，在遇到危险的时候可以喷出墨汁吓退敌人；
- 足部与头部相连。

好邻居？

很多头足纲动物都是人类的食物。它们用于自我防卫的墨汁几千年来被人类用在各种地方，如制药、当作墨水来写字和绘画、用作化妆品和食品添加剂。在不远的将来，墨汁独特的**抗菌**特性也可能会用来杀死微生物以及给食物**杀菌**消毒，并且这种方式是无害的。

1	**巧妙的伪装**
	被攻击时，拟态章鱼可以通过改变自己的皮肤颜色、质感甚至是身体形状来伪装成可怕的动物。更让人惊奇的是，章鱼通常会选择扮演自己最害怕的敌人，例如有毒的海蛇、蜇人的海葵或者夹人的螳螂虾。
2	**不停地生长**
	巨型鱿鱼的寿命很长，并且会不停地生长，所以有的体型非常巨大。在目前捕到的巨型鱿鱼中，体型最大的有22米。从鲸胃里发现的眼球和下颌可以推断出海洋里存在着25米长的巨型鱿鱼，并且一直藏在不为人知的海洋深处。
3	**间谍眼**
	头足纲动物的眼睛很大，尽管它们的眼睛和人类的眼睛是完全独立进化的，但二者却有着出奇的相似性。大部分头足纲动物的眼睛都有虹膜、瞳孔和眼弦这几个部分。鱿鱼的瞳孔和我们的一样是圆形的，而章鱼瞳孔是矩形的，乌贼的瞳孔却是独一无二的W形。
4	**奇怪的壳已经消失**
	鹦鹉螺和章鱼有点像，但不同的是，鹦鹉螺有90条可以用来抓住猎物的触手。它是如今唯一现存的带壳头足纲动物，这个壳可以用来躲藏以及帮助它在水里浮起来。
5	**致命的毒素**
	最大的蓝环章鱼只有5厘米长，但却相当致命。它不像其他章鱼那样用墨汁脱身，而是用有剧毒的毒素来保护自己。幸运的是，蓝环章鱼只捕食小鱼小蟹，并且只会在受到打扰的时候攻击人类。当它发怒的时候，身上的蓝环会变得更加明显。

真核生物 > 单鞭毛生物 > 后生动物 > 原口动物 > **线虫动物门**

蛔虫

线虫动物门

哪种生物在统治着这个星球？从数量上看的话，应该是线虫，它们的数量超过了地球上任何动物。

当前位置

真核生物

单鞭毛生物

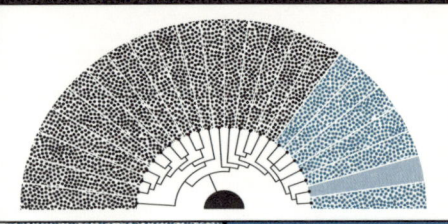

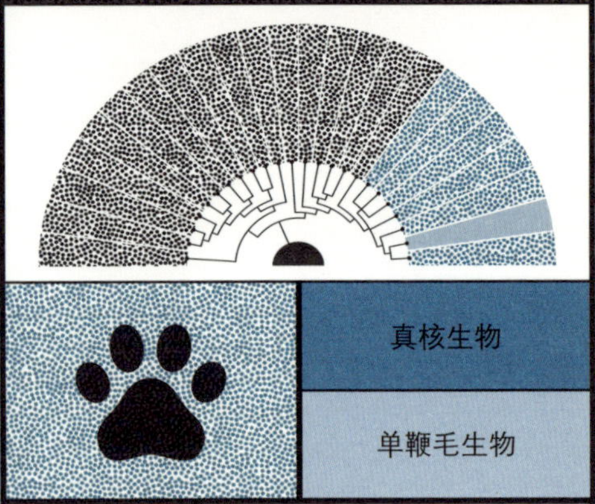

关键信息

- 线虫动物的实际数量以百万计，在种类上至少有 2.5 万种；
- 大部分体型都很小，但是有些寄生性的线虫可以长得很大；
- 可以在各种条件下生存，比如陆地、水里还有地壳内部。

样本

肠道蛔虫（intestinal roundworm）

具体内容

让我们来到原口动物生命树上的另一个巨大分支线虫动物门。它们无处不在。抓起一把泥土，你会发现里面有成千上万只小型蛔虫，甚至是几百个不同的物种。一个腐烂的苹果中有 9 万条线虫。一个装满了湖水（底部全是沉积物）的浴缸里可能有 100 万条或者更多条线虫。

事实上，如果你数一数看到的动物，你会发现每五只中有四只都属于线虫动物门，但在大多数时候，即使这些虫子就生活在我们周围，我们也注意不到。大部分线虫都是透明且极小的，它们的长度不会超过 1 毫米。它们也更喜欢隐居生活，比如在沉积物中打洞，或者生活在植物、动物和人体内部。

它们的成功秘诀是什么呢？反正不是靠移动速度。由于蛔虫的肌肉遍布全身，它们只能通过左右弯曲身体来前进，看起来很努力，实际上哪儿都去不了。但是，它们可以产下很多卵，有些物种甚至每天可以产下 20 万枚卵！这些卵可以保存十年或者更长时间，可以在恶劣的环境中存活下来，然后在时机成熟的时候孵化成幼虫。

线虫寄生虫会让农作物和动物生病，但大多数线虫对环境是非常有益的。它们以腐烂的物质和微生物为食，产生肥沃的土壤，回收土壤里的养分以及帮助生态系统保持平衡。

共同特征

- 体表光滑，整个身体呈圆柱形，两端都是尖的；
- 身体表面覆盖着一层厚厚的由柔性蛋白质构成的角质，可以支撑它们的身体；
- 身体的内部构造非常简单，基本上就是一条长长的消化道。

好邻居？

大多数线虫生活在土壤和水中，它们对腐烂物质的分解和微生物数量的控制发挥着至关重要的作用。寄生性线虫会对植物、动物和人类造成伤害，每年约有六分之一的农作物损失可归咎于线虫。线虫也是极具价值的模式生物，为各项研究作出了重要贡献。

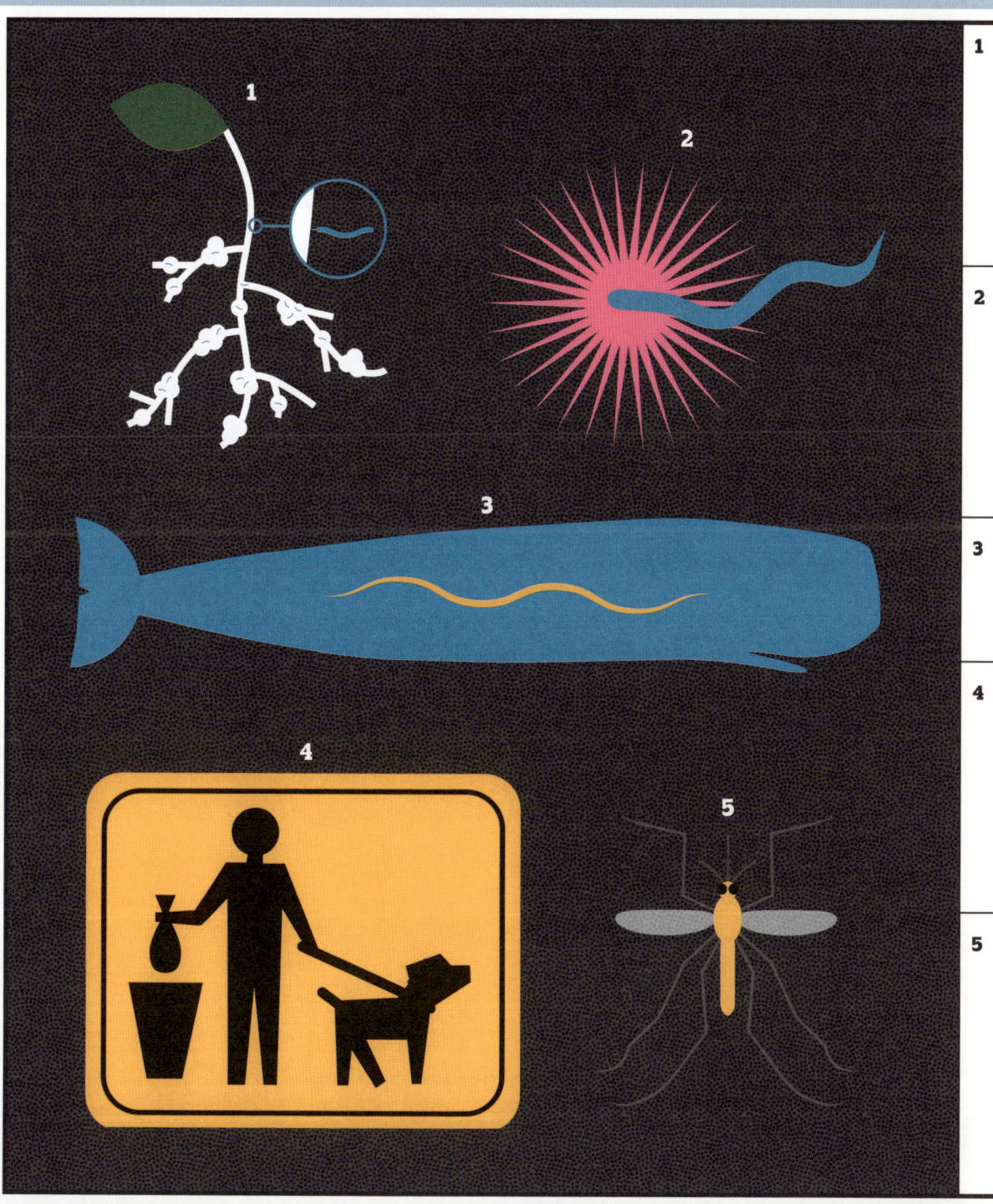

1	**植物里的寄生虫**
	作为植物寄生虫的线虫身上有一个锋利的针状武器,被称作口针。这根口针可以刺穿植物细胞,便于线虫吸走里面的营养物质。它们也能用这种方式吸食植物的叶子或者果实,但其中危害性最大的是寄生在植物根部的线虫。
2	**科学界的明星**
	在实验室内,秀丽隐杆线虫被科学家当作"**模式生物**"来使用。它是第一种有着全基因测序的多细胞真核生物,在生物和医学研究中扮演了非常重要的角色,还帮助科学家获得了诺贝尔奖。秀丽隐杆线虫甚至被送入了太空!
3	**真菌的食物**
	人们曾在一条抹香鲸的体内发现了长达8.5米的蛔虫,被发现的时候还活着。
4	**请清理狗狗的粪便!**
	仅在英国的一个城市里,宠物狗每两天排出的粪便中就有超过70亿颗蛔虫卵。这些蛔虫不一定会让狗狗生病,但如果不小心让它们进入了人体,它们的幼虫就会孵化出来,并且寄生在会造成伤害的地方,比如眼睛、肌肉或者肺部。
5	**害虫防治**
	寄生性的线虫可以用来防治虫害,比如让它们寄生在传播致命疾病的蚊子幼虫体内。这种方式不会像化学杀虫剂一样危害环境。

真核生物 › 单鞭毛生物 › 后生动物 › 原口动物 › **真节肢动物亚门**

节肢动物

真节肢动物亚门

节肢动物已经征服了地球上每一个角落！其中包括海洋里的甲壳纲动物以及昆虫纲和蛛形纲动物，后者在陆地上所有地方均有分布，甚至在空中也能发现它们的身影。

当前位置

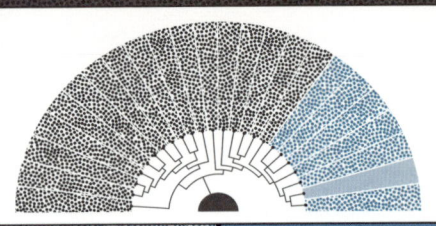

真核生物
单鞭毛生物

关键信息

- 节肢动物超过了 100 万种；
- 大小从 0.1 毫米到 3 米不等；
- 除了极地沙漠地区，在所有陆地和水域环境中皆有分布。

样本

海蜘蛛（sea spidea）

具体内容

从最深的海洋到最高的山脉，甚至在空中都可以找到节肢动物。真节肢动物亚门包含昆虫纲（见第 134 页），甲壳纲（见第 130 页）如螃蟹和藤壶，蛛形纲（见第 126 页）如蝎子和蜘蛛，以及千足纲如千足虫和蜈蚣（见第 128 页）。节肢动物在生态系统中扮演着十分关键的角色，如其他动物的食物、分解者和开花植物（见第 68 页）的授粉者。

由于节肢动物的外骨骼十分坚硬，所以它们不能像我们一样自然地长大。它们在生长过程中必须经历多次蜕皮（外骨骼脱落），然后换一个更大的外壳，所以节肢动物的幼虫看起来和它们的成年体很不一样。有些昆虫纲的幼虫看起来就像它们的甲壳纲（见第 130 页）亲戚一样，这并不是空穴来风，科学家最近发现昆虫纲可能是征服了陆地的甲壳纲动物。

我们认识的生物有超过 84% 都属于这一类群，科学家认为还有数百万种节肢动物有待发现。节肢动物如此繁多的种类表明，它们在不同的环境和生活方式上具有非常出色的适应性，正是漫长的适应过程促使新物种不断出现。

共同特征

- 身体分节；
- 腿上有关节（节肢即"有关节的腿"）；
- 坚硬的外骨骼可以保护它们的身体不被晒干，以及赋予它们与体型不太相称的力气。

好邻居？

许多节肢动物生活在我们周围，甚至寄生在我们身上。有一些是人类重要的食物来源，有一些则可以为我们所需的大部分植物授粉。然而，一些节肢动物会传播引起严重疾病的微生物，每年感染数百万人。

真核生物域（真核生物）——真菌、动物和它们的亲属（单鞭毛生物）

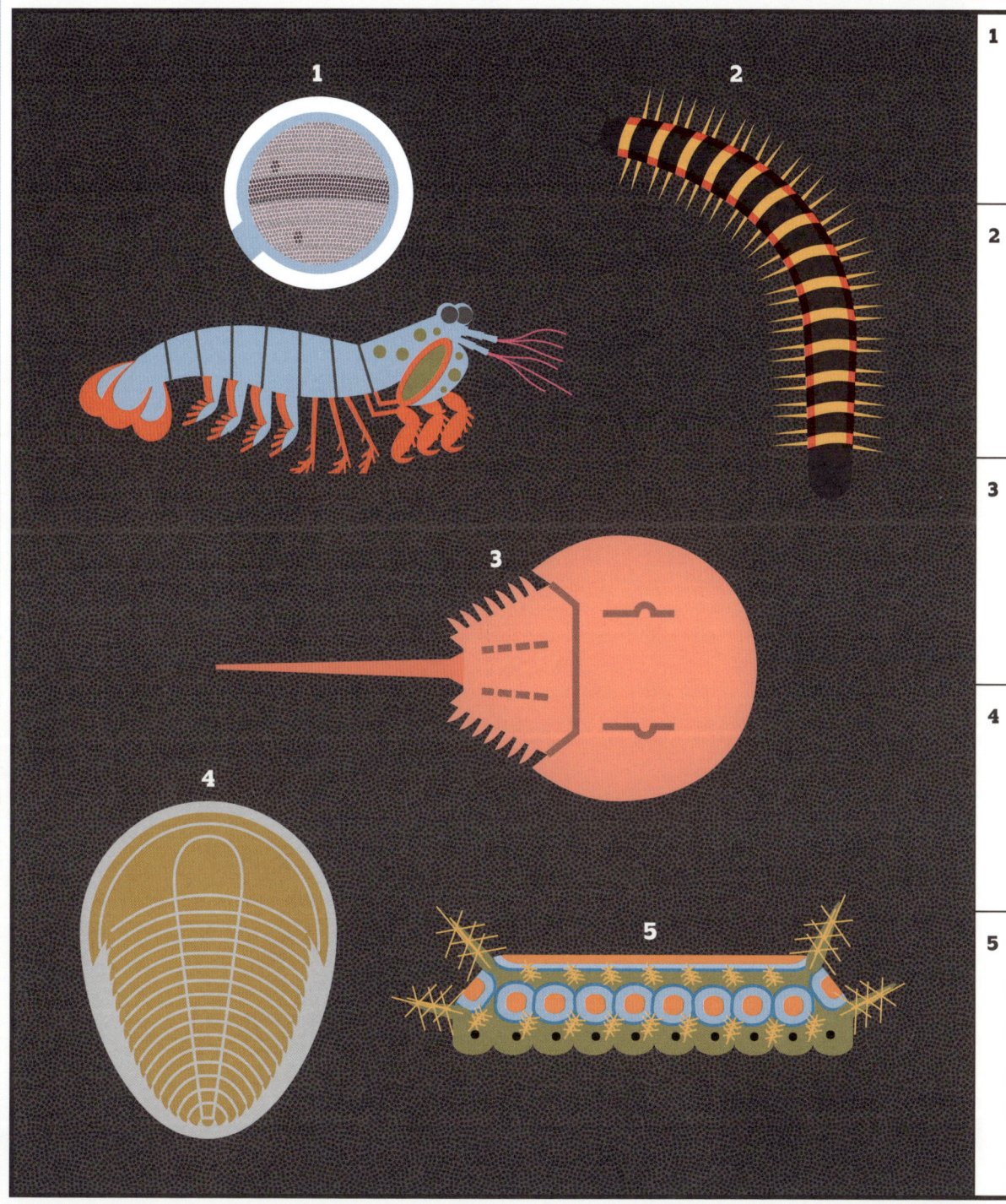

#	
1	**复眼**
	许多节肢动物都有复眼，它由许多小晶状体构成。复眼不仅可以聚焦视物，也能更好地感知外界变化。雀尾螳螂虾就是其中拥有极佳视力的佼佼者。
2	**腿，腿，还是腿**
	经过几百万年的进化。节肢动物的腿已经拥有了各种功能，如游、跳、抓、刺、咬、嚼、结网和携带卵等。甚至连触须都是从腿演化而来的，可以用来感知外界。大多数节肢动物用部分腿来移动，千足虫则是用所有腿来移动。
3	**外骨骼**
	节肢动物的外骨骼由一种叫作几丁质的物质构成。有些节肢动物的外骨骼也可以用其他的物质来加固。鲎（又称马蹄蟹）的壳不仅坚硬而且有弹性，甚至为材料学家提供了灵感。
4	**远古的祖先**
	已经灭绝的三叶虫是最初的节肢动物。它们曾沿着潮起潮落的平滑海岸爬行，被认为是最早居住在陆地上的动物。三叶虫像蜡质的防水外骨骼可以帮助它们在没有水的地方生存，而不会被晒干。
5	**无肺动物**
	陆地上的节肢动物没有肺，但是已经适应了不同的呼吸方式。荆棘杯毛毛虫通过身上许多呼吸孔来吸入氧气，这些小洞遍布了它的身体侧面。这种呼吸方式只在短距离内有用，这也是为什么它们无法在陆地上长得很大的一个原因。

真核生物 > 单鞭毛生物 > 后生动物 > 原口动物 > 真节肢动物亚门 > **蛛形纲**

蛛形纲动物

蛛形纲

从巨大的食鸟蛛到极小的螨虫，这些蛛形纲动物潜伏在地球表面的每一处！

当前位置

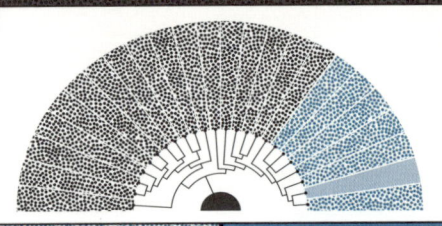

真核生物

单鞭毛生物

关键信息

- 蛛形纲超过了 6 万个物种；
- 体型差异大，从微小的不到 0.1 毫米的螨虫到足展有 30 厘米长的蜘蛛都属于蛛形纲；
- 几乎所有的蛛形纲动物都生活在陆地上，从高山到沙漠甚至大型动物的身体都是它们的栖息地。

样本

圆蛛（Orb-Weaver Spider）

具体内容

蜘蛛和蝎子是蛛形纲动物当中最出名的，但这一类群的动物也包含体型小得多的蜱虫和螨虫，还有长相奇特并且种类丰富的爬虫，例如伪蝎、鞭尾蝎、太阳蜘蛛和盲蛛。

从凉爽昏暗的洞穴到炎热干燥的沙漠，在陆地上的各个地方都有蛛形纲的身影。一些蜘蛛和螨虫甚至适应了在水中生活。我们很难发现它们，因为它们喜欢隐匿起来，并设下埋伏等待猎物送上门。大部分蝎子和蜘蛛都是捕食者。它们有抓握型的口器但是没有用来咀嚼食物的下颌，所以只能吃流质食物。为了解决这个问题，在它们吃下猎物之前会先向猎物注射消化液。

螨虫和蜱虫在习性和食物选择方面更加多样。它们有些是捕食型物种；有些有形状特殊的口器可以刺穿皮肤或者植物表面，然后吸食血液或者植物汁液；还有一些以小型颗粒为食，比如花粉或者家里随处可见的粉尘。

蛛形纲动物也是最古老的陆地动物之一，现在的蜘蛛、蝎子、蜱虫和螨虫与它们古老的祖先非常相似。虽然经历了多次灭绝事件（如恐龙灭绝），蛛形纲动物还是坚强地存活了下来。

共同特征

- 成年的蛛形纲动物有 4 对长满关节的腿；
- 有 2 对**附肢**，以螯为例，可以用来抓握，切或者粉碎食物，甚至注射毒液；
- 它们有多只结构简单的眼睛（有些蝎子甚至有 12 只）；
- 蜘蛛细小的茸毛对震动非常敏感，它们甚至可以听到你在另一个房间说话的声音。

好邻居？

很多人一想到蜘蛛和蝎子就不寒而栗，但是这些捕食者会帮我们捕捉有害的昆虫。引起过敏甚至传播疾病的其实是寄生性的蜱虫和螨虫，例如寄生在人体上的痒螨。也有一些螨虫是重要的分解者，它们将腐烂的植物分解以便于新的植物生长。

真核生物域（真核生物）——真菌、动物和它们的亲属（单鞭毛生物）

1	**尾部的毒针**
	蝎子因其巨大的螯、长在腹部末端长长的向前弯曲的毒针而出名。毒针上的毒液是一种剧毒，会损伤动物的神经细胞。
2	**伪蝎**
	这些小小的蛛形纲动物看起来像蝎子，不同的是它们没有尾巴或者毒针。它们生活在黑暗的地方（如书架上），以有害的虫子为食。
3	**螨虫和蜱虫**
	螨虫短小的、圆圆的身体很容易被误认为是一粒灰尘，但这些小小的螨虫其实很厉害。有种螨虫与同体型的动物相比，移动速度是最快的。
4	**长腿**
	盲蛛又细又长的腿为它赢得了"长腿叔叔"的称号。盲蛛是唯一一种能够吃下小块固体食物的蛛形纲动物。许多盲蛛用足端的钩子来抓住小型动物。
5	**纺丝者**
	蛛丝在从蜘蛛的纺器里喷出来之前是液体，一旦与空气接触就会变硬，成为不易断的丝线。这些不易断、延展性很强的丝线用途非常广泛，可以成为帮助蜘蛛在水下呼吸的潜水钟（一种无动力潜水装置）、在风中飘荡时的降落伞以及用来捕猎的网。
6	**完美捕食者**
	在世界上一些温暖的地区，无鞭蝎经常在人们的房屋中出没。它们没有蝎子那样长有毒刺的尾巴，但是有螯一样的须肢和有感觉功能的长腿，可以帮助它们快速捕捉到猎物。

真核生物 > 单鞭毛生物 > 后生动物 > 原口动物 > 真节肢动物亚门 > **多足纲**

千足虫和蜈蚣

多足纲

当前位置

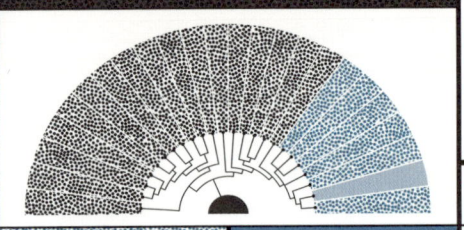

真核生物
单鞭毛生物

关键信息

- 多足纲大约有 1.3 万个物种（大约有 1 万种千足虫和 3000 种蜈蚣）；
- 从没有一粒米长的千足虫到比一个成年人的小臂还长的蜈蚣都属于多足纲；
- 主要生活在潮湿的土壤中，特别是森林的落叶层里。

样本

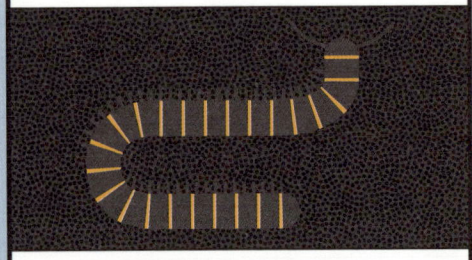

非洲巨型马陆（millipede）

多足的字面意思是"很多条腿"，千足虫和蜈蚣的确是这样的！

具体内容

多足纲是身体分节的节肢动物，每一节都有一对足（千足虫的体节成对地连接在一起，所以千足虫的每一节都有两对足）。

它们每一次蜕皮（蜕掉对于身体来说变得太小的外骨骼）时，都会在身体上增加新体节和新足。尽管"千足虫"的意思是"有一千条腿的虫"，但没有人亲眼见过这么多条腿的虫子。直到 2021 年，有人在澳大利亚的地下深处发现了真的长有一千条腿的虫子。

多足动物喜欢阴暗潮湿的栖息地，所以它们生活在岩石下、落叶层和苔藓中。蜈蚣是食肉动物，用充满毒液的螯来杀死猎物。它们喜欢捕食其他节肢动物或者小型哺乳动物，但也可以给人类疼痛一击。

其他多足动物包括千足虫在内，几乎都是**食碎屑动物**，它们以森林中腐烂的树叶和木头为食。这并不意味着它们比蜈蚣更友好，一些千足虫体内有**腺体**，可以朝敌人喷出有毒的化学物质。

关于这些神奇的动物，我们还有很多东西需要了解，只是在观察的时候一定要小心！

共同特征

- 身体的前五或者前六节是头部；
- 通常有一对大颚和两对下颌；
- 有复眼；
- 有触角；
- 有特殊的感觉器官，但它的功能仍然是未知的。

好邻居？

世界各地的森林都需要千足虫，因为它们可以吃掉并分解森林地面上堆积的枯叶，让里面的营养物质全部为其他生物所用。然而，有些多足纲动物会吸食还在生长中植物的汁液，因此也被认为是害虫。

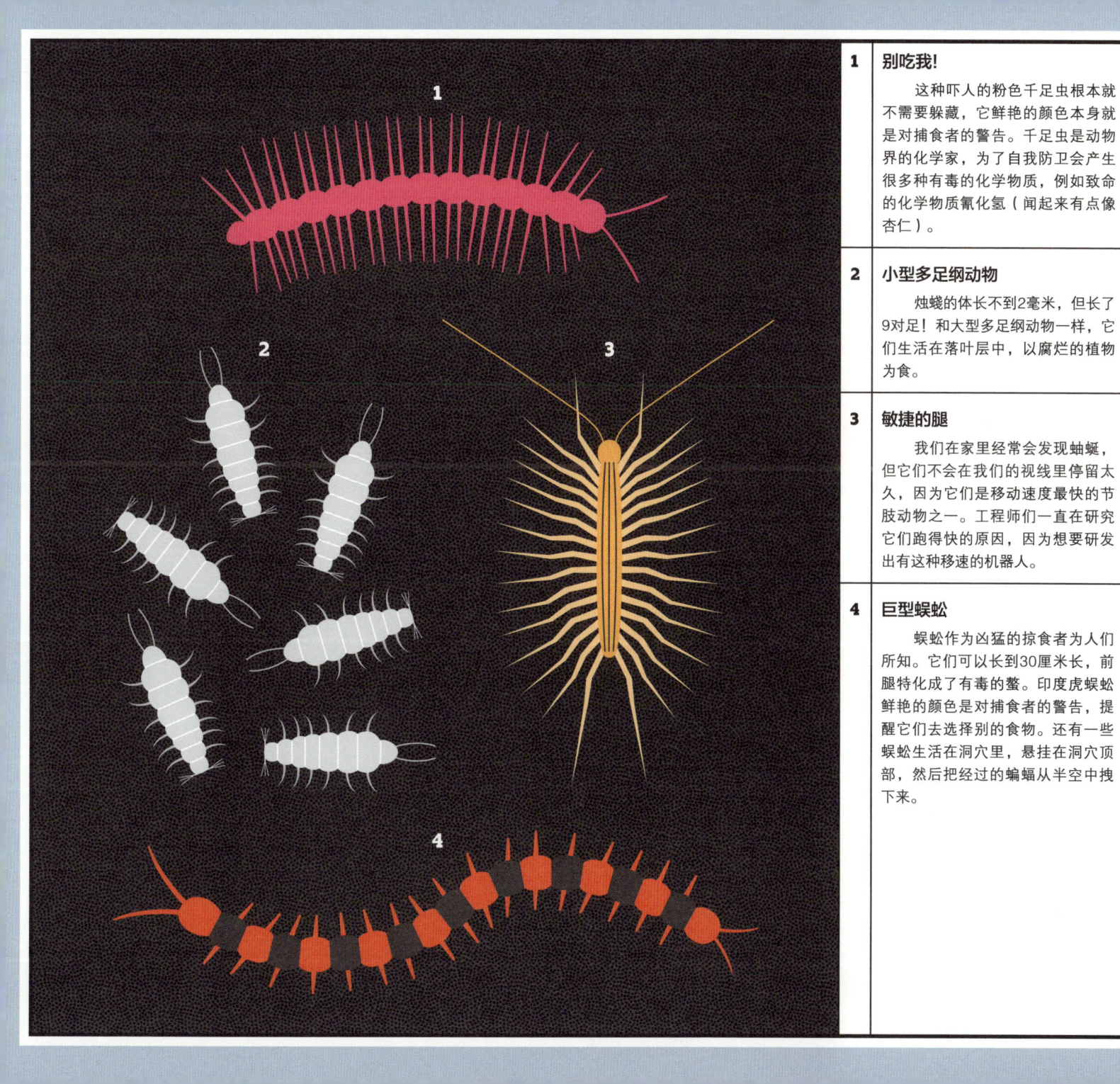

1	**别吃我！**
	这种吓人的粉色千足虫根本就不需要躲藏，它鲜艳的颜色本身就是对捕食者的警告。千足虫是动物界的化学家，为了自我防卫会产生很多种有毒的化学物质，例如致命的化学物质氰化氢（闻起来有点像杏仁）。
2	**小型多足纲动物**
	烛蚖的体长不到2毫米，但长了9对足！和大型多足纲动物一样，它们生活在落叶层中，以腐烂的植物为食。
3	**敏捷的腿**
	我们在家里经常会发现蚰蜒，但它们不会在我们的视线里停留太久，因为它们是移动速度最快的节肢动物之一。工程师们一直在研究它们跑得快的原因，因为想要研发出有这种移速的机器人。
4	**巨型蜈蚣**
	蜈蚣作为凶猛的掠食者为人们所知。它们可以长到30厘米长，前腿特化成了有毒的螯。印度虎蜈蚣鲜艳的颜色是对捕食者的警告，提醒它们去选择别的食物。还有一些蜈蚣生活在洞穴里，悬挂在洞穴顶部，然后把经过的蝙蝠从半空中拽下来。

真核生物 › 单鞭毛生物 › 后生动物 › 原口动物 › 真节肢动物亚门 › **甲壳亚门**

真甲壳动物

甲壳亚门

螃蟹和龙虾都是这条进化枝上最出名的成员，但要问是谁在维持着这个星球的运转，那肯定是磷虾这种体型更小的节肢动物，它们才是真正的大功臣。

当前位置

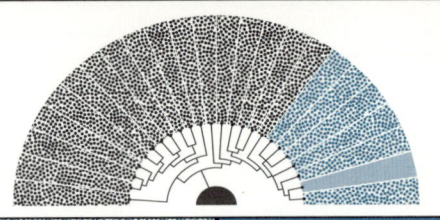

真核生物

单鞭毛生物

关键信息

· 甲壳亚门有 6 万多个物种；
· 从极小的浮游动物到足展差不多有 4 米长的蜘蛛蟹都属于甲壳亚门；
· 从海底到开放的海域，我们可以在所有水域环境中找到它们，但有的物种一生都生活在陆地上，比如鼠妇。

样本

鼠妇（woodlouse）

具体内容

甲壳动物是节肢动物的一个巨大分支，其中包含螃蟹和虾，以及更小的生物如磷虾、桡足动物和藤壶。最近，科学家开始称这一组动物为"真甲壳类动物"，以便于将它们与昆虫纲区分开，因为昆虫其实也是甲壳动物。

甲壳动物是所有生态系统中很重要的一部分。在海洋里，磷虾、藤壶和大型甲壳动物的幼虫可以吃掉很多吨的浮游动物（见第 50 页）和藻类，同样，它们也是食物链中其他动物的食物。

藤壶是生活在海洋里的甲壳动物。它们的幼虫看起来就像小小的虾，但在成年以后，你就再也看不见它们完整的身体了。因为藤壶会把头部紧紧地附着在坚硬物体的表面，例如礁石、船底、鲸鱼皮肤和海龟壳。一旦附着在上面，藤壶就会形成一层坚硬的"壳"，接下来的日子都会一直躲在里面。它们只会把腿伸出来，把经过的食物都扫进嘴里。

甲壳动物也有寄生性的，有的会一直寄生在鱼嘴里或者驯鹿鼻子里。其实我们的花园里也有甲壳动物。如果你看到一只鼠妇，可以花一点时间来消化一个事实，那就是鼠妇其实是螃蟹的近亲。

共同特征

· 有称为头胸甲的坚硬外骨骼；
· 有关节的腿多于 4 对；
· 有些对足可能已经适应了用来抓取食物；
· 眼睛长在眼柄上；
· 用鳃呼吸。

好邻居？

甲壳动物是海洋生态系统的重要一环，是海洋动物重要的食物来源。有些甲壳动物也过着寄生生活，常寄生在农场里的动物和其他大型群居动物身上。

1	**跳跳"塘"**
	这种水蚤是鳃足动物,即小型甲壳动物,鳃足动物还包含淡水丰年虾和鲎虫。它们的卵可以存活好几年,然后在环境变得潮湿的时候孵化出来。这就是为什么这些动物会像变魔术一样突然出现在水坑里,但它们的寿命非常短。
2	**重拳出击**
	所有的甲壳动物都至少有十条附肢,其中有一对或者更多附肢适应了不同的工作,比如抓取、感知、进食或者猛击。雀尾螳螂虾能以极快的速度挥出它们像锤子一样的螯肢,将海蜗牛的壳击碎,这种速度下产生的热量甚至可以让周围的水沸腾起来。
3	**最大的分支**
	在甲壳动物家族树上,最大的分支是软甲纲。大约有一半甲壳动物都属于这个分支,其中包括螃蟹和龙虾。
4	**留在原地**
	仔细观察生活在海边礁石上的藤壶,它们虽小但很迷人。查尔斯·达尔文(Charles Darwin)曾花了八年的时间来研究它们,并第一个弄清它们属于甲壳动物。
5	**拥挤的海洋**
	桡足动物可能非常小(大多数都没有1毫米长),但数量很多。它们的总**生物量**可能比地球上任何动物都要多!虽然它们处在食物链的底端,但养活了海洋里乃至地球上很多生命。

真核生物 > 单鞭毛生物 > 后生动物 > 原口动物 > 真节肢动物亚门 > 甲壳亚门 > **软甲纲**

十足目、端足目和等足目

软甲纲

从最深的海底到岸边的流溅带（位于平均高潮线与最大涨潮线之间的区域），软甲纲动物几乎占据了所有的水域栖息地。

当前位置

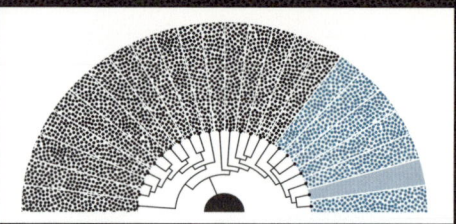

真核生物
单鞭毛生物

关键信息

- 软甲纲大约有3万个物种；
- 大小从不到1毫米到4米不等；
- 生活在淡水和所有海域里，甚至地下；
- 有些物种一生都居住在陆地上，如椰子蟹。

样本

水蚤（sand flea）

具体内容

甲壳动物这一庞大类群包含端足目（如沙跳虾）、等足目（如鼠妇）和十足目（如龙虾、螃蟹和小龙虾）。海岸边的螃蟹是我们最熟悉的，当它们在沙子或礁石间穿梭，找寻残羹冷炙的时候，我们经常可以看到它们忙碌的身影。没有这些螃蟹清洁工的话，海滩上就会覆盖满被海水冲上岸的腐烂海洋生物尸体。

许多体型大的螃蟹和海螯虾则会潜伏在水下。水可以减轻一部分身体重量，巨大的钳子可以帮助它们打开海洋软体动物的外壳。相应地，许多海洋软体动物也（见第114页）进化出了更坚硬、结构更复杂的盔甲。

软甲纲动物通常用非常灵敏的感官来寻找食物，但有些则依靠自己与众不同的方式。一种被称为食舌虱的等足目动物会附着在鱼的舌头上，并逐渐让舌头萎缩脱落。然后它就可以代替鱼的舌头，生活在鱼类的口中，以鱼类的黏液和血液为食。

体型很小的磷虾是最重要的软甲纲动物，它们在海洋里游来游去，在靠近海面的地方形成密密麻麻的虾群。有时候1立方米的海水中就有1万多只磷虾！它们是鱼类、鱿鱼、企鹅、海豹、鲸鱼等海洋动物的重要食物。

共同特征

- 身体由头、胸、腹三部分组成；
- 坚硬的头胸甲；
- 一对或多对复眼（通常长在眼柄上）；
- 两对触角；
- 三组用于咀嚼的口器。

好邻居？

除了是大多数海洋食物链的重要一环外，海生软甲动物如对虾、螃蟹和龙虾也是人类重要的食物。很少有甲壳动物伤害人类，反而是人类对海洋施加的影响导致一些珊瑚礁的消失（见第106页），让甲壳类动物危在旦夕。

#	标题	说明
1	**鲸鱼的点心**	和桡足动物（见第131页）一样，磷虾以漂浮在海面附近的趋光微生物为食。同时磷虾也是鱼类、鸟类和滤食性鲸鱼的食物。
2	**重量惊人**	美国龙虾是最重的甲壳动物，通常和一只中型犬一样重。它们可以一直生长，活到140多岁，这要归功于它们用来防止DNA衰老和损伤的特殊技巧。
3	**巨型等足目**	巨型等足动物看起来非常像巨大的鼠妇。在受到威胁时，它们也会蜷缩成一团。它们是深海里的**食腐动物**，以所有漂浮在海里的东西为食。
4	**深海园丁**	雪人蟹是一种没有视力的甲壳动物，生活在海洋的最深处，那里一片漆黑。它们不用猎食，而是在长满刚毛的钳子上建造细菌"花园"。这些细菌从溶解在水里（海底热泉）的化学物质中获取能量。当雪人蟹想吃点心时，它们就只需从爪子上刮下一些细菌颗粒。
5	**龙虾大军**	随着季节的变化，龙虾以大约50只为单位排成一列纵队，穿越洋底去寻找温暖的海水。它们利用地球的磁场来导航，为了寻找食物，一次可行进300千米。

真核生物 › 单鞭毛生物 › 后生动物 › 原口动物 › 真节肢动物亚门 › **昆虫纲**

昆虫

昆虫纲

如果你数一数动物生命之树上的所有叶子或物种，你就会发现它们绝大多数是昆虫。那昆虫纲这一分支是如何壮大起来的呢？

当前位置

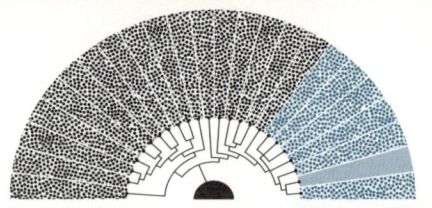

真核生物

单鞭毛生物

关键信息

· 昆虫纲有 100 多万个物种；
· 从只有 0.21 毫米的缨小蜂到 55 厘米长的巨型竹节虫都属于昆虫纲；
· 几乎分布于所有陆地栖息地中；
· 许多昆虫在幼虫时期生活在淡水里，有的即使在成年后也生活在淡水里。

样本

木蟑螂（wood cockroach）

具体内容

在植物开始朝陆地进发的同时，最初的昆虫也开始出现（见第 50 页）。大约 4 亿年后，被命名和具体描述的昆虫种类比其他所有生物加起来还要多，但科学家认为还有数百万种昆虫有待发现。

昆虫有着令人难以置信的多样性，如果你每分钟收集一种昆虫，起码要花两年的时间才能收集完。它们在陆地上爬行、疾跑，在水里游，在空中飞。它们的数量非常庞大，地球上所有昆虫的重量加起来至少是所有人类总重的 70 倍。

它们成功的秘诀之一是特化。例如，蟑螂可以消化腐烂的木头这种坚硬的物质，蜡蛾幼虫以蜂箱里的蜂蜡和蜂蜜为食。每个物种都适应了在特定的地方生活，吃特定的食物，过着特定的生活。这意味着即使昆虫之间看起来差别很大，也会有一些共同之处，比如它们的体型都很小，和其他节肢动物一样，有坚硬的外骨骼（见第 124 页）。

大多数昆虫都具有飞行能力，甲壳虫、飞蛾、蝴蝶、蚂蚁、蜜蜂、蟋蟀、蜻蜓、苍蝇甚至竹节虫都会在它们生命周期的某个时间段拥有飞行能力。

共同特征

· 身体分为头、胸和腹三部分；
· 有六条腿；
· 用眼睛和触角感知外界；
· 分为咀嚼式口器、挤压或吸吮式口器；
· 大多数昆虫在它们生命周期的某些阶段有两对翅膀。

好邻居？

许多人只会在昆虫成为害虫、寄生虫或者传播疾病时才注意它们。其实昆虫是我们非常重要的邻居，它们养育着地球上所有的生命。我们吃的大部分农作物都是由昆虫授粉，它们能出色地完成分解腐烂植物和动物粪便的任务，同时也是其他物种的重要食物来源。

真核生物域（真核生物）——真菌、动物和它们的亲属（单鞭毛生物）

1	**水里的昆虫** 许多昆虫在幼虫时期生活在淡水里，有的即使成年后也生活在淡水里。田鳖这种昆虫体型很大，可以凭借强壮的前肢、钳子和有毒的唾液来捕食蛙类和鱼。
2	**巧妙的伪装** 昆虫体型小，对其他动物来说就跟零食差不多，所以许多昆虫进化出了巧妙的伪装来躲避天敌。其中叶虫和竹节虫的伪装最令人印象深刻。
3	**变态发育** 和其他节肢动物一样，昆虫在生长过程中必须蜕去旧的外骨骼。昆虫的生长方式有以下三种：一种是从卵中孵化出来的时候像是父母的缩小版，被称为若虫，每次蜕皮之后都会长大一些。一种是每次蜕完皮都会改变一点的若虫，例如增加翅膀。还有一种刚孵化出来的幼虫和父母完全不一样，但会在最后一次蜕皮时蜕变为成年体，例如蝴蝶。
4	**吸血鬼** 咬人的昆虫通过传播疾病影响了人类的历史。蚊子以血为食，在它们吸血的时候，会在无意间携带或传播微小的寄生虫，引起疾病的传播，例如疟疾（见第192页）。
5	**有毒的化学物质** 有些昆虫不擅长伪装，相反，它们通过展示绚丽的颜色来警告掠食者。比如生活在哥斯达黎加的彩虹蚱蜢带有毒素，会让吃下它们的蜥蜴和鸟类觉得恶心。

真核生物 › 单鞭毛生物 › 后生动物 › 原口动物 › 真节肢动物亚门 › 昆虫纲 › **膜翅目**

蚂蚁、蜜蜂和黄蜂

膜翅目

当前位置

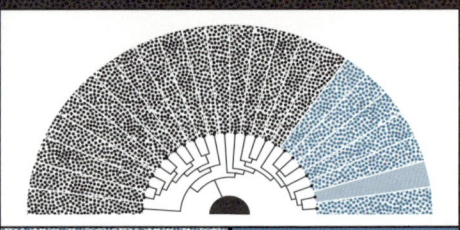

真核生物

单鞭毛生物

关键信息

- 膜翅目大约有 28 万个物种；
- 大小从 0.2 毫米到 5 厘米不等；
- 分布于陆地上的每一处，数量十分庞大。

样本

华莱士巨蜂（Wallace's Giant Bee）

昆虫纲这条巨大分支包括几十万种不常见的物种，也包括我们每天都可以在花园里见到的物种。

具体内容

蚂蚁、蜜蜂、黄蜂和叶蜂是世界上最重要的授粉者、糟蹋粮食的害虫和具有可怕生命周期的寄生虫。蚂蚁、蜜蜂和黄蜂的外表看起来很不一样，但它们仍有许多共同之处。

蚂蚁在数量上可能超过了地球上的任何动物，现在地球上就有一万亿只蚂蚁在爬行。无论在城市的人行道还是热带雨林，蚂蚁都会将空气和水混合到土壤中，分解大自然产生的废物，让这些物质为新的生命所用。

蜜蜂也是生态系统中的英雄。它们从一朵花飞到另一朵花，采集花蜜和花粉时为植物授粉，让这些植物能够繁殖。群居的黄蜂和蜜蜂生活在庞大的种群中，但大多数黄蜂和蜜蜂是独居或比邻生活在较小的族群中。大多数蜜蜂以花蜜和花粉为食，而大多数黄蜂是捕食性动物或寄生生物。有些黄蜂会把活着的猎物带回巢穴喂养幼虫，有些则把猎物切碎或嚼碎带回。最可怕的是寄生蜂，它们将卵产在活着的猎物体内，让猎物不仅成为幼虫的藏身之所，也成为幼虫的新鲜食物。尽管这些行为不太常见，但数万种黄蜂都以这种方式生活。

共同特征

- 咀嚼式口器；
- 两对翅膀；
- 有细长的"脖颈"，这样就能很容易转动头；
- 在胸腹间有纤细的"腰"；
- 雌性通常有一个特殊的产卵器，可以将卵产在其他动物无法进入的地方。

好邻居？

蜜蜂可以为人类种植的大部分农作物授粉，我们也会采集和食用蜂蜜，用蜂蜡制作化妆品、蜡烛以及给水果打蜡，让水果看起来更有光泽，保存的时间更长。人类通常将黄蜂和蚂蚁视作害虫，但它们能控制具有更强破坏性害虫的数量。

#		
1	**了不起的团队合作**	行军蚁会组队穿越森林,将路上的一切啃食殆尽。它们也会紧紧地挨在一起,组成一个叫作"临时军营"的移动巢穴。在蚁群行进的过程中,蚁后、蚁卵和幼虫会待在巢穴里,里面不仅温暖也很安全。
2	**大黄蜂**	日本大黄蜂的毒针长度超过了0.5厘米,毒性非常强,每年都有几十人在被蜇后死亡,但好在蜜蜂才是大黄蜂最主要的猎物。
3	**小小农夫**	因为许多蚂蚁喜欢喝蚜虫身体产生的蜜露,所以它们会像农夫一样照顾这些小型昆虫。蜜罐蚂蚁则直接把有甜味的液体储存在体内供自己食用。
4	**群居昆虫**	有些种类的蚂蚁、蜜蜂和黄蜂生活在复杂的群体中,团队中的每一个个体都各司其职。例如,工蜂会为整个蜂群收集花蜜和花粉。
5	**活体午餐**	寄生蜂将卵产在猎物体表或者体内。它们常用毒针来麻痹猎物,让被蜇的猎物无法动弹。幼虫孵化后,会从内到外把宿主吃掉。
6	**化学武器**	一些蚂蚁会向敌人喷射酸性液体或者恶心的油脂。有些鸟类会利用这一点,故意停留在蚂蚁巢上让蚂蚁攻击自己。这种"蚁浴"可以杀死鸟类身上的虱子和其他寄生虫,或者诱使蚂蚁吐出体内的酸性液体,从而安全地吃掉它们。

真核生物 ▶ 单鞭毛生物 ▶ 后生动物 ▶ 原口动物 ▶ 真节肢动物亚门 ▶ 昆虫纲 ▶ **鞘翅目**

甲壳虫

鞘翅目

甲壳虫有着令人眼花缭乱的多样性，这要归功于它们的盾翼，这种坚硬的外层羽翼就像威风凛凛的盔甲。

当前位置

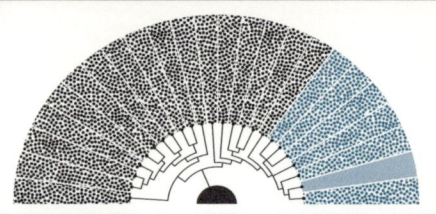

真核生物

单鞭毛生物

关键信息

- 鞘翅目超过了 30 万个物种；
- 大小从 0.325 毫米到 17 厘米不等；
- 在有植物或者动物粪便的地方都可以找到它们，包括地下，水里甚至是衣柜里。

样本

金龟子（Cockchafer）

具体内容

在鞘翅目中，有潜伏在池塘里的甲虫，有伪装成蜜蜂的甲虫，也有能推倒树木的甲虫。有的甲虫角像犀牛角，有的甲虫脖子像长颈鹿脖子，还有的甲虫吻部像大象鼻子。甲虫以真菌、家具和皮肤碎屑为食，有些甚至在粪便中生活、繁殖和进食。到目前为止，被命名的昆虫中几乎一半都是甲虫。

一对坚硬的盾状翅膀让甲虫比大多数昆虫都强壮，这让它们能够挖掘洞穴、进行摔跤比赛、在水里游泳或挤进裂缝，并且不会损坏其隐藏在下面的飞翼。它们是动物界的超级英雄。

鹿角甲虫会用它们长而充满尖刺的下颚抓住对手，把它们从树上扔下去。所以仅仅通过展示下颚，就足以让体型更小的雄性退却。泰坦甲虫的下颚非常有力，能把铅笔折成两段。巨型甲虫就跟一个苹果一样重，是最重的昆虫。恶魔铁锭甲虫的壳最硬，它的盾翼能够承受自身重量 3.9 万倍的压力，相当于你背着 3.9 万个朋友。

地球上有那么多不同种类的甲虫，它们是授粉者、捕食者和回收者，是地球上非常重要的生物。甲虫和其他昆虫都是大自然的卫士，在它们进食的同时，地球也变得更加清洁和美丽。

共同特征

- 坚硬的前盾翼，又称鞘翅；
- 鞘翅下面折叠着巨大而精致的翅膀，具有飞行能力；
- 用来抓握的爪子；
- 用来感知的触角。

好邻居？

蜜蜂和蝴蝶还没有出现以前，甲虫就已经从事为植物授粉的工作了。当它们赏花时（通常是在进食），花粉会粘在它们的身体上，并在植物间传播。它们现在也为植物授粉，但也是危害严重的植食性害虫，因破坏农作物和木质结构而臭名昭著。

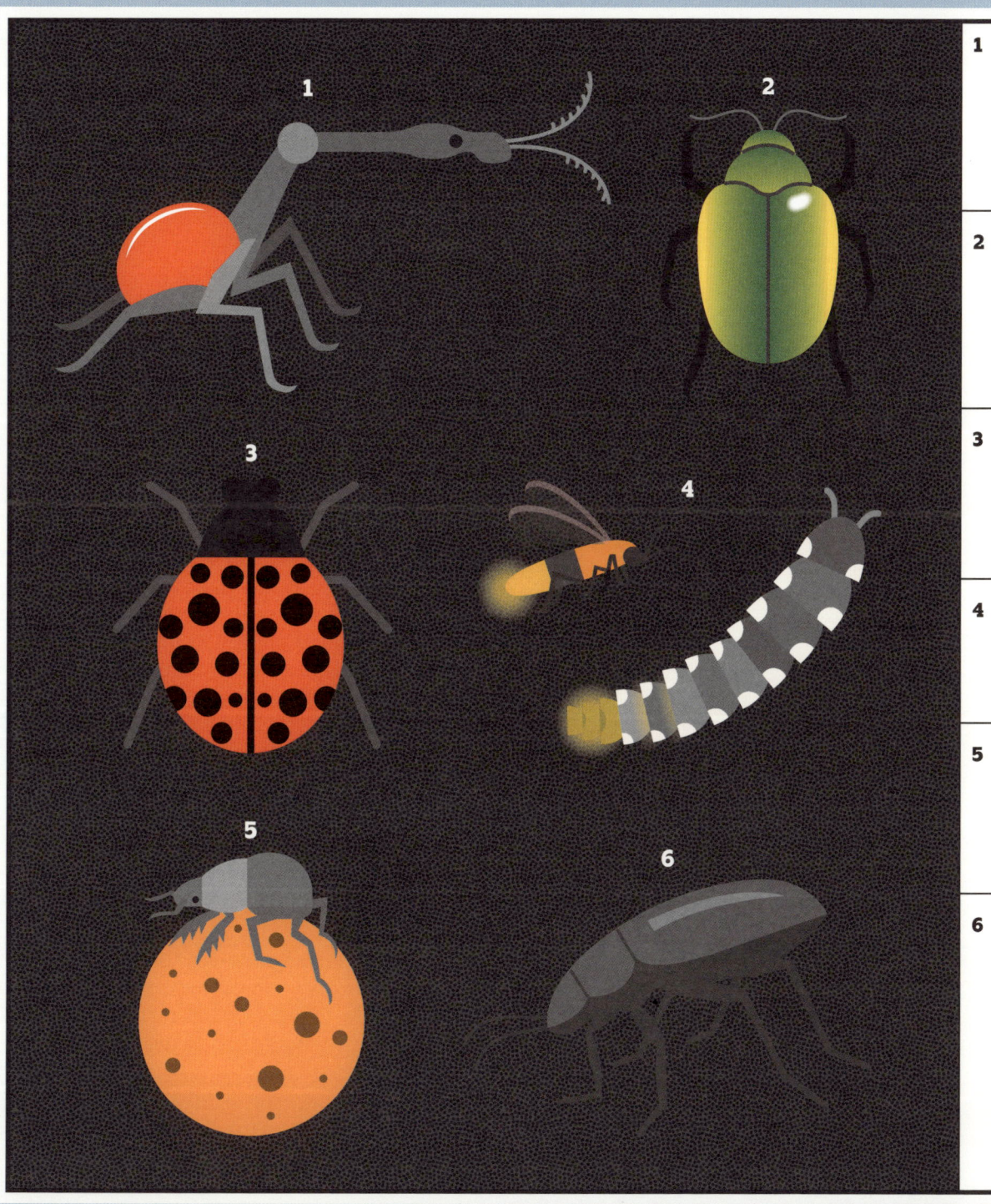

1	**象鼻虫的世界** 象鼻虫是世界上进化最成功的甲虫，这要归功于它们的特化。到目前为止，已经有6万多种不同的象鼻虫被命名，这个数量是全世界所有鸟类的六倍！图1所示是长颈象鼻虫。
2	**活宝石** 当你从一只吉丁虫身旁经过的时候，你会发现它闪闪发光的盾翼似乎会改变颜色。这是一种为了迷惑捕食者（例如它们的鸟类天敌）而演变出的自然适应。
3	**花园英雄** 瓢虫幼虫每天可以吃掉近150只蚜虫。它们很受园丁和农民的欢迎，因为蚜虫是一种害虫，会吸取植物的汁液，让植物枯死。
4	**在黑暗中发光** 萤火虫又名亮火虫、火炎虫，也是一种甲虫。它们依靠发光来吸引异性，这种超能力被称为**生物发光**。
5	**作为晚餐的粪便** 如果没有屎壳郎，世界将被动物粪便堆掩埋。一只屎壳郎可以推动一个有自己身体50倍重的粪球，靠它来养活自己和幼虫。
6	**雾姥甲虫** 伪步行虫生活在极度干燥的沙漠，用身体从雾中收集水分。白色的盾形翅膀可以散热，使它们的体温比周围的空气温度更低，利于水汽凝结。当水滴足够多的时候，就会顺着它们的身体流到嘴里。

真核生物 〉 单鞭毛生物 〉 后生动物 〉 后口动物类

后口动物

后口动物类

当前位置

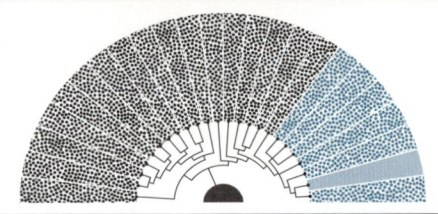

真核生物

单鞭毛生物

关键信息

- 后口动物大约有 60 万个物种；
- 从不到 1 厘米的海天使到地球上最大的动物蓝鲸都是后口动物；
- 在不同类型的水域和陆地栖息地，以及地下和空中都能发现它们的身影。

样本

马岛猬（Tenrec）

让我们进入动物家族树上的另一个主要分支，一个包含人类在内的分支。

具体内容

从鲨鱼到海星再到鼩鼱，这些动物看起来差别很大，很难让人相信它们有很近的亲缘关系。尽管后口动物的成年体大不相同，它们中大多数在生命的初期都有着非常相似的生活方式。

在生长和发育过程中，后口动物往往遵循着与原口动物（见第 108 页）相反的模式。后口动物消化道的底端（肛门）通常早于口部形成。100 多年前，这一特征被用来给后口动物命名，意为"口部的形成晚于肛门"。其他的共同身体特征似乎也能证明这种分类方式是正确的，例如后口动物缺少原口动物那样的外骨骼，但是它们有内骨骼，可以从内部支撑它们的身体。

如今，科学家意识到用身体特征来确定不同生物之间亲缘关系的方法并非完全可靠。他们用不同的方法对这些亲缘关系抽丝剥茧，例如通过对比 DNA 和其他蛋白质信息，甚至通过对比生物的基因指令来进行判断。到目前为止，这些信息全都指向一点，即所有原口动物拥有同一个祖先。而关于后口动物祖先的信息则不太清楚，但随着收集的信息越来越多，我们对这个群体的认知也在不断改变。现在，让我们一起走近那些被认为与我们有着最近亲缘关系的动物。

共同特征

- 都是有一条对称线（至少在体内有一条）的"两侧对称动物"；
- 先形成消化系统的"底端"（肛门），再形成口部；
- 身体内部有骨骼。

好邻居？

虽然后口动物的种类和数量远少于原口动物，但后口动物受到的关注更多。因为人类也是后口动物，所以这个分支中的生物是我们在生命树上亲缘关系最近的亲属。

真核生物域（真核生物）——真菌、动物和它们的亲属（单鞭毛生物）

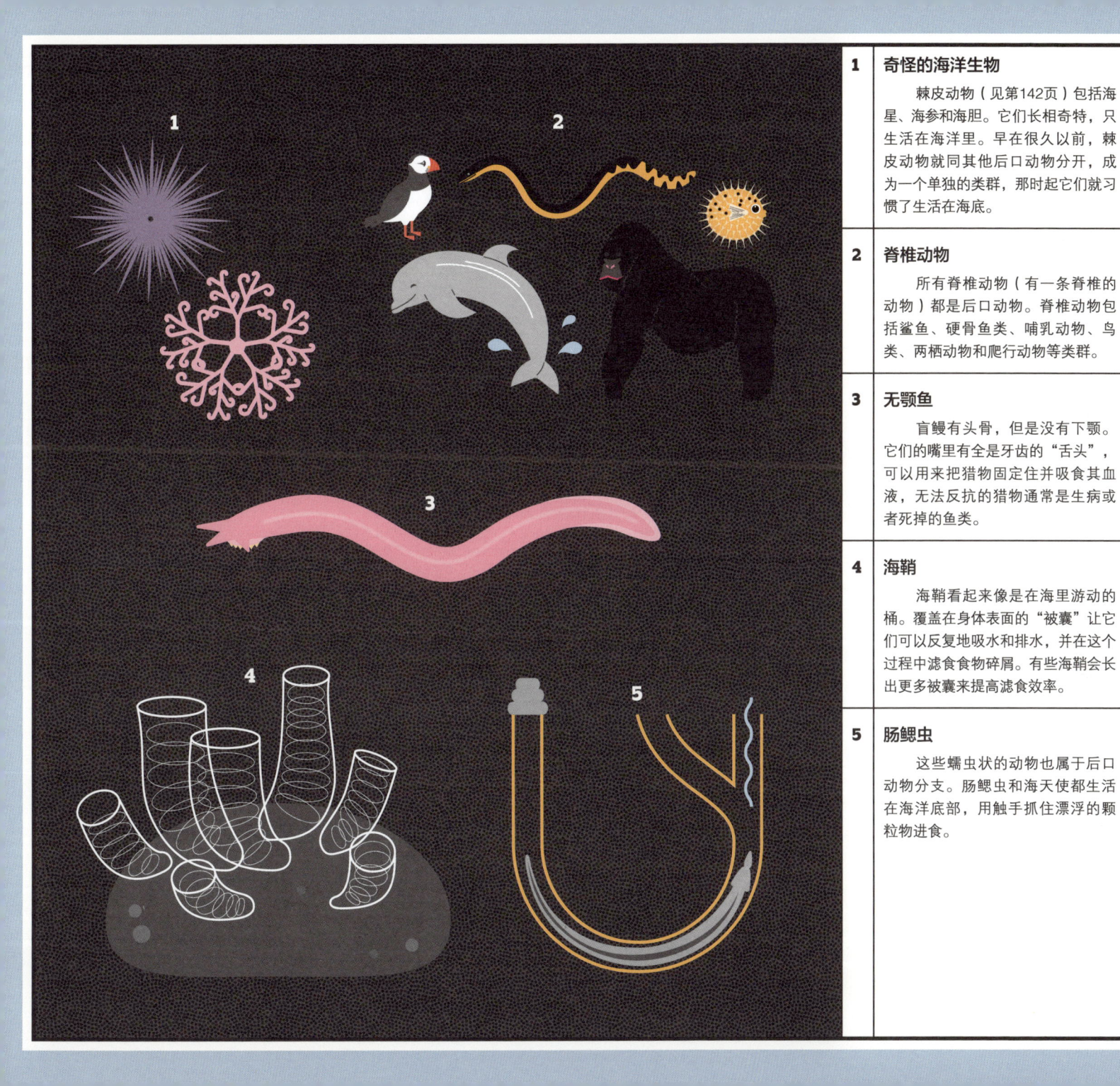

1	**奇怪的海洋生物** 棘皮动物（见第142页）包括海星、海参和海胆。它们长相奇特，只生活在海洋里。早在很久以前，棘皮动物就同其他后口动物分开，成为一个单独的类群，那时起它们就习惯了生活在海底。
2	**脊椎动物** 所有脊椎动物（有一条脊椎的动物）都是后口动物。脊椎动物包括鲨鱼、硬骨鱼类、哺乳动物、鸟类、两栖动物和爬行动物等类群。
3	**无颌鱼** 盲鳗有头骨，但是没有下颌。它们的嘴里有全是牙齿的"舌头"，可以用来把猎物固定住并吸食其血液，无法反抗的猎物通常是生病或者死掉的鱼类。
4	**海鞘** 海鞘看起来像是在海里游动的桶。覆盖在身体表面的"被囊"让它们可以反复地吸水和排水，并在这个过程中滤食食物碎屑。有些海鞘会长出更多被囊来提高滤食效率。
5	**肠鳃虫** 这些蠕虫状的动物也属于后口动物分支。肠鳃虫和海天使都生活在海洋底部，用触手抓住漂浮的颗粒物进食。

真核生物 〉 单鞭毛生物 〉 后生动物 〉 后口动物类 〉 **棘皮动物门**

棘皮动物

棘皮动物门

当前位置

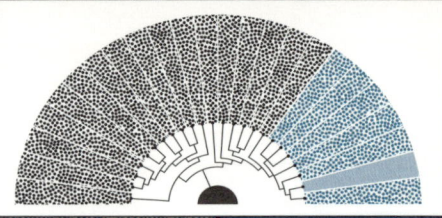

真核生物

单鞭毛生物

关键信息

· 棘皮动物大约有 7000 种；
· 大部分体型都很小，但有些海参可以长到 2 米；
· 只生活在海洋中。

样本

棘冠海星（Crown-of-thorns Starfish）

这些奇怪的动物仅在海洋里有分布。在身体形状方面，它们有自己的一套规则。

具体内容

棘皮动物包括海百合、毛头星、筐蛇尾、海胆、海参和海饼干。听起来似乎都很美味，但这一组名字却来源于它们粗糙、坚硬且多刺的皮肤，皮肤上覆盖着用来保护自己的锋利尖刺。即使是看上去无害且柔软的海参，体内也充满了用来自我防卫的有毒物质。

棘皮动物很需要这些自我保护手段，因为它们大部分时间都在礁石上或海底觅食，容易成为捕食者的目标。大多数成年棘皮动物借助"管足"在吸水和排水过程中产生的力进行移动，不过速度很慢。

一部分海胆、海星和蛇尾是捕食性动物，它们有力的腕甚至可以撬开软体动物的外壳。为了吃到猎物，它们将自己的胃从嘴里翻出来，伸到软体动物的壳里，把猎物消化完再将胃缩回体内，这种进食方式能让海星吃下比较大的猎物。其他棘皮动物则在礁石上爬行，以藻类和趋光性微生物为食。

海参是食腐动物，以海面上沉下来的有机物碎屑"海雪"和散落在海底的腐烂物为食。海百合的成年体没那么活跃，它们用"柄"将自己固定在物体表面，然后等待食物送上门。它们通常用触手状或者羽毛状的腕从水里滤食颗粒和浮游生物。

共同特征

· 内部骨骼由碳酸钙构成；
· 粗糙的皮肤上通常覆盖着突起或者尖刺；
· 用"管足"行走。

好邻居？

科学家曾以棘皮动物为样本，研究动物的发育方式。棘皮动物一生可以产下很多卵，比如我们有时候在寿司中吃到的海胆卵。除此之外，人类也会食用海胆和海参。

1 管足

海百合羽毛状的"叶片"排列在它们的管足上,与其他棘皮动物用来行走的管足不同,这种形状的管足是独一无二的。海百合是一种滤食性动物,它们用管足吸水和排水,在这个过程中将食物送入口中。

2 奇怪的对称性

和其他后口动物一样,棘皮动物也是"两侧对称动物"(见第103页)。在生命初期,它们的身体只有一条对称线。当它们慢慢长大,许多成年的棘皮动物就会拥有五条对称线。有些海星有很多条腕,但大部分海星只有五条腕。

3 海参

有些海参生活在几千米深的海底,那里十分昏暗。如果受到惊吓,海参会将体内的部分器官从肛门喷出来,以此来吓退敌人(或者恶心敌人)。这些失去的器官之后还能再长回来。大部分海参在海底爬行,以"海雪"为食。这种食物绝对称不上美味,但在这种深度,它们没有选择的余地。

4 海胆杀手

海胆体表长满了坚硬的刺,让捕食者无从下手,但很多动物还是找到了安全吃掉它们的方法。海獭会把海胆的尖刺折断,然后用石头把它们坚硬的"壳"敲开。

5 蛇尾

深海蛇尾的腕足最长可达60厘米,可以在水中不停地舞动。如果捕食者让它们失去腕足,不用担心,这些腕足还可以再生。

真核生物 > 单鞭毛生物 > 后生动物 > 后口动物类 > **脊椎动物门**

脊椎动物

脊椎动物门

"脊椎动物"这个术语可能是你在学校里学到的，但这些知识还远远不够。在这本书中，你能了解到脊椎动物的更多信息，比如人类其实是鱼类的事实。

当前位置

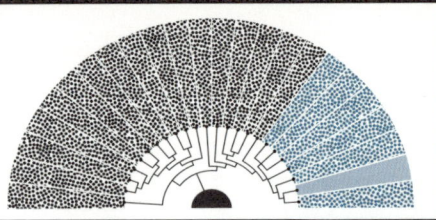

真核生物

单鞭毛生物

关键信息

- 脊椎动物门大约有 69963 个物种；
- 从只有扁豆大小的蛙类到巨大的蓝鲸都是脊椎动物；
- 在水域、陆地和天空均有分布。

样本

家牛

具体内容

这一类群的动物身体内部都有骨骼，其中包含一排椎骨，也叫作脊椎，从身体的前部（口端）延伸到背部。这也是脊椎动物这个名字的由来。

最早的脊椎动物是鱼类，这也意味着从理论层面上讲，所有脊椎动物都是从鱼进化而来，只不过是适应了不同栖息地（包括陆地）的鱼类。

大部分脊椎动物都有上下颌，可以啃咬甚至咀嚼食物，而不是像其他动物一样把食物拂或者吸进嘴里。很久以前，这些有上下颌的脊椎动物逐渐分成了两支，从此往不同的方向进化。

一支是软骨鱼纲，有软骨构成的骨骼。它们已经在海底生活了 4 亿年，现在的鲨鱼、𫚉鱼和鳐鱼与它们远古的祖先非常相像。

另一支是硬骨鱼类，它们凭借坚硬的骨骼征服了陆地、天空和海洋。硬骨鱼类是大部分鱼类和所有四足类动物（有四条腿的动物）的祖先，这一类群包括两栖动物（见第 154 页）、鸟类（见第 182 页）、哺乳动物（见第 158 页）和作为人类的你！人类是适应了陆地生活的硬骨鱼类，所以今天我们不仅能够阅读，还能写作。

共同特征

- 内骨骼由软骨或者硬骨组成，有的二者皆有；
- 骨骼的一部分叫作椎骨；
- 这些椎骨可以保护里面的神经。

好邻居？

我们非常重视对脊椎动物的命名和研究。部分原因可能是脊椎动物在动物界中处于高等地位，还有一部分原因是我们自己也是脊椎动物。而通过研究其他脊椎动物的身体和行为，也可以让我们更了解自己。

真核生物域（真核生物）——真菌、动物和它们的亲属（单鞭毛生物）

1	**生，还是不生？**
四足类动物主要分为了两组，一组把卵产在水里（比如两栖动物，见第154页），一组让幼体在羊膜囊这种特别的液囊里长大。第二种产卵方式意味着它们既可以把卵产在陆地上，也可以让卵在母体内发育。
2	**四足类动物**
四足类动物是有四肢的动物。它们的四肢可能是用来跳跃的腿、用来飞翔的翅膀或者是用来游动的鳍，这些肢体总是成对排列，和它们祖先（肉鳍鱼）的鳍一样。
3	**从用鳃呼吸到用肺呼吸**
肺鱼既有鳃也有肺，它们的肺和我们的肺一样。如果生活的水里含氧量比较低，它们就会停止用鳃呼吸，来到水面改用肺呼吸。
4	**吸血鬼**
七鳃鳗是一种身体很长的鱼，它们没有鳍，也没有可以用来啃咬食物的上下颌。它们嘴里有一个吸盘，可以把自己吸附在猎物身上，然后用布满牙齿的"舌头"吸食血液。
5	**超大颌骨**
大部分脊椎动物的颌骨都有上下两部分，所以它们可以啃咬甚至咀嚼食物。颌骨最大的鱼类要属软骨鱼类，例如鲨鱼。
6	**硬骨类脊椎动物**
硬骨类脊椎动物中大约有一半都是鱼类。其中包含很多肉鳍鱼，例如腔棘鱼，它们已经在水里活了近7000万年。

真核生物 › 单鞭毛生物 › 后生动物 › 后口动物类 › 脊椎动物门 › 软骨鱼纲

软骨鱼类

软骨鱼纲

鲨鱼、虹鱼、鳐鱼和银鲛都是非常古老的鱼种，我们也误以为它们是非常可怕的鱼类。事实上，对于它们来说，人类才是它们生存最大的威胁。

当前位置

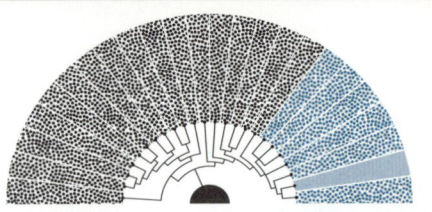

真核生物

单鞭毛生物

关键信息

- 软骨鱼纲大约有 1000 个物种；
- 体长从 10 厘米到 12 米不等；
- 除了极深和极寒的地方，软骨鱼类在所有海域均有分布，也有不少生活在淡水中。

样本

锤头双髻鲨（Hammerhead Shark）

具体内容

几乎所有的鲨鱼、虹鱼及其亲属都是捕食性动物，这就是它们可怕名声的部分由来。还有一部分原因是它们那一口一直生长的牙齿。这些牙齿只是它们骨骼的一部分，仅由一层薄薄的含有钙质的骨头构成。这对于脊椎动物来说不太常见，因为这些鱼类除了牙齿以外的骨骼都是软骨，与构成我们的鼻子和耳朵的软骨是同一种。

这种较软的骨骼解释了为什么虽然它们已经在地球的水中生活了超过 4.55 亿年，但我们很少能找到完整的鲨鱼及其近亲的化石，而只有它们极其坚硬的牙齿化石保存下来。

鲨鱼是海里的游泳健将，但它们必须一直游，不能停下来，这是因为它们没有鱼鳔，如果停下来就会因为缺氧而窒息。鲨鱼的身体可以左右摆动，并且在巨大的尾鳍推动下前进。当水流经过身体两侧的鳍，就会产生一种向上的力，这种力叫作浮力，和飞机飞行的原理一样。它们巨大的胸鳍可以像舵一样帮助它们在水中控制方向。而背上和肚子上的鱼鳍可以防止它们在水中倾翻。其中最不可思议的是它们的皮肤可以感知到由动物的神经系统产生的微弱电场。软骨鱼类使用这种"第六感"去寻找猎物，甚至可以用电信号与同类交流。

共同特征

- 身体内的骨骼由软骨构成；
- 坚硬的、牙齿状的鳞片；
- 成对的鳍；
- 有鳃；
- 感觉器官能够感知到微弱的电信号。

好邻居？

人类普遍对鲨鱼感到恐惧，但每年大约只有 10 个人死于鲨鱼的攻击。相比之下，每年有 2 万人死于淡水蜗牛传播的疾病。而每年大约有 1 亿条鲨鱼被人类捕杀，如今已有三分之一的鲨鱼种类处在灭绝的边缘。对于鲨鱼来说，人类才是可怕的生物。

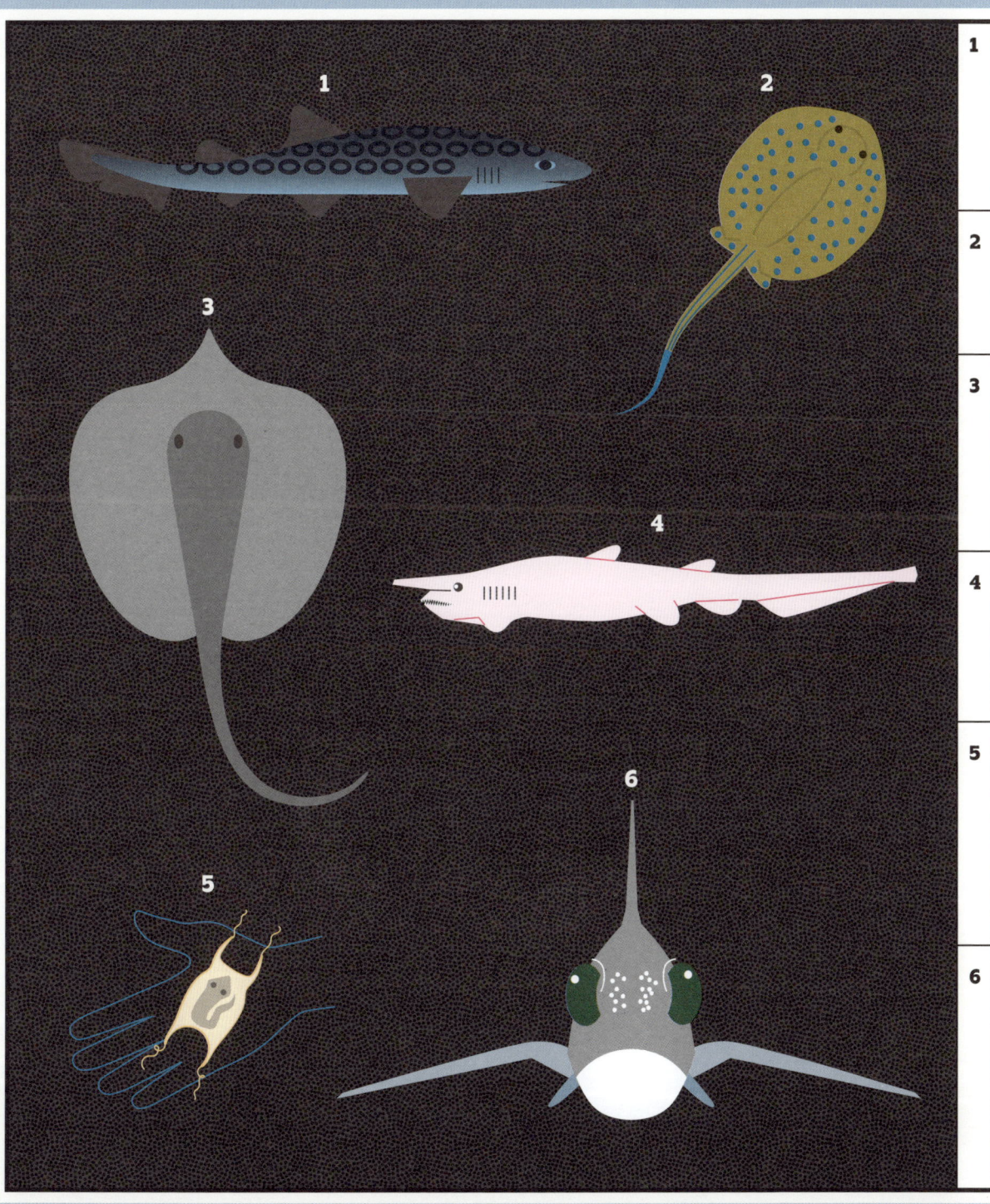

#	
1	**随遇而安** 像猫鲨和礁鲨这样的底栖鲨鱼很乐意生活在不同类型的栖息地，捕食不同类型的猎物。在过去的4亿年里，这种习性帮助它们在不断变化的气候和栖息地中存活下来。
2	**魟鱼和鳐鱼** 魟鱼和鳐鱼有宽大且扁平的身体，以及帮助它们隐藏在沙地里的伪装色皮肤。
3	**巨型魟鱼** 有不少的鲨鱼和魟鱼生活在淡水里，其中包括巨型魟鱼，它的体长可达5米。尾巴上有一根锯齿状的尖刺，以及一个用于自我防卫的毒腺。
4	**哥布林鲨鱼** 如果不小心让猎物逃脱，这些长相奇特的粉色深海鲨鱼会将可伸缩的颌骨伸出，用牙齿咬住猎物，就像发射速度很快的弹弓一样。
5	**美人鱼的钱包** 大部分鲨鱼和所有魟鱼都是胎生鱼类，但是鳐鱼、银鲛和不少鲨鱼是卵生鱼类。它们的卵看起来和其他动物的卵很不一样。有些鲨鱼卵有长长的卷须，可以附着在海草上或者海底的礁石上。
6	**银鲛** 银鲛是罕见的深海鱼类，它们有巨大的眼睛。和所有鲨鱼一样，它们依靠电觉来寻觅小型猎物，例如螃蟹、软体动物和海胆。

真核生物 〉 单鞭毛生物 〉 后生动物 〉 后口动物类 〉 脊椎动物门 〉 **辐鳍鱼亚纲**

辐鳍鱼类

辐鳍鱼亚纲

一半脊椎动物都属于辐鳍鱼纲。下面就让我们一起深入这一隐藏在水下的多彩世界吧！

当前位置

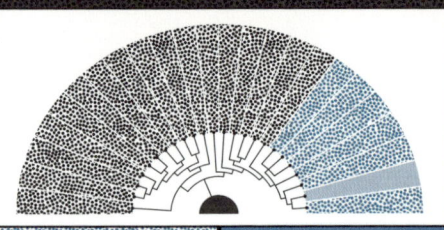

真核生物
单鞭毛生物

关键信息

- 辐鳍鱼亚纲约有 2.7 万个物种；
- 从仅有 17 毫米长的虾虎鱼到有 8 米长的巨型皇带鱼都属于辐鳍鱼纲；
- 可以在所有的水域栖息地里找到它们。

样本

飞鱼（Flying Fish）

具体内容

鱼类学（ichthyology）是研究鱼类的科学，这是一个较大的科学领域，但是在过去，研究鱼类比研究陆地动物更为困难。这是因为在水下探测技术出现以前，如果想要了解海洋环境，就需要渔民或挖泥船从海洋深处把鱼类捕捞上来，但这时科学家需要研究的大部分鱼类都已经死亡。这就和我们想要通过博物馆里的动物标本来了解热带雨林一样困难！况且这些水下栖息地的面积要比陆地栖息地大得多。

有了科技手段的帮助，现在的鱼类学不断取得振奋人心的发现。科学家也正在试图搞清楚辐鳍鱼的不同类群、不同个体之间有着什么样的联系。

我们知道辐鳍鱼类都有一个共同祖先，也就是只有一条背鳍，鳞片呈菱形的鱼类。辐鳍鱼类可能从更早的祖先那里继承了用肺呼吸的习性，但随着时间的推移，肺部逐渐演化成了鱼鳔，让辐鳍鱼可以往里充气或放气，从而在水中上浮、下潜或者停在原地，这是鲨鱼、魟鱼和鳐鱼（见第 146 页）做不到的。这种呼吸方法可以帮助辐鳍鱼类节省不少力气，这也是它们了不起的一个地方。

共同特征

- 鳍成对排列，由许多细小的骨头组成，这些骨头像扇子一样排列；
- 只有一条背鳍；
- 有鱼鳔。

好邻居？

几千年来，鱼类对于人类来说是重要的食物和收入来源。在很多地方，鱼类也是主要的蛋白质来源。一些鱼卵是可以食用的，比如用来制作鱼子酱的鲟鱼卵，但由于非法捕捞，世界上的鲟鱼正在濒临灭绝。

1 鳞片铠甲

我们可以从化石中看出，远古辐鳍鱼类有十分坚硬的骨质鳞片。长吻雀鳝的鳞片上覆盖着一层珐琅质，这种物质与我们牙齿上的物质相同，这种鱼的鳞片就像是瓷器一样在水下闪闪发亮。长吻雀鳝会埋伏起来静静等待，在猎物经过的时候突然发动攻击。和芦鳗鱼一样，它们的鱼鳔能和肺一样，膨胀到原来的两倍大。

2 弓鳍鱼

弓鳍鱼是弓鳍鱼科仅存的一种鱼类，背鳍几乎和身体一样长。

3 灵活的鱼类

如今的大部分辐鳍鱼类都有更轻、更薄、更灵活的鳞片，可以帮助它们在水中快速地翻转，以便捕捉猎物或者从捕食者口中逃脱。鳞片最少的鱼类是鲟鱼，它们几乎没有鳞片。

4 啜食者

辐鳍鱼中有超过2万个物种属于真骨鱼类这一进化枝，它们的共同点是吃相非常糟糕。本书会在下一页对这一分支进行更深入的介绍。

5 龙鱼

由于多鳍鱼和芦鳗鱼有长长的身体和分成很多个"突起"的背鳍，看起来有点像蛇或龙。它们生活在非洲遍布植物的浅水里。幼年的芦鳗鱼用鳃呼吸，成年以后用鱼鳔呼吸，能在旱季的时候离开水生存。

真核生物 › 单鞭毛生物 › 后生动物 › 后口动物类 › 脊椎动物门 › 辐鳍鱼亚纲 › 真骨总目

真骨鱼类

真骨总目

当前位置

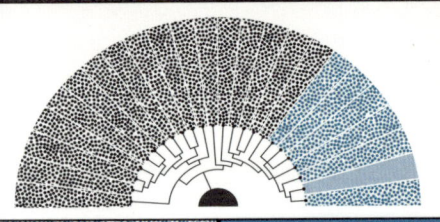

真核生物
单鞭毛生物

关键信息

· 真骨总目大约有 2.4 万个物种；
· 从仅有 7.9 毫米的鲤鱼到 4 米长的翻车鱼都属于真骨总目；
· 从海洋的最深处到高于海平面 4500 米的山溪，它们在所有水域中均有分布。

样本

灯笼鱼（lantern fish）

真骨鱼类分支有很多物种，但都因糟糕的吃相被归为一类。

具体内容

真骨鱼类不像其他鱼类用锋利的牙齿抓住猎物，而是直接将食物吸进嘴里。它们在抬头的时候打开下颌，把舌头往下压，一直压到嘴巴的底部，最后把水和食物一块儿吸入嘴里。有时候，它们只需要打开下颌，让嘴张得更大。在镜子面前试着做一下这个动作，你会发现像真骨鱼类一样进食其实很困难。当然，要是努力一下，还是能做到的。

这种进食方式是从真骨鱼的共同祖先那里继承来的，它可以让水下进食变得更容易。好处是真骨鱼类不用朝着猎物猛冲过去，坏处是这种进食方式让猎物有充足的时间反应和逃脱。

现存的鱼类大部分都是真骨鱼类，它们有着各种奇怪的身体特征、习性和生命周期，而这些是让它们在无处藏身的水里存活下来的法宝。有些鱼群通常是几千条甚至几百万条生活在一起。它们一起穿过开阔的海域，步调一致，让被捕食的概率大大降低。

许多深海鱼有发光器官，能够进行生物发光。这种光会将好奇的生物吸引过来，从而成为它们的食物。

共同特征

· 尾鳍分成对称的两部分；
· 下颌的形状很特别，这是为了便于在浮起时吸水和进食。

好邻居？

鱼类是陆地上许多捕食者和人类的食物。除此之外，鱼类对于人类来说还具有各种用途，比如用来制作肥料。由于人类的过度捕捞，许多鱼类正面临灭顶之灾，也让那些依赖鱼类为生的海洋野生动物陷入危险境地。

真核生物域（真核生物）——真菌、动物和它们的亲属（单鞭毛生物）

1	**象鼻鱼**
	象鼻鱼又名鹳嘴长颌鱼，经常用它们又长又细的吻部在海底搜寻小型生物为食。和很多鱼类一样，它们也能够感知到从猎物肌肉里传出的电信号。
2	**一口塞不下**
	鲶鱼这个名字来源于它们的"胡须"（又称口须）。它们以一切能找到的食物为食。为了不让自己的卵被其他鲶鱼吃掉，它们会把自己的卵含在嘴里。
3	**双颌系统**
	鳗鲡是一种长得像蛇一样的鱼类，它的鳍全部连在一起，形成一条长长的完整的鱼鳍。而海鳗在外层的颌骨内有第二套上下颌，这种"双颌系统"可以让它们直接把猎物送入胃里。
4	**飞鱼**
	飞鱼其实不会飞。它们游得很快，有时会突然跃出水面，展开巨大的前鳍，1小时可以滑行50多千米。飞鱼也可以"飞"上200米的高空，尽管也有可能直直地飞到海鸟的嘴里，成为它们的晚餐，但这种"飞行"方式对于逃离海洋里的捕食者非常有效。
5	**会跳跃的晚餐**
	许多陆地上的捕食者都以鱼为食，比如某些熊类，这意味着鲑鱼等鱼类不仅在水域生态环境中很重要，在陆地生态系统中也是十分重要的一环。
6	**锋利的牙齿**
	食人鲳其实并不像人们想象中那样凶猛。它们多数是找到什么吃什么，或者以植物为食。有些红腹食人鲳会成群结队地寻找猎物，然后一口口地将猎物啃食殆尽。

真核生物 ▶ 单鞭毛生物 ▶ 后生动物 ▶ 后口动物类 ▶ 脊椎动物门 ▶ 辐鳍鱼亚纲 ▶ 真骨总目 ▶ **鲈形总目**

棘鳍鱼类

鲈形总目

让我们继续深入真骨总目这一分支，了解有着惊人适应性的棘鳍鱼类。

当前位置

真核生物

单鞭毛生物

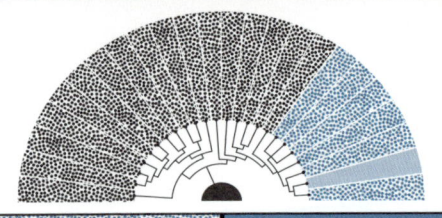

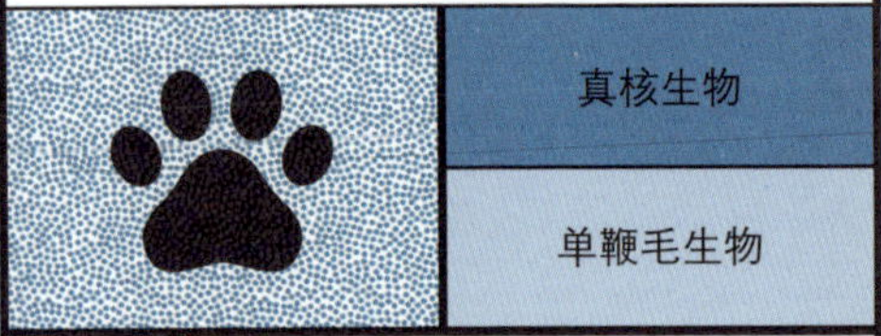

关键信息

· 鲈形总目有 1.4 万多个物种；
· 从不到 2 厘米的海马到 4 米多长的巨型海洋翻车鱼都属于鲈形总目；
· 它们生活在大部分水域栖息地中，尤其是在热带浅海中。

样本

刺鲀（porcupine fish）

具体内容

棘鳍鱼类是辐鳍鱼纲最大的一个分支，它们因形成背鳍的刺状脊椎而得名。大约有三分之二的真骨鱼类（三分之一的脊椎动物）属于这一分支。棘鳍鱼类包含鳕鱼、金枪鱼、鲈鱼以及所有外来鱼种，例如海马和河豚。刺鳍鱼类有着非常惊人的物种多样性，就像是生命之树需要遵守的"规则"在它们身上失效了一样！

其实，科学家还没能完全了解棘鳍鱼类的家族谱系。我们也还不知道海马与河豚的亲缘关系是否比海马与金枪鱼的亲缘关系更近，或者比目鱼是飞鱼的近亲还是鮟鱇鱼的近亲。这样看的话，棘鳍鱼类不太像一个独立的简单分支，倒更像是在真骨总目中处于首要地位的分支。

对棘鳍鱼类的研究让我们了解到，如今广阔的海洋远比海洋最开始出现的时候复杂。有理论认为，如今鱼类的多样性是 6600 万年前的大规模灭绝事件导致的，也正是在这场灾难中，大部分恐龙灭绝了。随着时间的推移，我们能收集到更多证据，并且会对棘鳍鱼类是如何从共同祖先进化而来有更多了解。加入自然科学研究领域，你也可以一起来寻找答案。

共同特征

· 极其多样化的身体特征和行为习惯；
· 本章的样本（刺鲀）可以让身体充满水而膨胀，让身上带刺的鳞片都竖起来，让捕食者无从下嘴。

好邻居？

许多棘鳍鱼类都是很受人类欢迎的食物，例如金枪鱼、比目鱼甚至是有剧毒的河豚。棘鳍鱼类里面的很多成员都是模式生物，例如刺鱼，生物学家将这些鱼类用于研究其他生物。

152　　真核生物域（真核生物）——真菌、动物和它们的亲属（单鞭毛生物）

1	**团队协作**
	䲟鱼也叫吸盘鱼，头上有一个巨大的吸盘，可以把自己吸附在鲨鱼（见第146页）、鲸鱼（见第174页）和海龟（见第176页）的身体上。同时，它们以寄生在同一个宿主身上的小型甲壳纲动物为食。
2	**海马**
	害羞且神秘的海马看起来与其他鱼类很不一样。它们依靠巧妙的伪装来躲避捕食者，雄性海马因能照顾好自己的卵而广为人知。
3	**海洋翻车鱼**
	翻车鱼是体型最大的硬骨鱼，它们凭借巨大的体型可以捕食各种猎物，无论是水母和软体动物还是蛇尾都是它们的食物。不仅如此，它们一次能产下3亿颗卵，这个纪录还未被打破。
4	**离开水的鱼**
	弹涂鱼离开水也能呼吸，能借助鳍的力量爬上红树林（见第80页）的根部，在此觅食昆虫。
5	**眼睛朝上**
	鲆鱼、鲽鱼和鳎鱼这些比目鱼，在生长过程中会逐渐失去身体两侧的对称性。本来分别在身体两侧的眼睛最终都会移到一边去。比目鱼会把自己埋在海底的沙地里，这是为了躲避捕食者，露出两只眼睛是为了观察猎物。

真核生物 › 单鞭毛生物 › 后生动物 › 后口动物类 › 脊椎动物门 › 滑体两栖亚纲

滑体两栖动物

滑体两栖亚纲

当前位置

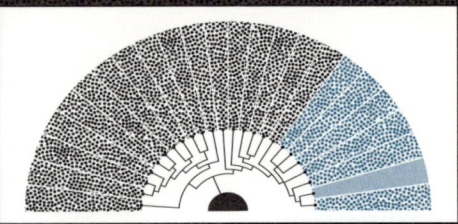

真核生物

单鞭毛生物

关键信息

- 滑体两栖亚纲有 8000 多个物种；
- 长度从小于 1 厘米到 180 厘米不等；
- 除了极地地区和海洋，在世界范围内均有分布，特别是淡水和潮湿的地方，比如热带雨林。

样本

冠蝾螈（crested newt）

蛙类、蟾蜍、水螈、蝾螈和蚓螈的皮肤很光滑，没有鳞片，这样的皮肤有很多功能。

具体内容

"两栖"的含义是"可以在两种环境中栖息"。对于本来生活在水里，长出肺部之后生活在陆地上的动物来说，这个名字非常贴切。有许多已经灭绝的动物也是这样生活的，所以现在的蛙类、水螈和它们的近亲被称为滑体两栖亚纲（或"滑体两栖动物"），这种命名方式可以将它们与原古两栖动物区分开。

滑体两栖动物的皮肤光滑且没有鳞片，这种皮肤不是强大的屏障，而是为了让空气和水从皮肤里进出，从而通过皮肤来呼吸和补充水分。它们身体上的黏液腺可以让皮肤保持湿润，其他腺体可以分泌出毒液用来自我防卫。它们的皮肤色彩鲜艳，在伪装、交流或者警告掠食者方面都非常有用。

滑体两栖动物的皮肤有着极强的适应性，能帮助它们适应各种类型的栖息地，无论是淡水还是陆地，它们都游刃有余，但气候变化和污染会让两栖动物变得非常脆弱。最近，滑体两栖动物面临着来自一种寄生性真菌的威胁，这种真菌会寄生在它们的皮肤细胞中。被感染的两栖动物的皮肤会变得越来越厚，从而失去正常功能。这种疾病导致世界范围内的两栖动物数量急剧减少，甚至**灭绝**。

共同特征

- 肋骨很短；
- 前腿有四个趾头；
- 后腿有五个趾头；
- 能够听见频率非常低的声音；
- 眼睛往外突出；
- 通常用皮肤呼吸，也能用嘴呼吸，用肺将空气吸入排出；
- 皮肤光滑且潮湿。

好邻居？

在有些地方，两栖动物是人类的食物。它们也被看作重要的昆虫捕食者，能捕食危害庄稼以及传播像疟疾这种疾病的昆虫。两栖动物皮肤分泌的化学物质也可以制成没有任何毒性的药物。有一种叫作美西螈的蝾螈作为宠物深受人们的喜爱。

真核生物域（真核生物）——真菌、动物和它们的亲属（单鞭毛生物）

1	**热感应**
	蝾螈有长长的身体和尾巴、短短的脑袋和宽大的嘴巴，它们生活在潮湿的地方，以捕食蠕虫、昆虫和小型节肢动物为生。西伯利亚蝾螈可以在北极圈内生存。它们在冬眠的时候冻得僵硬，在春天到来的时候苏醒。
2	**蚓螈**
	蚓螈看起来就像巨大的蚯蚓（见第112页），它们的眼睛很小，没有腿。凑近观察，你会发现在它们的眼睛和鼻孔中间有一条有化学感应能力的触须，可以帮助它们捕食蠕虫和其他地下的小型生物。为了不被吃掉，它们全身的皮肤上覆盖了一层有毒的黏液，对捕食者来说十分恶心。
3	**火蝾螈**
	为了不被晒干，火蝾螈一般在夜间捕食，白天躲在有荫蔽的地方。它们皮肤上的腺体会分泌一种名为**生物碱**的物质，这种物质非常苦涩，是从很多植物中提取出来的（见第70页）。而它们明亮的斑纹可以警告捕食者不要靠近。
4	**蛙类和蟾蜍**
	这两种动物有长长的后腿，没有尾巴，看起来和其他滑体两栖动物差别很大。我们将在第156页进一步了解这一巨大的种群（无尾目）。
5	**墨西哥偶像**
	美西螈是一种蝾螈，俗称六角恐龙，只分布在墨西哥附近的运河里。大部分都有斑驳的棕色皮肤，以便于在水中隐藏，但是纯白色的美西螈更出名。

真核生物 〉单鞭毛生物 〉后生动物 〉后口动物类 〉脊椎动物门 〉滑体两栖亚纲 〉**无尾目**

蛙类和蟾蜍

无尾目

无尾目是如今现存的两栖动物中最大的一个分支。蛙类和蟾蜍的种类甚至比哺乳动物的种类还要多！

当前位置

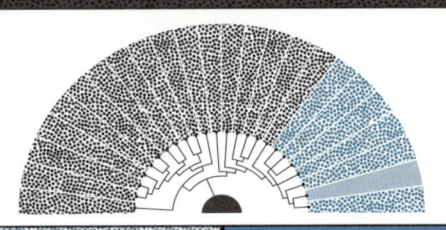

真核生物

单鞭毛生物

关键信息

- 无尾目大约有7000个物种；
- 从只有7毫米长的微型蛙到30多厘米长的巨人蛙都属于无尾目；
- 除了极地地区和海洋，它们在世界范围内都有分布。

样本

金色箭毒蛙（golden poison frog）

具体内容

蛙类大多数时间都待在水边或者水里，有潮湿的皮肤，蟾蜍的皮肤则更干燥和粗糙，除此之外二者并没有明显的区别。它们都有着其他两栖动物所没有的身体特征，比如用来跳跃和游泳的非常长的后腿。它们的脑袋甚至比其他两栖动物更短，眼睛更大。当然，它们的嗓门也更大，能够用不同的声音与同类交流。

每一种蛙类都有独特的叫声，这些叫声能够帮助它们在繁殖季节找到异性，也能帮助雄性蛙类捍卫自己的领地。当然，如果其他蛙类的听力不够好的话，一切就都白费了。所以与之相对应的是，蛙类和蟾蜍的耳膜（鼓膜）从外面能看得很清楚，有的甚至比它们的眼睛还大！

一旦完成交配，大部分蛙类和蟾蜍会在水中产卵，让卵在水中孵化。这些叫作蝌蚪的幼体有鳃和尾巴，在变态发育过程中会逐渐长出肺和四条腿。成年后的蛙类和蟾蜍可以在陆地上生活很长时间，比其他两栖动物在陆地上生活的时间都要长，这也意味着它们可以生活在更多类型的栖息地里，也更容易在白天被发现。

共同特征

- 薄薄的，可以呼吸的皮肤；
- 成年体没有尾巴；
- 巨大的鼓膜；
- 短脑袋上有大眼睛和宽嘴巴；
- 后腿比前腿长；
- 光滑的或者疣状的皮肤；
- 大多数蛙类和蟾蜍都利用皮肤中产生的毒素来保护自己，阻止敌人靠近；
- 卵在潮湿的地方孵化。

好邻居？

和其他两栖动物一样，蛙类和蟾蜍能够通过捕食小型猎物让生态系统保持平衡，但是如果人类将它们引入没有自然天敌的地方，它们就会成为具有危害性的生物。因为蛙卵数量多，而且是在蛙类体外发育，较容易获取，所以科学家一直在研究蛙卵，以此揭开动物生长发育的奥秘。

真核生物域（真核生物）——真菌、动物和它们的亲属（单鞭毛生物）

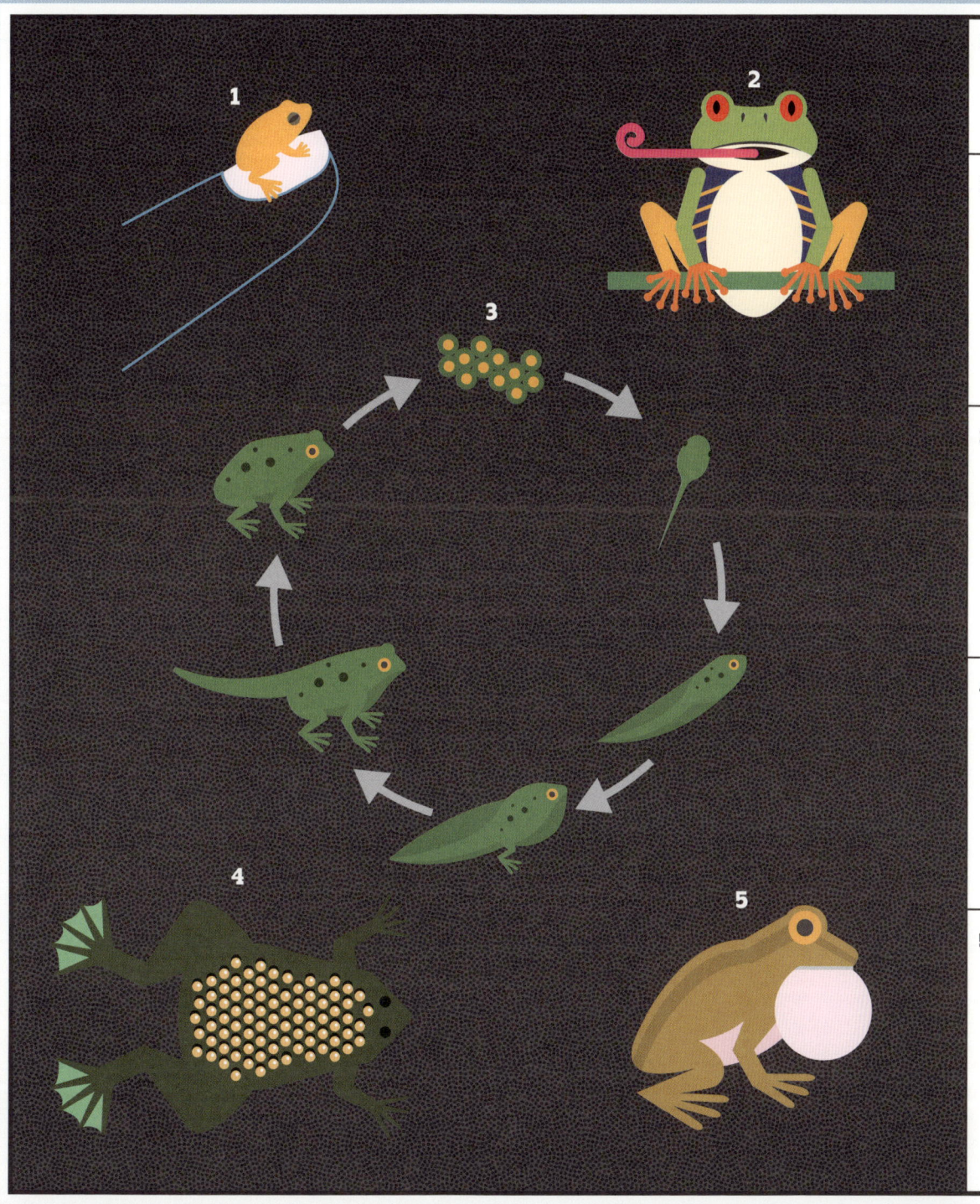

#	
1	**纪录打破者** 来自巴布亚新几内亚的微型蛙只有普通家蝇那么大，是迄今为止发现的体型最小的脊椎动物。
2	**弹弓，发射！** 蛙类能够抓住快速移动的昆虫，比如在半空中飞舞的苍蝇，这要归功于它们像弹弓一样的舌头！这种树蛙将它们长长的、布满黏液的舌头从嘴巴里弹射出去，将猎物抓住并送入嘴里，这一系列动作就发生在一瞬间。
3	**生长** 大部分蛙类和蟾蜍都将卵产在水里，让卵在水中孵化和生长。刚孵化出来的蝌蚪没有腿，但是有鳃和尾巴可以帮助它们在水中生存。蝌蚪慢慢长大时尾巴逐渐消失，并长出四条腿和肺，这时它们就可以像父母一样生活在陆地上了。
4	**操心的父母** 有许多动物喜欢吃蛙卵和蝌蚪。为了应对这种情况，蛙类选择一次性产下数千枚卵，这样至少可以保证部分后代活下来。苏里南蟾蜍也叫负子蟾，它会将自己的卵放在背上的皮肤里，以便于照顾和保护这些卵。
5	**听到了吗？** 蛙类和蟾蜍骨架短小，无法用肌肉发力让肺膨胀，只能把空气吸入嘴中再挤到肺里。所以它们身材小却声音大。雄性蛙类有声囊，叫声更大、传播更远。小小的考奇蛙（Coqui frog）发出的声音甚至比锄草机的声音还大。

真核生物 › 单鞭毛生物 › 后生动物 › 后口动物类 › 脊椎动物门 › **哺乳纲**

哺乳动物

哺乳纲

我们对哺乳动物的了解比对其他任何动物都要多，因为我们也是哺乳动物。

当前位置

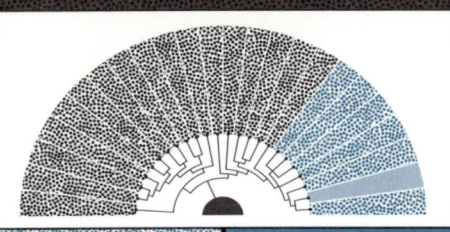

真核生物

单鞭毛生物

关键信息

- 哺乳纲大约有 6500 个物种；
- 从仅有大黄蜂这么小的蝙蝠到公共汽车这么大的蓝鲸都属于哺乳纲；
- 从极寒的两极地区到最炎热、干旱的沙漠地区，你都可以发现哺乳动物的身影，它们的足迹遍布世界每个角落，这要归功于它们可以保持恒定体温的能力。

样本

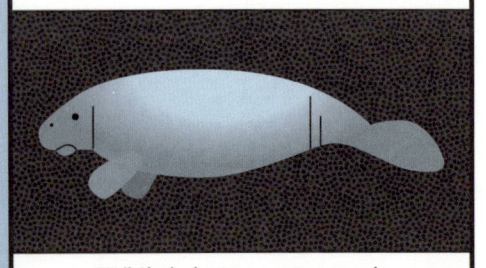

西非海牛（African Manatee）

具体内容

哺乳动物看起来似乎是最容易归为一类的动物，因为它们体表都覆盖着皮毛，身体能够产生喂养幼崽的特殊食物（乳汁），而其他任何动物都不具有这些特征，但不同哺乳动物之间的关系却很难理清楚。科学家在试着去读懂和比较哺乳动物的基因组时，发现了一些意想不到的惊喜，例如，鲸鱼和绵羊之间的亲缘关系比和其他海洋生物的更近。

另一个惊人的发现是，大约 6500 万年前恐龙灭绝后，哺乳动物才开始发展起来，这个时间与地球的年龄相比其实并不算长。一场小行星撞击事件改变了地球的气候，并且将恐龙彻底抹去，这时候哺乳动物便开始填补空缺的**生态位**。

早在很久之前，根据不同的生育方式划分的三种哺乳动物就已经出现了。单孔目（monotreme）是卵生哺乳动物；有袋目（marsupial，见第 160 页）是胎生动物，但是没有胎盘；真兽次纲（eutherian）生下完全成型的幼崽，就像是父母的缩小版（即使这些幼崽还需要很多照顾才能独立生存）。真兽次纲也叫作胎盘哺乳动物，之所以这样命名是因为它们有叫作胎盘的特殊器官，可以为发育中的动物幼崽提供足够的营养。

如今的哺乳动物在栖息地、习性和体型上都是差别最大的。接下来我们将深入探索这些动物令人难以置信的多样性。

共同特征

- 能够让体温保持在恒定的范围内；
- 体表覆盖皮毛，皮毛下极小的肌肉能让毛发竖起来；
- 汗腺可以调节体温；
- **乳腺**可以分泌乳汁喂养幼崽；
- 相对于身体来说较大的大脑。

好邻居？

几千年来人类与其他哺乳动物比邻而居，并且在生活中也处处离不开它们，无论是我们当作宠物的猫和狗，当作运输工具的骆驼和马，还是为我们提供奶、肉和皮毛的牛、羊都是如此。

真核生物域（真核生物）——真菌、动物和它们的亲属（单鞭毛生物）

	1	**超级慢的动物**
		大约1亿年前，随着地球大陆的分离，三大类胎盘哺乳动物也由此分离。包括巨型食蚁动物、犰狳和树懒在内的异节亚目（xenarthran），其实都是美洲哺乳动物的后裔。
	2	**卵生哺乳动物**
		单孔目是不同寻常的卵生哺乳动物，如今只剩下两个物种——针鼹和奇特的鸭嘴兽。
	3	**生育两次**
		斑鼯猴、袋鼯和鼯鼠长得非常相似，它们都用一层厚厚的皮肤膜当作降落伞，在树木之间滑翔，但这三种动物并不是近亲，相似的外貌也只是一个巧合。这种现象叫作趋同进化（convergent evolution），在哺乳动物中很常见。就是说原本不同的生物在**进化**中遇到了同样的问题，采取了同样的解决方法，便具有了相似的形态特征。
	4	**啮齿动物**
		啮齿动物有很多种形态，全球有2000多种，这些不同的形态让它们成为地球上最成功的动物类群。
	5	**踮脚行走**
		大约有24种中大型哺乳动物组成了奇蹄目，其中包括马、貘、犀牛、驴和斑马等。它们都是用脚尖行走（和奔跑）的食草动物。
	6	**灵长类**
		灵长类动物是科学家研究最多的哺乳动物，这一类群也包括人类。

真核生物 › 单鞭毛生物 › 后生动物 › 后口动物类 › 脊椎动物门 › 哺乳纲 › 有袋目

有袋类

有袋目

有袋目是唯一一种出生两次的动物,在离开母亲的子宫之后,它们还会在母亲皮肤上的育儿袋里继续发育一段时间。

当前位置

真核生物
单鞭毛生物

关键信息

- 有袋目大约有 335 个物种;
- 从仅有 10 厘米的侏儒袋貂到 2 米高的红袋鼠都属于有袋目;
- 有袋目的化石遍布全世界,但是现存的有袋目只分布在澳大拉西亚(澳大利亚、新西兰及太平洋岛国,译者注)和美洲。

样本

红颈袋鼠(red-necked wallaby)

具体内容

正在发育的有袋目动物只会在母亲的子宫里待很短的时间(12~42 天),然后它们会钻进特殊的育儿袋里,以母乳为食并完成最后的发育。几个月以后,它们会再次"出生",但只是直接从育儿袋里跳出来。

除此之外,有袋目动物在大多数方面与其他哺乳动物类似。它们包括有袋的鼹鼠、鼯鼠、狼、猫和食蚁兽等。在过去,甚至还有长有育儿袋的剑齿虎。

虽然有袋目的化石遍布全世界,但是现存的有袋目动物只分布于澳大拉西亚和美洲。在澳大利亚,有袋目动物的生存受到狐狸、猫和老鼠的威胁。科学家仍在试图弄清楚有袋目与其他哺乳动物拥有最后共同祖先的时间,以及是什么原因让它们分开并且在不同的道路上进化。在被广阔的海洋或者陆地隔开后的几百万年以来,有袋目都可能在南半球单独进化。与此同时,其他哺乳动物战胜并淘汰了留在北半球的有袋目动物。

共同特征

- 皮毛厚实;
- 乳腺和乳头藏在育儿袋的皮肤褶皱里;
- 比其他哺乳动物体温更低;
- 早期出生后,它们会在母亲的育儿袋里继续发育,并以母乳为食。

好邻居?

在澳大拉西亚,有袋目几乎存在于每一条食物链上,与真兽类哺乳动物在世界上其他地方的地位相似。最近,科学家发现人类和有袋目在基因上有着相似之处,这可能会成为了解和治疗一些人类疾病的关键。

真核生物域(真核生物)——真菌、动物和它们的亲属(单鞭毛生物)

#		
1	**鼠袋鼯**	鼠袋鼯是澳大利亚境内的一种小型负鼠，它们腿间巨大的皮肤膜展开时，可以让它们在森林里的树枝间滑翔。
2	**保育危机**	袋食蚁兽的舌头又长又细，就像铅笔一样。舌头上面覆盖了一层黏稠的液体，可以把巢穴里的白蚁粘在上面。袋食蚁兽曾经遍布澳大利亚，但如今在野外只剩下为数不多的几个种群。
3	**东袋鼬**	东袋鼬是一种皮毛上长有白色斑点的哺乳动物。几十年前，它们曾在澳大利亚大陆灭绝，现在由自然环境保护者将它们再次引入。
4	**贴着妈妈**	有袋类动物的幼崽会在母亲的育儿袋里待上差不多6个月。这期间，它们的嘴一直紧贴着母亲的乳头，这样就可以不停地吮吸乳汁。它们一出生便会紧贴着自己的母亲。1岁以前，考拉的幼崽都会趴在妈妈的背上。
5	**红袋鼠**	红袋鼠是现存有袋目哺乳动物中体型最大的，站起来能达到2米高。雄性袋鼠甚至比大部分人类都高。它们因双脚同时起跳的走路方式，以及通过拳击比赛赢得交配权而出名。

真核生物 〉 单鞭毛生物 〉 后生动物 〉 后口动物类 〉 脊椎动物门 〉 哺乳纲 〉 非洲兽总目

非洲哺乳动物

非洲兽总目

很多人认为这一页提到的哺乳动物不会是近亲，但是它们的基因信息告诉我们事实并非如此。

当前位置

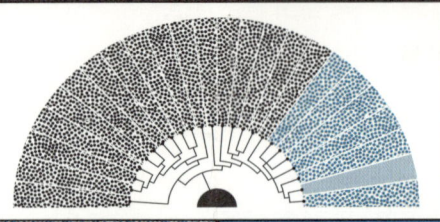

真核生物
单鞭毛生物

关键信息

- 非洲兽总目大约有 80 个物种；
- 从只有 5 厘米长的马岛猬到 7.5 米长的大象（地球上最大的陆地动物）都属于非洲兽总目；
- 在非洲、亚洲西部和东南部、其他一些大陆的海岸水域中均有分布。

样本

金毛鼹鼠（golden mole）

具体内容

马岛猬和刺猬很像，浑身都是刺。金毛鼹鼠和其他的鼹鼠一样，有小小的眼睛和强有力的爪子。虽然它们外表相似，但没有任何血缘关系。

通过研究基因组，生物学家证实了一个观点，即大象、蹄兔、象鼩、儒艮、海牛、土豚、马岛猬和金毛鼹鼠都是约 1 亿年前非洲哺乳动物的后裔。这些祖先可能与象鼩很相似。那时候，非洲与北半球的其他陆地隔离开来，因此那只幸运鼩鼱的后代就拥有了非洲这块可以自由支配的领土。

因为非洲哺乳动物之间的关系很近，所以在种类上也会更加丰富。其中体型最大的是食草动物，最小的是食肉动物，即使体型很小，它们一天也能捕食几百只昆虫。有些有厚厚的毛发，有些几乎没有毛发。有些过着独居生活，而有些以大家庭为单位过着群居生活。除了这些特征，它们之间还有很多差异。

如今这些大洲再次连接在一起，几百种其他种类的哺乳动物生活在非洲或者非洲周围，但非洲兽总目是一个非常特别的分支。你会惊讶地发现，大象与土豚的亲缘关系比大象和犀牛的亲缘关系更近！这是一个很好的例子，足以说明当我们在生命之树上溯源的时候，很容易被生物的外表欺骗。

共同特征

- 非洲兽总目的物种在外表上差别很大，但它们也有着一些惊人的隐含相似性，比如椎骨的数量、牙齿的形状，当然还有能显示出它们亲缘关系的遗传基因；
- 非洲兽总目的很多动物都有长长的、弯曲的鼻子或者吻部。

好邻居？

2500 年前，印度人驯化了亚洲象，将它们用于运输货物和打仗。虽然现在生活在非洲的大象从来没被驯化过，但一直有偷猎者为了获得象牙而捕杀它们。

1	**海牛**
	这些海洋生物的前肢特化为桨状的前鳍,让它们可以在水里游动,但是在前鳍的皮肤和肌肉里仍然有五个趾头。海牛以浅海中成片的海藻和海草为食,通常全家一起行动,数量最多可达100头。
2	**食虫动物**
	象鼩、马岛猬和金毛鼹鼠有非常灵敏的吻突,便于把虫子从落叶层或者泥土里挖出来。象鼩是根据它们长长的灵活的吻突来命名的,让人不禁联想到大象的鼻子。没有人会想到它们与大象的亲缘关系其实非常近。
3	**温柔的巨人**
	大象的身体能达到4米高、7米长,是世界上最大的陆地哺乳动物,即使没有长长的鼻子,它们也同样引人注目。大象的上嘴唇和细长的鼻子有很多用途,可以用来呼吸、喝水、嗅闻、抓取和拥抱。
4	**管状的嘴巴**
	土豚身上所有的器官都是为了捕食白蚁而生的,无论是强有力的用来挖开白蚁丘的爪子,还是能抓住很多白蚁的有黏液的长舌头。土豚为了吃到更多白蚁,甚至可以等一个星期让白蚁把窝修好!
5	**岩兔**
	蹄兔也叫岩兔,是食草动物,但有时候也把蟋蟀当作点心。它们有奇怪的会出汗的脚,以及味道难闻的皮毛。它们利用气味让其他蹄兔远离自己。如果这还不管用,便会使出尖叫、跺脚、磨牙或者到处大便等招数。

真核生物 > 单鞭毛生物 > 后生动物 > 后口动物类 > 脊椎动物门 > 哺乳纲 > 灵长目

灵长类动物

灵长目

这一个类群是广为人知的，因为我们也是其中一员！

当前位置

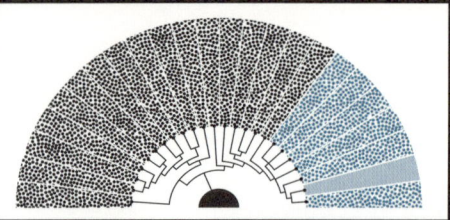

真核生物

单鞭毛生物

关键信息

- 灵长目有 600 多个种类和亚种类；
- 从 13 厘米的鼠狐猴到差不多 2 米高的大猩猩都属于灵长目；
- 人类的足迹遍布地球上每一个地方；其他大部分灵长类动物只分布于山林和草原这些地球上比较温暖的区域。

样本

山魈（Mandrill）

具体内容

人类也是灵长类动物，这意味着我们与这一分支中的其他动物有最近的亲缘关系。和我们一样，其他的灵长类动物也有较大的脑袋，眼睛、鼻子和嘴巴全部挤在一张脸上。它们也有短短的脖子和修长的四肢，后肢通常比前肢长。所有的灵长类动物都可以站立，这让它们的双手得到解放，可以做更多事情。

灵长类动物的双手非常重要。大拇指、大脚趾和其他手指或脚趾相对立，手指或脚趾顶部长有扁平的指甲，这让很多灵长类动物能够用手抓握东西。这双手还可以用来攀爬、摆荡、采集和抓取食物、梳理毛发、抱幼崽甚至制造和使用工具。除了人类和眼镜猴，大部分灵长目都可以用脚抓握。人类是唯一一种不会长时间待在树上的灵长类动物，因为我们的脚已经习惯了在地上行走和奔跑。我们的尾巴慢慢消失，就像其他的人猿一样，比如大猩猩、黑猩猩、倭黑猩猩和长臂猿。

几乎所有灵长类动物都喜欢群居生活（只有猩猩更喜欢独居）。在群居生活中，交流显得尤为重要。灵长类动物可以用声音、气味、姿势、面部表情、触摸和通过改变臀部的颜色来进行交流。在所有的交流方式中，人类的语言是最复杂的。

共同特征

- 眼睛朝前；
- 头（和大脑）相对体型来说显得很大；
- 一些灵长类动物有扁平的脸；
- 一些灵长类动物有突出的鼻子；
- 一些灵长类动物有胡须。

好邻居？

人类这一物种可能是地球上最差劲的邻居了。我们已经把很多物种（包括我们的灵长类同胞）逼入绝境，比如改变它们的栖息地、向居住的环境过度索取，以及排放过多本不应该在自然界中存在的污染物，甚至引起全球性的气候变化。

164 真核生物域（真核生物）——真菌、动物和它们的亲属（单鞭毛生物）

1	**新世界猴**
	像狨猴和蜘蛛猴这些新世界猴一般生活在森林里，它们的尾巴很长，具有卷握功能，可以辅助攀爬以及保持身体平衡。新世界猴食性较杂，食谱中包括树液和树胶。
2	**夜视能力**
	眼镜猴也叫作跗猴，它们可以将头旋转180°。眼镜猴的眼睛非常大，每一只眼睛都和它们的大脑一样重。极佳的夜视能力可以帮助它们精确地判断与猎物之间的距离。
3	**旧世界猴**
	旧世界猴包括狒狒、猕猴和叶猴。它们生活在不同类型的栖息地，包括会下雪的地方。旧世界猴中有一些是肉食性动物，甚至能通过团队协作共同捕猎小型猎物。
4	**指猴**
	指猴可能是最奇特的灵长类动物。它们用长长的、骨节分明的中指敲击树干，然后挖出藏在里面的蛴螬。它们也会倒挂着休息，就像蝙蝠一样。
5	**猩猩**
	与大部分灵长类动物不同，猩猩的前肢很长，可以让它们在热带雨林中荡来荡去。
6	**人猿**
	大猩猩、黑猩猩、倭黑猩猩和人类都属于灵长目中人猿这一分支，都可以用双腿站立。大猩猩是人猿中体型最大的，但它们其实是素食动物，主要以叶子、果实和树皮为食。

真核生物 › 单鞭毛生物 › 后生动物 › 后口动物类 › 脊椎动物门 › 哺乳纲 › **啮齿总目**

啮齿动物

啮齿总目

从受欢迎的宠物到令人讨厌的祸害,人们对啮齿动物的评价褒贬不一,但不可否认的是,它们是这个星球上进化最成功的生物。

当前位置

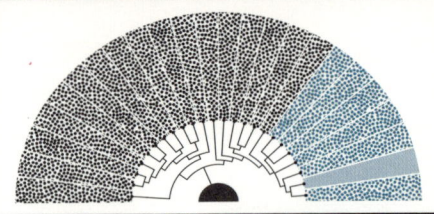

真核生物

单鞭毛生物

关键信息

- 啮齿总目大约有 2000 个物种;
- 从体长仅有 6 厘米的侏儒鼠到体长有 70 厘米的水豚都属于啮齿总目;
- 可以在所有生物群系和环境(包括一些极端环境)中发现它们的身影。

样本

鼠兔(pika)

具体内容

无论从种类还是个体数量上看,啮齿动物都是哺乳动物最大的一个类群。大部分啮齿动物都是小型哺乳动物,有圆筒状的身体、短短的腿和长尾巴。它们的四颗门牙会不停地生长,即使闭上嘴,这些牙齿也会露在外面。牙齿表面覆盖着一层厚厚的珐琅质,非常坚硬。它们的前腿是非常方便的工具,可以用来挠痒、挖洞、攀爬、抓取食物以及修建巢穴。

啮齿动物喜欢群居生活,通过共同协作来保卫自己的领地。它们用皮肤腺体发出的气味进行交流,这对群居的啮齿动物来说,是一种非常有效的交流方式。它们的繁殖速度非常快,家族成员的数量很庞大,一只雌家鼠一年可以产下 80 多只幼崽。

啮齿动物分为啮齿目(鼠类)和兔形目,二者有着很近的亲缘关系,兔形目包含家兔、野兔和鼠兔。与啮齿目相比,兔形目有毛茸茸的并且更短的尾巴,有脚掌而不锋利的爪子。虽然不能抓取和攀爬,但家兔和野兔可以用长而有力的后腿快速奔跑。在肠道细菌的帮助下,兔形目能够消化植物细胞壁里坚硬的**纤维素**,但是需要消化两次。因此它们排出并吃下自己的软便,以便于再次吸收其中的营养物质。

共同特征

- "可活动的"头骨上有长长的鼻骨;
- 坚硬的门牙可以一直生长;
- 长长的胡须可以感知外界;
- 嗅觉很灵敏;
- 啮齿动物非常擅长打洞,会在洞穴里安家和躲避捕食者。

好邻居?

许多啮齿动物是很受欢迎的宠物,为了获取它们的肉或皮毛,几千年来人们一直在捕杀或饲养它们。在医学和科学研究领域,啮齿类动物的存在具有十分重大的意义。比如,科学家对裸鼹鼠的细胞进行研究,希望解开它能够抵抗癌症侵袭的谜团。

#		
1	**最大的啮齿动物**	非洲冕豪猪大且坚硬的尖刺其实是它们的毛发。如果受到惊吓，豪猪会竖起这些尖刺，发出沙沙的声音，让人惊起一身鸡皮疙瘩。
2	**北极兔**	家兔和野兔有伪装色的皮毛。北极兔的皮毛会随着季节的变化改变颜色，在冬天的时候会变成白色，与雪融为一体。
3	**糟糕的名声**	对人类来说，许多啮齿动物都是有害物种，特别是那些在我们房子里打洞还偷吃我们食物的老鼠。自从科学家发现黑死病是由寄生在跳蚤身上的细菌（见第18页）引起，而这种跳蚤寄生在老鼠身上时，老鼠的名声就更臭了。
4	**无法停止**	啮齿动物的牙齿不会停止生长，并且非常坚硬。海狸能将一棵树的树干啃断，老鼠则会从内部把树掏空。
5	**家养宠物**	人类驯养豚鼠的历史已有6000多年，但它们成为宠物的时间还不长。如今人们饲养的叙利亚仓鼠，是20世纪30年代在野外发现的四只仓鼠的后代。
6	**社会性动物**	裸鼹鼠是一种毛发非常稀少的陆地哺乳动物，通常生活在沙漠的地底下。沙漠里昼夜温差很大，所以它们会在夜晚互相依偎取暖。脸上和尾巴上的胡须可以帮它们感知黑暗中周围的动静。

真核生物 ▸ 单鞭毛生物 ▸ 后生动物 ▸ 后口动物类 ▸ 脊椎动物门 ▸ 哺乳纲 ▸ **真盲缺目**

鼹鼠及其近亲

真盲缺目

当前位置

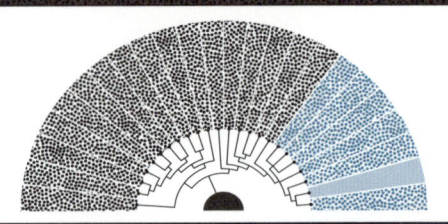

真核生物
单鞭毛生物

关键信息

- 真盲缺目大约有 450 个物种；
- 从只有 4 厘米长的小臭鼩到 45 厘米长的沟齿鼩都属于真盲缺目；
- 除了极地地区和澳大利亚，它们在所有的陆地栖息地里都有分布，有些物种则生活在淡水中。

样本

比利牛斯鼬鼹（Pyrenean Desman）

这些小动物都对同样的食物情有独钟，比如昆虫、蚯蚓和其他又脆又有嚼劲的小型无脊椎动物。

具体内容

真盲缺目是世界上最小的哺乳动物。科学家对它们非常感兴趣。哺乳动物的共同祖先可能是一种和鼩鼱长得很像的动物，它们就属于真盲缺目这一类群。

真盲缺目这个名字在希腊语里的含义是"真的看不见且肥胖"，但如果靠近观察，就会发现鼩鼱和它们的亲属实际上并没有这么弱小。真盲缺目包含会潜水的最小哺乳动物，如能够在冰冷的水里捕食昆虫幼虫的鼩鼱，还包含在火山喷发中存活下来的鼩鼱，以及在冬天食物短缺时让大脑萎缩、夏天恢复的鼩鼱。

真盲缺目的其他成员还有生活在地下的鼹鼠，浑身长满刺的刺猬，把吻部当作呼吸管潜水的麝香鼠，把植物从根部吃掉的田鼠，以及唯一一种有毒的哺乳动物沟齿鼩。

这些小小的哺乳动物需要很多能量，即使是体型最小的哺乳动物也需要每天吃下比自己还要重的食物。它们多数依赖嗅觉和听觉猎食，无论白天还是晚上，它们都可以从泥土里挖出昆虫和其他小动物。这一类群中的大部分成员都是独居动物，它们独自保卫着自己的领土，独自觅食，只有在繁殖期才会寻找伴侣。

共同特征

- 长而尖的吻部；
- 锋利的牙齿；
- 小小的耳朵和眼睛；
- 浓密的毛发；
- 短短的腿以及强有力的爪子。

好邻居？

科学家对这一类群的成员非常感兴趣，因为这些动物可以帮助人类了解到最早的哺乳动物是如何发展并进化得如此成功的。

#		
1	**最小的哺乳动物**	鼩鼱有上百个种类,并且一直有新的种类被发现。侏儒鼩鼱是世界上现存的最小的哺乳动物,它们只有2克重,跟两个回形针差不多重。
2	**星鼻鼹鼠**	星鼻鼹鼠几乎什么都看不见,但好在它们生活在黑暗的环境里,视觉基本上派不上用场,所以主要依赖其他感官。它们用鼻子上的触手来感知外部环境,每秒可以识别出几十种食物,以此来判断哪些可以吃。
3	**超级矿工**	鼹鼠擅长挖掘,它们有锥形的口鼻、扁平的头骨,眼睛很小(通常藏在皮毛下面),并且没有外耳。它们的前腿很强壮,爪子上有五个趾头。
4	**有毒的唾液**	沟齿鼩是真盲缺目里体型最大的成员,它们的腿很长,尾巴笔直,上面覆有鳞片。它和其他的哺乳动物最大的不同是可以分泌毒液,像毒蛇一样,它会用中空的锋利牙齿将毒液注入猎物身体里。
5	**带刺侍卫**	刺猬是真盲缺目里最受欢迎的一种动物,它们全身长满了刺,所以很容易识别。这些刺其实是刺猬的毛发,由角蛋白构成,与构成我们指甲的物质是同一种。每一只刺猬宝宝出生的时候也是带着刺的,只不过这些刺藏在皮肤下面。

真核生物 > 单鞭毛生物 > 后生动物 > 后口动物类 > 脊椎动物门 > 翼手目

蝙蝠

翼手目

蝙蝠是唯一一种具有飞行能力的哺乳动物，并且按照自己独特的生活方式在地球上生活了5000多万年。

当前位置

真核生物
单鞭毛生物

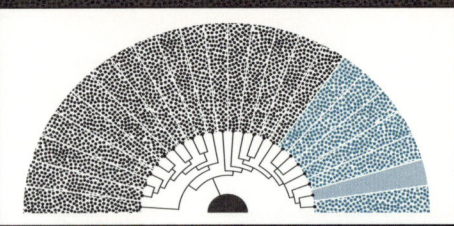

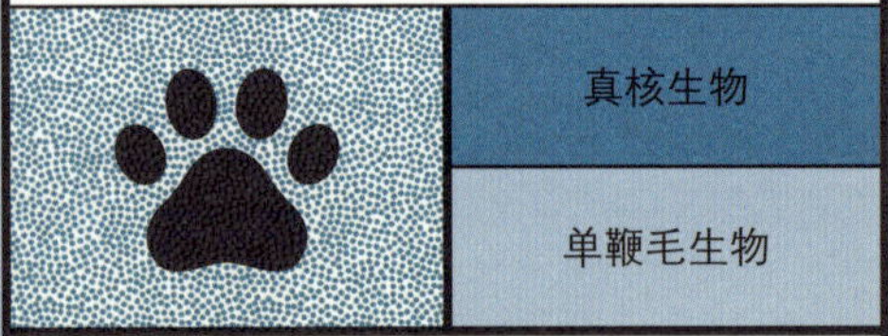

关键信息

- 翼手目大约有1300个物种；
- 体长从3厘米到42厘米不等，有些果蝠的翼展甚至可以达到1.5米；
- 分布于各种类型的栖息地中，包括城市建筑的缝隙中、阁楼里以及桥下。

样本

狐蝠（flying fox）

具体内容

蝙蝠是唯一一种能够像鸟儿一样飞翔的哺乳动物，在飞行中，它们的肌肉为翅膀供给力量。在它们前肢长长的趾头之间有一层延展性的皮肤膜，这些皮肤膜特化成翅膀。翼手目可分为两类，一类是"大蝙蝠"，也叫作狐蝠，它们有又长又尖的口鼻；另一类则是体型更小的"小蝙蝠"，它们的脸部更为扁平，长相也更加奇特。

几乎所有的蝙蝠都是夜行动物。作为超酷的夜间捕食者，它们拥有回声定位能力，能够用声音"视"物。蝙蝠的耳朵和鼻子上的皮肤有很多复杂的褶皱，可以帮助它们感知回声。它们发出高频的叫声，反射的回声可以为它们指引方向，帮助它们捉到猎物。夜晚，大部分食虫鸟类已经入睡，天空成了蝙蝠的领地，它们可以独享昆虫大餐。蝙蝠在夜间捕食的另一个原因是为了躲避捕食蝙蝠的鸟类。

蝙蝠有1000多个物种，它们以飞虫、小型动物、水果、花蜜或血液为食。和鸟类一样，蝙蝠也是社会性动物，它们经常以几万甚至几百万只为单位聚集。有的种类甚至有季节性迁徙的行为，这一点与鸟类非常相似。

共同特征

- 锋利的爪子；
- 有翅膀；
- 巨大的外耳可以捕捉到非常细微的声音；
- 和很多鸟类一样，新陈代谢很快。

好邻居？

蝙蝠是疾病的传染源，会将动物身上的疾病传染给人类，这让它们臭名昭著。蝙蝠也可以为香蕉、芒果、鳄梨和无花果这些植物授粉，捕食大量害虫，产生的粪便可以用作肥料，在这些地方都帮了人类大忙。

1 种子传播者

狐蝠是一种生活在热带地区的果蝠。它们以水果为食,并通过排泄物传播种子。在世界上很多地方,蝙蝠传播的种子比鸟类还要多。有些种子来自我们最喜欢的果实,比如用来制作巧克力的可可果。

2 叶子形状的鼻子

叶鼻蝠的鼻子上有造型奇特的叶状赘生物,科学家认为这可以帮助它们用回声进行定位,但目前还没有足够的证据来证明这一点。

3 倒挂着打瞌睡

蝙蝠在休息的时候倒挂在洞穴、树干或者屋顶,以此来躲避捕食者。和木栖鸟类一样,它们的脚在肌肉放松的时候会自动握紧,并用翅膀把自己包裹起来,就像人类用来保暖的斗篷一样。

4 吸血鬼

吸血蝙蝠其实并没有听起来那么可怕。这些蝙蝠只会在大型动物睡觉时,从它们身上吸食一点血液。在吸食血液的过程中,它们的唾液里含有一种特别的物质,可以防止血液凝固。科学家正在研究如何利用这种物质来治疗中风。

真核生物 › 单鞭毛生物 › 后生动物 › 后口动物类 › 脊椎动物门 › 哺乳纲 › **食肉目**

食肉动物

食肉目

这些以肉为食的动物可能很可怕，也很凶猛……也可能奇臭无比！

当前位置

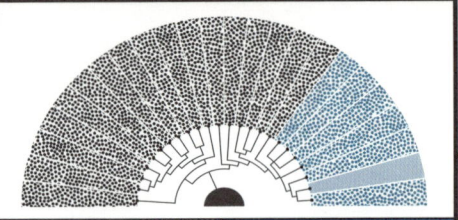

真核生物
单鞭毛生物

关键信息

- 食肉目大约有 300 个物种；
- 从最小的仅有 13 厘米的鼬到 6 米长的海象；
- 从两极地区到热带森林，食肉目生活在不同的生物群落中；有的物种在海洋里捕食，但大部分时间都待在岸上。

样本

长鼻浣熊（coati）

具体内容

大约 250 年前，科学家卡尔·林奈（Carl Linnaeus）把熊、獾和大型猫科动物这些捕食性动物命名为野生动物（Ferae），但科学家逐渐发现并证明了林奈这一分类中的许多动物并没有亲缘关系。如今的野生动物这一分类包含犬科动物、熊、浣熊、海豹、海狮、猫科动物和鼬这些食肉动物，以及让人意想不到的动物穿山甲。

大部分食肉目动物都是中型或者大型哺乳动物，是捕猎的好手。除了素食性的大熊猫，其他都以肉类为食。它们有很多种不同的牙齿类型，比如又长又尖的足以咬死猎物的犬齿，能把肉撕成碎片的尖锐的门齿，以及能把骨头咬碎的臼齿。

作为食物链顶端的捕食者，食肉动物是大多数生态系统非常重要的一环。它们能够控制食草动物的数量，死去的猎物又可以造福作为分解者的昆虫，以及像秃鹫（见第 186 页）这样的食腐动物。食物链的形状就像金字塔一样，越是靠近顶端动物越少。不仅如此，人类的扩张对这些动物的栖息地产生了很大的影响，让它们面临着灭绝的风险。

共同特征

- 有极佳的听觉、视觉和嗅觉；
- 前脚有五个趾头；
- 后脚有四个趾头；
- 有不同类型的牙齿，比如尖锐的犬齿；
- 有强有力的下颌，但只能上下开合，不能左右移动来磨碎食物。

好邻居？

尽管食肉目动物有着"野蛮"的天性，但也有部分成员成为让人喜爱的宠物。人类将部分犬科、猫科甚至鼬科动物驯化成了宠物。最开始，科学家认为原始人驯化狼是为了协助自己打猎，但现在他们认为狼可能是自己驯化了自己，因为在人类群落附近可以获得食物。

真核生物域（真核生物）——真菌、动物和它们的亲属（单鞭毛生物）

1	**海洋哺乳动物**
	海象、海豹和海狮都是鳍足类动物，和鲸鱼这种海洋哺乳动物，或者儒艮、海牛这些海牛目哺乳动物不一样，鳍足类动物会来到陆地上繁殖和休息。
2	**操心的父母**
	虽然成年的食肉类动物看起来非常凶猛可怕，但它们的幼崽非常弱小且没有自理能力，需要父母的照顾。食肉类动物的妊娠期很短，肚子里的幼崽重量很轻，所以雌性即使在怀孕期间也可以捕猎。
3	**没有存在感**
	熊类是肉食动物中最小的一个分支，目前在世界上只有8个种类，其中有6种濒临灭绝。大熊猫是其中唯一的素食性动物，其他的都是杂食性动物，以肉类和植物为食。
4	**浓烈的气味**
	陆地上的大多数食肉动物全身都覆盖了毛发，汗腺很少，但皮肤能够产生味道很浓烈的油脂。这些食肉动物正是依靠这些油脂的气味进行交流。一些动物的气味非常浓烈，它们甚至可以将其作为防御手段，例如臭鼬会向敌人喷出奇臭的液体。
5	**人类最好的朋友**
	现在的宠物狗拥有同一个祖先——野狼。通过挑选具有不同特征的狗来繁育，人类培育出了300多个不同的犬种。无论它们外表上差别有多大，本质上都是犬科动物。

真核生物 〉 单鞭毛生物 〉 后生动物 〉 后口动物类 〉 脊椎动物门 〉 哺乳纲 〉 鲸偶蹄目

偶蹄目动物

鲸偶蹄目

鲸鱼、海豚和生活在最干旱地方的哺乳动物之间有着最近的亲缘关系，这称得上是生命之树的一个奇迹。

当前位置

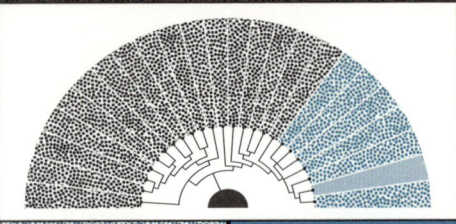

真核生物
单鞭毛生物

关键信息

- 鲸偶蹄目大约有 300 个物种；
- 从体长只有 45 厘米的鼷鹿到 30 米的蓝鲸都属于鲸偶蹄目；
- 这类动物在世界范围内广泛分布，其中也包括海洋，但澳大利亚和新西兰没有鲸偶蹄目动物，只能通过人为引进。

样本

河马（hippopotamus）

具体内容

你可能想不到鲸鱼和海豚也是偶蹄目动物，毕竟这一类群是根据趾头的数量命名的，但是猪、骆驼、羊、河马和鲸目动物（鲸鱼和海豚）的基因显示它们是近亲。这类动物每一只脚的蹄甲数为偶数，区别于有奇数数量蹄甲的哺乳动物，例如马、貘和犀牛，但有些动物的趾头数量是奇数还是偶数不太能看出来，比如，鲸鱼和海豚的趾头藏在鳍肢里面，而**反刍动物**每只脚的中趾都覆盖了一层角质外壳。

所有的反刍动物都有四个胃，里面有大量厌氧菌（见第 26 页）和其他微生物，有利于分解吃下的植物。反刍动物能够直接吞下草料或者植物，并且不用咀嚼。因为食物会在胃里分解，然后反刍到嘴里再次咀嚼。当它再次吞下食物，真正的消化才刚刚开始。反刍能让动物最大限度地吸收植物中的养分，所以它们能在食物匮乏的地方生存。

反刍动物能够在各种地方生存，鲸偶蹄目的其他动物已经习惯了在各种极端环境生存。比如河马是两栖动物，鲸目动物（鲸鱼和海豚）一生都生活在水里，而骆驼生活在世界上最干旱的地方——沙漠。

共同特征

- 偶数数量的趾头；
- 一些动物有蹄；
- 河马和反刍动物在消化食物前，需要让食物先在特殊的胃里发酵。

好邻居？

从用来驮物的骆驼和驯鹿到牛、羊、猪这些家畜，人类饲养偶蹄动物的历史已经有一万多年。这些动物也曾被大肆捕杀。在人类从地下开采原油之前，世界上的许多地方依靠鲸鱼的油脂为住房和街道照明，还作为早期的机器燃料来使用。

真核生物域（真核生物）——真菌、动物和它们的亲属（单鞭毛生物）

1	**极速逃杀**
	长颈鹿是最大的反刍动物，尽管体型很大，但它们一点都不笨重，奔跑的速度相当快，最快可达每小时60千米。包括鹿和羊在内的大部分反刍动物的体型都相对较小，所以能以极快的奔跑速度摆脱捕食者。有些反刍动物过着群居生活，这种生活方式可以更好地抵御强敌和保护幼崽，从而降低被捕食的概率。
2	**海洋动物**
	鲸目动物（鲸鱼和海豚）一生都生活在海里，但它们看起来更像鱼而不是哺乳动物，因为它们的四肢已经特化为鳍。鲸目动物的乳腺隐藏在乳腺裂中，借助厚厚的皮下脂肪来保暖。鲸鱼和海豚都通过头骨上方的喷水孔来呼吸。
3	**牙齿武器**
	疣猪、野猪和家猪的毛发比反刍动物更少。和它们的河马表亲一样，有的疣猪有可以一直生长的犬齿（獠牙），一般用于自我保护。
4	**沙漠中的生命**
	双峰骆驼和单峰驼（只有一个驼峰的骆驼）对环境有很强的适应性，这可以帮助它们在地球上最干旱、最艰难的条件下存活下来。它们会吃掉自己的鼻涕，避免任何水源的浪费。

真核生物 〉 单鞭毛生物 〉 后生动物 〉 后口动物类 〉 脊椎动物门 〉 蜥形类

蜥形动物

蜥形类

当前位置

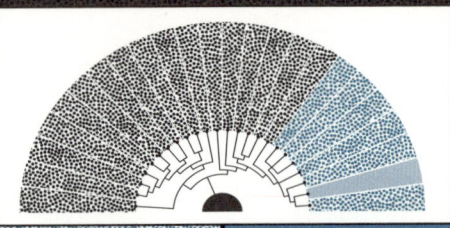

真核生物
单鞭毛生物

关键信息

- 从只有2厘米长的变色龙到超过6米的湾鳄都属于蜥形类；
- 广泛分布于陆地各处，包括这个星球上最寒冷、最炎热、最干旱以及海拔最高的地方；也有不少蜥形动物栖息在开阔海域里，但是没有完全生活在水下的物种。

样本

棘蜥（Thorny Devil Lizard）

这一页中所绘制的动物从传统意义上来讲应该叫作"爬行动物"，但是有一些动物看上去和爬行动物一点关系都没有。

具体内容

让我们跳过生命之树上的哺乳动物分支，进入一个更大的分支——蜥形类动物，其中有些也叫作"爬行动物"，但是它们真的是爬行动物吗？爬行动物有带刺的皮肤，它们之间并不像我们认为的那样有很近的亲缘关系。随着科学家对化石和**分子**的进一步研究，我们发现比起与海龟、蜥蜴等爬行动物的关系，鳄鱼与鸟类的亲缘关系要近得多。这就意味着如果我们想要继续使用爬行动物这个名字，就要把鸟类也归入爬行动物中。

这种分类方法听起来有点奇怪，所以大多数科学家会更倾向于使用"蜥形类"这个名字。鸟类看起来似乎不属于蜥形类，但是深入其中，你会发现所有蜥形类动物其实拥有一个共同祖先。它们都有带鳞片的干燥皮肤，趾头顶端有爪子，甚至鸟类的羽毛也是一种鳞片。

鳄鱼是鸟类关系最近的亲属，它们也是蜥形类中古龙这一分支唯一现存的动物。几百万年前，古龙这一分支中还包含翼龙和恐龙。翼龙在6500万年前已经完全灭绝，而鸟类被认为是最后的恐龙。现在大约有一万种鸟类，这让它们成为星球上了不起的爬行动物。你可以在本书的第182~187页了解鸟类的更多信息。

共同特征

- 头骨上的小开口位于眼睛上方；
- 大部分是卵生动物；
- 每一只眼睛都有第三层眼睑，它们由特殊的肌肉控制；
- 干燥的、有鳞片的皮肤（羽毛是特殊的鳞片）。

好邻居？

人类从一些鸟类那里获取肉和蛋。很多鸟类、海龟、乌龟、蜥蜴、蛇和壁虎都是很受欢迎的宠物。甚至是已经灭绝的蜥形类动物也对人类产生了很大的影响。1824年，人类首次对恐龙命名，在这之后恐龙一直是故事、玩具店和博物馆里的大明星。

1	**杀戮机器**
	鳄鱼是现存最大的蜥形类动物。它们的身体已经习惯了在水中捕食，它们的眼睛和鼻孔长在脑袋上方，巨大的肺可以让它们在水里憋气长达1小时。
2	**硬壳**
	海龟、淡水龟和乌龟有尖尖的喙，龟壳分为上、下两部分，可以保护它们的身体。乌龟生活在陆地上，海龟和淡水龟大部分时间生活在水里，但会在产卵的时候回到陆地上。
3	**关于翅膀的猜想**
	通过对比不同物种的DNA，科学家绘出了进化论之树，得出的结论是鸟类和鳄鱼是近亲。
4	**三只眼睛**
	世界上的两种大蜥蜴自成一派。它们有其他蜥蜴所没有的奇怪特征，比如脑袋顶端有第三只眼睛，上面覆盖着有鳞片的肌肤。这些大蜥蜴只生活在新西兰附近的岛屿上，经常与一种叫作海燕的海鸟共享巢穴。
5	**隐藏的线索**
	从外表上看，鸟类和其他爬行动物可能不太相似。从身体内部构造来看，鸟类骨骼的排列方式和兽脚亚目恐龙很像，和它们的近缘物种鳄鱼也很像。
6	**好多蜥蜴**
	鳞龙亚目或者叫作"有鳞的蜥蜴"，包含有鳞目（见第178页）这一庞大的类群，其中囊括了壁虎、蜥蜴和蛇等动物。

真核生物 > 单鞭毛生物 > 后生动物 > 后口动物类 > 脊椎动物门 > 蜥形类 > 有鳞目

有鳞爬行动物

有鳞目

蛇、蜥蜴和蚓蜥体表覆盖的鳞片，是它们能够在炎热干燥地方生存的法宝。

当前位置

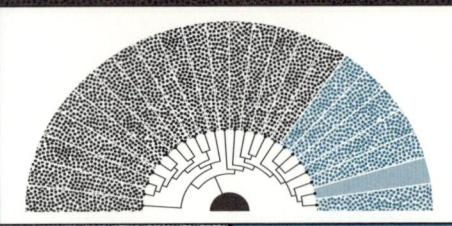

真核生物

单鞭毛生物

关键信息

· 有鳞目有7000多个物种；
· 从体长不到3厘米的壁虎到9米的水蚺都属于有鳞目；
· 除了南极洲，在各大洲均有分布。

样本

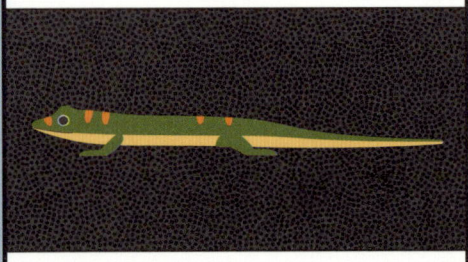

金粉日行守宫（Gold dust day gecko）

具体内容

蜥蜴、蛇及其近缘物种有能打洞的、爬树的、在海里游的、在空中滑行的，甚至还有能在水面上奔跑的！但当你意识到蛇和蚓蜥没有四肢的时候，你才会觉得这些运动方式真是令人印象深刻。它们用身体表面的鳞片抓住地面，扭动满是肌肉的身体来前进。

有鳞目中也包含如今现存的最长的陆地动物水蚺和蟒蛇，但以前的有磷动物体型更大。其中还包括海蛇和沧龙，二者都是大型海洋生物。

"蜥蜴"也是很多来自不同类群的动物的名字，无论是沙漠还是热带雨林中均有分布。为了在这些差别巨大的环境中生存，蜥蜴演化出了不同的身体特征，但都拥有共同祖先的特征。与哺乳动物和鸟类不同，它们无法从内部调节体温，但可以通过行为方式来调节，比如通过晒太阳或者趴在温暖的石头上取暖，躲在有荫蔽的地方降温。而生活在寒冷之地的有鳞动物经常会用冬眠的方式度过冬天。

共同特征

· 细长的身体和尾巴；
· 角质的鳞片；
· 有用来嗅闻的分叉的舌头；
· 大多数是卵生动物；
· 利用行为方式和环境来调节体温。

好邻居？

蛇类通常是一个可怕的存在，因为它们大部分有毒。每年大约有540万人被蛇咬伤，其中有13.8万人在被咬后死亡。这些蛇毒里的化学物质也可用于研制对人类有用的药物，比如，科莫多巨蜥的毒液可能有一天也能在医学领域发挥它的价值。

真核生物域（真核生物）——真菌、动物和它们的亲属（单鞭毛生物）

1	**会飞的蜥蜴** 飞蜥的肋骨很长，它们从身体两边突出来，将皮肤撑开形成两片"翼膜"，可以让蜥蜴在树间滑行60米远。
2	**海鬣蜥** 海鬣蜥是唯一一种会在海里寻找食物的蜥蜴，它们以海水中岩石上的红藻和绿藻为食。它们将从食物中摄取到的盐分喷出，避免盐分在身体内堆积。
3	**变色** 变色龙除了可以通过改变身体颜色来表达自己的心情，还演化出了适合抓握树枝的脚。这种蜥蜴可以从嘴里把舌头弹射出去，将远处的猎物抓住。
4	**蓝舌石龙子** 石龙子是穴居蜥蜴，身体看上去比壁虎更圆润。它们窄窄的脑袋、小小的眼睛和光滑的、闪光的鳞片都是为了适应地下生活而演化出来的。
5	**科莫多巨蜥** 和其他有鳞爬行动物一样，科莫多巨蜥会来回吐出分叉的舌头，这是为了采集空气中细小的化学物质信息。它们的上颚中有一个特殊器官，能够感知到这些化学物质，这个器官能够增强它们的嗅觉，甚至闻到埋藏在地下的食物味道。
6	**蚓蜥** 无脚蜥这样的蚓蜥其实比石龙子更适合穴居生活。它们中的绝大多数都没有四肢，皮肤松松垮垮的，可以通过伸缩来抓住泥土往前爬行。

真核生物 > 单鞭毛生物 > 后生动物 > 后口动物类 > 脊椎动物门 > 蜥形类 > 有鳞目 > 蛇亚目

蛇类

蛇亚目

蛇类有细长的身体,没有脚,这让它们很容易辨认,这点倒是帮人类规避了很多风险,因为部分蛇类是有毒性的。

当前位置

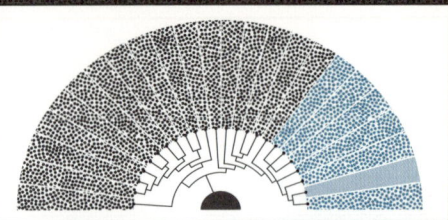

真核生物

单鞭毛生物

关键信息

- 蛇亚目大约有 3400 个物种;
- 从 10 厘米的细盲蛇到 10 米长的巨蟒都属于蛇亚目;
- 除了爱尔兰、新西兰、一些岛屿和南极洲外,蛇亚目分布于部分岛屿以及所有陆地上。

样本

颊窝蝮蛇(pit viper)

具体内容

蛇类的共同祖先可能是有脚的蜥蜴。而蛇类的身体与没有脚的蜥蜴很像,但有一处不同。蛇类的头骨上缺少一根骨头,所以它们可以把颌骨张到很大,这样就可以吞下比它们脑袋还大的猎物。而且蛇类的身体和尾巴也比大多数蜥蜴的更长。

尽管蛇类捕猎的方式不同,但它们都是凶猛的捕食者。大约有 600 种蛇类会用巨大的尖牙将毒液注入猎物的身体,但大部分蛇类都是无毒的,它们用力量压制猎物,将猎物活活绞死。

一些蛇类生活在地下,另一些生活在树上或者洞穴里,也有不少蛇类生活在海里。蛇类非常灵敏的感官助了它们一臂之力,除此之外,它们也有另一种能力,即"看见"热红外线的能力。即使是在晚上,它们也能够看见猎物。

为了躲避天敌和偷袭猎物,蛇类通常选择伪装起来,藏在地底下或者只在夜晚捕猎。蛇类虽然没有四肢,但它们在地上、地下甚至水里都十分灵活,有些蛇类可以爬上几乎垂直的石墙,有些还能爬树。

共同特征

- 无法移动的眼睑;
- 没有四肢;
- 耳朵没有开口;
- 非常灵活的颌骨和头骨,能够将大型猎物一口吞下;
- 可以嗅闻的分叉的舌头;
- 大部分蛇类只有一个肺;
- 有一些蛇类能够用叫作窝器的感受器"看见"猎物身体产生的热红外线,这让它们在夜晚也能捕食温血动物。

好邻居?

如果人类离蛇类远一点,就不会造成很大的威胁。一些人甚至会把蛇当作宠物。蛇类是重要的捕食者,它们可以让生态系统保持平衡。不仅如此,一些蛇的毒液还会被提取用来研制药物,比如用于治疗毒蛇咬伤或治疗高血压和心脏疾病。

真核生物域(真核生物)——真菌、动物和它们的亲属(单鞭毛生物)

#	
1	**毒牙**
	毒蛇通常用巨大且中空的尖牙将毒素注入猎物体内。也有很多蛇类将毒液直接喷射出来，例如唾蛇，也叫作射毒眼镜蛇。
2	**巨口**
	蛇类的下颌非常灵活，能让它们吞下比自己的头部还要大的猎物。在这个过程中，猎物经常还活着，但是蛇类向后弯曲的牙齿能够确保猎物只能往一个方向移动。
3	**卵生**
	和其他有鳞目动物一样，大多数的蛇都是卵生的，但有一些蛇如黄蝮海蛇，可以让卵在体内发育和孵化，然后直接产下幼崽。也有许多蛇类只有雌性，它们的卵不需要受精也能孵化，这种特别的生殖方式叫作孤雌生殖。
4	**致命的抱抱**
	巨蟒很擅长攀爬和游泳。它们的身体紧紧地缠绕在猎物身上，以此来切断猎物大脑的血液供应，通过慢慢地挤压让猎物窒息而死。
5	**巧妙的伪装**
	伪珊瑚蛇在演化的过程中与有剧毒的珊瑚蛇越来越像，这种伪装可以吓退捕食者。

真核生物 > 单鞭毛生物 > 后生动物 > 后口动物类 > 脊椎动物门 > 蜥形类 > **鸟纲**

鸟类

鸟纲

翅膀让这些会飞的"爬行动物"征服了陆地、水域和天空。

当前位置

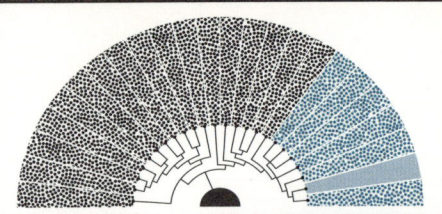

真核生物

单鞭毛生物

关键信息

· 鸟纲大约有 1.1 万个物种；
· 从体长仅有 5 厘米长的蜂鸟到 3.6 米长的巨型恐鸟都属于鸟纲；
· 有了翅膀的帮助，鸟类几乎可以在任何地方定居、繁殖和捕食。

样本

角海鹦（puffin）

具体内容

和其他四足动物一样，鸟类也有四肢，但是它们的前肢特化成了翅膀。大多数鸟类都很擅长飞行，这种超能力能让它们在所有陆地上栖息，其中也包括受到污染的城市、有毒的盐湖以及南极的冰雪大陆，而除了鸟类，没有任何陆地哺乳动物能在这些地方生存。甚至连开阔的海域也是企鹅和海鸥等鸟类的捕猎场地。

有些海鸟主要以鱼类和海岸附近的甲壳动物为食，而另一些鸟类的食物种类非常丰富，不仅有果实、种子和昆虫，也有哺乳动物和爬行动物。对于鸟类的好胃口而言，虫子这类食物就像零食一样，这有助于把昆虫的数量控制在适当的范围。它们也能帮助开花植物授粉和传播种子，主要是通过吃下果实，然后将无法消化的种子排出。有许多开花植物（见第 68 页）为了吸引鸟类来啄食，选择长出红色的花和果实，因为对于鸟类来说，红色是一种很显眼的颜色。

鸟类没有牙齿。它们依靠形状特别的喙或嘴来抓取食物，然后用砂囊（鸟类体内的一个器官，也叫作肌胃）将吞下去的食物磨碎。鸟类的羽毛有伪装和保暖作用。许多鸟类的羽毛颜色都非常艳丽，一般雄鸟和雌鸟看起来差别非常大。科学家认为这可以让鸟类更容易认出自己的同类，以及吸引异性。

共同特征

· 有翅膀，大部分鸟类都可以飞行；
· 骨头是中空的，所以重量很轻；
· 没有牙齿，颌骨上有一个布满角质的喙；
· 巨大的胃上有一个砂囊，可以用来"嚼碎"食物；
· 皮肤上覆盖了羽毛和鳞片。

好邻居？

鸟类不仅是重要的食物来源，在很多领域还扮演着非常重要的角色。比如鸟类的卵（蛋）曾在医学史上发挥了重要的作用，它们曾被用于生产疫苗。海鸟的粪便一直是农作物的优质肥料。鸟类也为人类带来了足以改变世界的发明，例如用鸟类飞羽制成的羽毛笔。

真核生物域（真核生物）——真菌、动物和它们的亲属（单鞭毛生物）

1	**了不起的喙**
	鸟类的喙与它们的食性密切相关。例如，蜂鸟的喙又细又长，便于吸食花蜜；金刚鹦鹉的喙呈钩状且力量很大，可以打开坚果和种子的外壳；火烈鸟的喙很特别，虽然也呈钩状，但内侧边缘有叫作"栉板"的特殊结构，便于从水中滤食藻类等食物。
2	**大规模迁徙**
	极佳的飞行能力能帮助鸟类进行大规模的迁徙，而迁徙的目的是找到食物充足、适合繁衍的地方。北极燕鸥（Arctic tern）会在每年迁徙的时候从北极飞到南极，再回到北极！
3	**艳丽的羽毛**
	鸟类的羽毛主要由角质构成，蛇和蜥蜴的鳞片、哺乳动物的皮毛、爪子和指甲也是由这种坚硬的蛋白质构成的。同一个物种中雄性和雌性的羽毛差别很大，例如孔雀。
4	**不会飞的鸟**
	虽然所有的鸟类和它们的共同祖先一样都有翅膀，但部分鸟类在演化中失去了飞行能力。这些无法飞行的鸟类一般很擅长奔跑或游泳，南方食火鸡对这两种运动方式都很擅长。
5	**卵生动物**
	鸟类产下带有硬壳的卵，这些卵需要在适宜的温度下才能被孵化出来。无论孵出的幼崽能否走路和进食，在它们成年以前，会一直由父母照看。鸟类的生长速度很快，幼崽在一年或者不到一年的时间里就能长到成年体型，这有利于鸟父母很快从照顾幼崽中脱身，从而再次繁殖。

真核生物 〉 单鞭毛生物 〉 后生动物 〉 后口动物类 〉 脊椎动物门 〉 蜥形类 〉 鸟纲 〉 雀形目

木栖鸟类

雀形目

当前位置

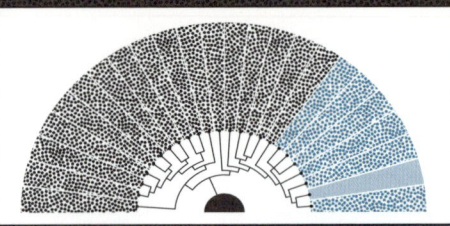

真核生物

单鞭毛生物

关键信息

- 雀形目大约有 6000 个物种；
- 从体长仅有 6.5 厘米的短尾侏霸鹟到体长 70 多厘米的渡鸦都属于雀形目；
- 广泛分布于世界各地，特别是有树的地方。

样本

蓝脸吸蜜鸟（blue faced honeyeater）

超过一半的鸟类都属于雀形目。这一类群包含所有鸣禽，它们因复杂且悦耳的叫声为人们所知。

具体内容

我们在生活中看到的大部分鸟类（如乌鸦、喜鹊、知更鸟和椋鸟）都属于雀形目，它们一般栖息在树上、电线上和花园里。"木栖鸟类"这个名字源于它们特殊的脚趾，这些脚趾能够自动收紧，牢牢抓住所在的树枝或者电线，让它们不会在睡觉的时候掉下去。

木栖鸟类的脚功能相同，它们的种类也非常丰富。木栖鸟类的身体构造（羽毛和喙）和习性高度适应了它们的栖息地和食物。有的木栖鸟类以昆虫为食，可以用喙插入泥土中，挖出里面的虫子；有的可以将嘴张得很大以抓住半空中飞舞的虫子；有的可以用坚硬、短而粗的喙把坚果和种子啄开；有的鸟类有长长的精巧的喙，可以让它们吸食花蜜时不毁坏花朵。

即使你没有见过它们，你也可能听过它们的叫声，这些鸣禽会在每天清晨的时候呼朋引伴，发出响亮的叫声。每一种鸣禽的叫声都是独一无二的，可以用来吸引异性以及保卫领地。鸣禽有堪称动物界中最复杂和聪明的大脑。有的鸣禽甚至能够学会几百种不同的音调和叫声。对鸟类大脑的研究，可以帮助我们了解人类的大脑是如何学习和使用语言的。

共同特征

- 三趾朝前；
- 一趾朝后；
- 能够自动抓紧树枝的脚；
- 对于它们的体型来说较大的脑部、心脏和肺；
- 食虫鸟类的视力通常是最好的。

好邻居？

通过对木栖鸟类的身体和行为进行研究，科学家对人类大脑学习语言的方式，以及动物的新陈代谢机制（动物是如何从食物中获取和使用能量的）都有了更深入的了解。

真核生物域（真核生物）——真菌、动物和它们的亲属（单鞭毛生物）

1 涡轮增压

北美红雀是一种木栖鸟类，因其亮红色的羽毛而闻名。和其他木栖鸟类一样，它们的能量消耗得非常快。与哺乳动物相比，北美红雀的各项身体数值都很高，无论是体温（最高可达42℃）、心脏大小（是同体型哺乳动物的两倍大）还是肺部体积（非常大，甚至延伸到了腿骨处）。

2 筑巢

木栖鸟类的幼鸟没有自理能力，身上的羽毛很少。鸟父母会修建巢穴，在幼鸟完全长大之前保护和照顾它们。

3 声音制造者

华丽琴鸟的名字来源于它们动听的歌声，但它们最擅长的其实是模仿各种声音，无论是其他鸟类的叫声还是机器发出的声音，比如电锯声和手机铃声都能模仿。雄性华丽琴鸟在求爱时会向雌性展示它们长长的尾羽。

4 鸟类的大脑

乌鸫和渡鸦有对于它们的体型来说非常巨大的脑部，也因为极高的智商而出名。它们甚至能够学会使用工具和玩耍。

5 鸟粪

鸟类的尿液是糊状的，这种排泄方式可以减少水分的流失。你看到的鸟类的白色"粪便"大概率是鸟类的尿液。

真核生物 › 单鞭毛生物 › 后生动物 › 后口动物类 › 脊椎动物门 › 蜥形类 › 鸟纲 › **鹰形目**

昼行性猛禽

鹰形目

这些出色的捕食者有着极佳的视力，能够在白天捕食猎物。

当前位置

真核生物
单鞭毛生物

关键信息

- 鹰形目大约有 250 个物种；
- 从身体大小只有 20 厘米的侏儒鹰到 1 米多的角雕都属于鹰形目。康多兀鹫的臂展能达到 3 米宽；
- 除了南极洲，在世界上各类栖息地中皆有分布。

样本

康多兀鹫（Andean condor）

具体内容

鹰形目这一进化枝中包含雕、鹰、鹫、鸢、秃鹫以及大多数在白天捕猎的中大型猛禽。这些食肉动物有短短的钩状喙，用又长又锋利的爪子抓住并撕碎猎物。它们也有宽阔且强健有力的翅膀，可以让它们在空中翱翔以及滑行很长的距离。昼行性猛禽的视觉十分敏锐，可以在高空中发现地面上的猎物。黑白兀鹫是世界上飞得最高的鸟类。它们能够借助暖气流（上升的暖空气）飞上 4 千米的高空。在这种高度，它们甚至可以同飞机打照面。

大部分昼行性猛禽在树上修建巢穴，实行"一夫一妻制"，与同一位伴侣相守一生。它们一次不会产下很多卵，以便于鸟父母更精心地照顾卵和幼鸟。幼鸟并非完全不能自理，但即使是这样，它们在离开了巢穴之后也需要花很长时间学会捕猎。

昼行性猛禽食性很杂，从昆虫和其他小型动物到鱼类，大型哺乳动物（例如树懒和猴子）和小型鸟类再到水果都是它们的食物。秃鹫是昼行性猛禽里食性最奇怪的，通常以死去的动物为食，而不是靠自己捕食猎物。

在最初研究鸟类 DNA 的时候，科学家非常惊讶地发现，隼并不是其他昼行性猛禽的近亲，而是鹦鹉的近亲。

共同特征

- 钩状的喙；
- 极佳的视力；
- 宽大的翅膀；
- 短而强壮的腿；
- 锋利的爪子；
- 雌性的体型比雄性大。

好邻居？

人类驯养猛禽已经有几千年的历史。一开始，鹰这样的猛禽是被训练帮助人类狩猎的。如今鹰被训练解决一些新问题，例如把小型鸟类从机场跑道上赶走。许多猛禽生活在城市里，在那里它们可以捕食生活在人类附近的小型鸟类和哺乳动物。

1	**抓牢了**	鹗能在扎进水里的一瞬间将鱼抓住。它们的脚下有锋利的骨刺或者"骨针",能够在寻找落脚点用餐时防止鱼从脚下挣脱。
2	**超慢餐**	尽管秃鹫都以死去的动物为食,但这并不代表所有的秃鹫都是近亲。总的来说秃鹫可以分为两大类,即旧大陆秃鹫和新大陆秃鹫(New World vulture),它们在栖息地里填补了相似的生态位,于是逐渐进化出了相同的生活方式。
3	**慢餐**	猛禽钩状的喙便于啃咬和撕扯以及杀死猎物。食蜗鸢的喙可以将蜗牛的肉从壳里撬出来。
4	**可怕的利爪**	雕、鹰、鸢将锋利的爪子刺入猎物的身体,让它们立刻丧命。角雕的爪子甚至有灰熊的爪子那么大。
5	**秘书鸟**	大部分猛禽的腿都很短,但是秘书鸟的腿非常长,就像踩着高跷一样。它用自己的大长腿和巨大的爪子踩死猎物,比如蜥蜴、蛇和大型昆虫,并且保证自己的身体不受到任何伤害。

真核生物 > 变形虫界

阿米巴

变形虫界

显微镜下的变形虫就像某种外星生物，它们和我们体内的白细胞非常相似。生命之树解释了原因，它们与一些动物有着最近的亲缘关系。

当前位置

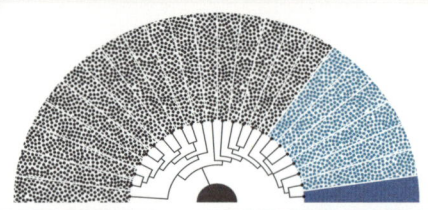

真核生物

单鞭毛生物

关键信息

- 变形虫界大约有 2000 个物种；
- 一只单细胞变形虫最多能长到几毫米，但黏菌能延伸几平方米；
- 除了极端环境，变形虫在淡水和海洋**栖息地**，泥炭地和土壤里均有分布。

样本

大变形虫（Amoeba Proteus）

具体内容

"变形虫"这个名字是所有能够通过改变细胞形状来移动（而不是利用鞭毛或者纤毛来移动）的团状原生生物的统称，变形虫又名阿米巴。大部分阿米巴都属于变形虫界这一分支。

我们很容易在自然界中找到变形虫。捧起一小堆泥土或者落叶，又或者从池塘里舀一些水，你会发现里面有几百种不同的变形虫。早在植物从水里来到陆地之前，变形虫的祖先就已经生活在陆地上了。如今它们大范围地栖息在有水或者潮湿的地方，例如水箱、下水道、隐形眼镜盒、冷却塔、游泳池甚至是人类的鼻腔和喉咙里。

变形虫的身体部位没有不同的分工，它们依靠变形能力来进行各项工作。比如，它们没有细小的鞭毛或者纤毛帮助它们移动，但可以改变细胞的形状并形成"伪足"，这些伪足能伸出体外并且固定在离自己更远的物体上前进，然后它们通过改变体内溶胶质的位置，将整个身体拖到新的位置上。变形虫同样能够改变身体的形状，将食物的颗粒包裹住，然后将食物整个儿吞食或者"吞噬"。

大多数变形虫都喜欢独居，并通过简单的二分裂方式进行繁殖。有些变形虫则更喜欢群居，比如黏菌。它们聚集在一起形成黏糊糊的团状物，能够比单个的变形虫移动得更快。有一些甚至能够形成像真菌一样的子实体（见第90页）。

共同特征

- 能够形成"伪足"，这些"伪足"长得就像管子或者扁平的脑叶，从细胞表面伸出来；
- 不少物种有一种叫"介壳"的保护外壳；
- 有些能够形成子实体，并通过释放孢子来繁殖。

好邻居？

大多数变形虫生活在土壤里，能够消化里面的细菌，然后将养分排出，从而让土壤保持肥沃。只有少数变形虫是能够引起疾病的寄生虫，其中包括溶组织内阿米巴，如果它们进入人类的肠道就会引起阿米巴痢疾。

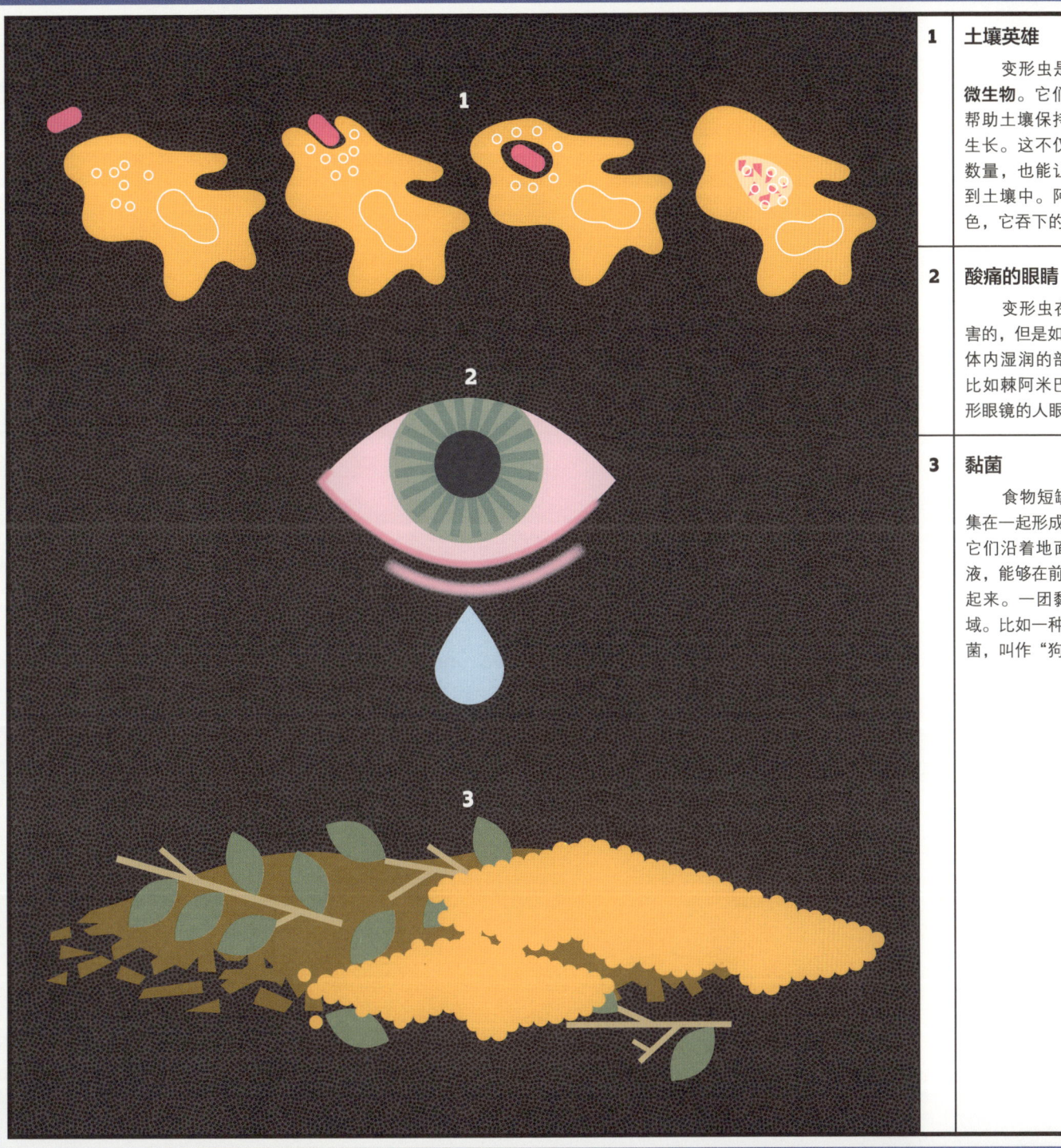

1	**土壤英雄**
	变形虫是土壤中最常见的真核**微生物**。它们通过吞噬大量细菌来帮助土壤保持肥沃，更有利于植物生长。这不仅能控制土壤里细菌的数量，也能让细菌收集的**养分**回归到土壤中。阿米巴在显微镜下呈黄色，它吞下的细菌则呈粉色。
2	**酸痛的眼睛**
	变形虫在土壤和水里往往是无害的，但是如果它们不小心进入我们体内湿润的部位，就会引发疾病。比如棘阿米巴属的物种会让使用隐形眼镜的人眼部被感染。
3	**黏菌**
	食物短缺时，一些变形虫会聚集在一起形成队伍庞大的"黏菌"。它们沿着地面延伸，就像一团团黏液，能够在前进的时候把食物颗粒举起来。一团黏菌能覆盖几米宽的区域。比如一种生活在森林地面上的黏菌，叫作"狗呕吐物"黏菌。

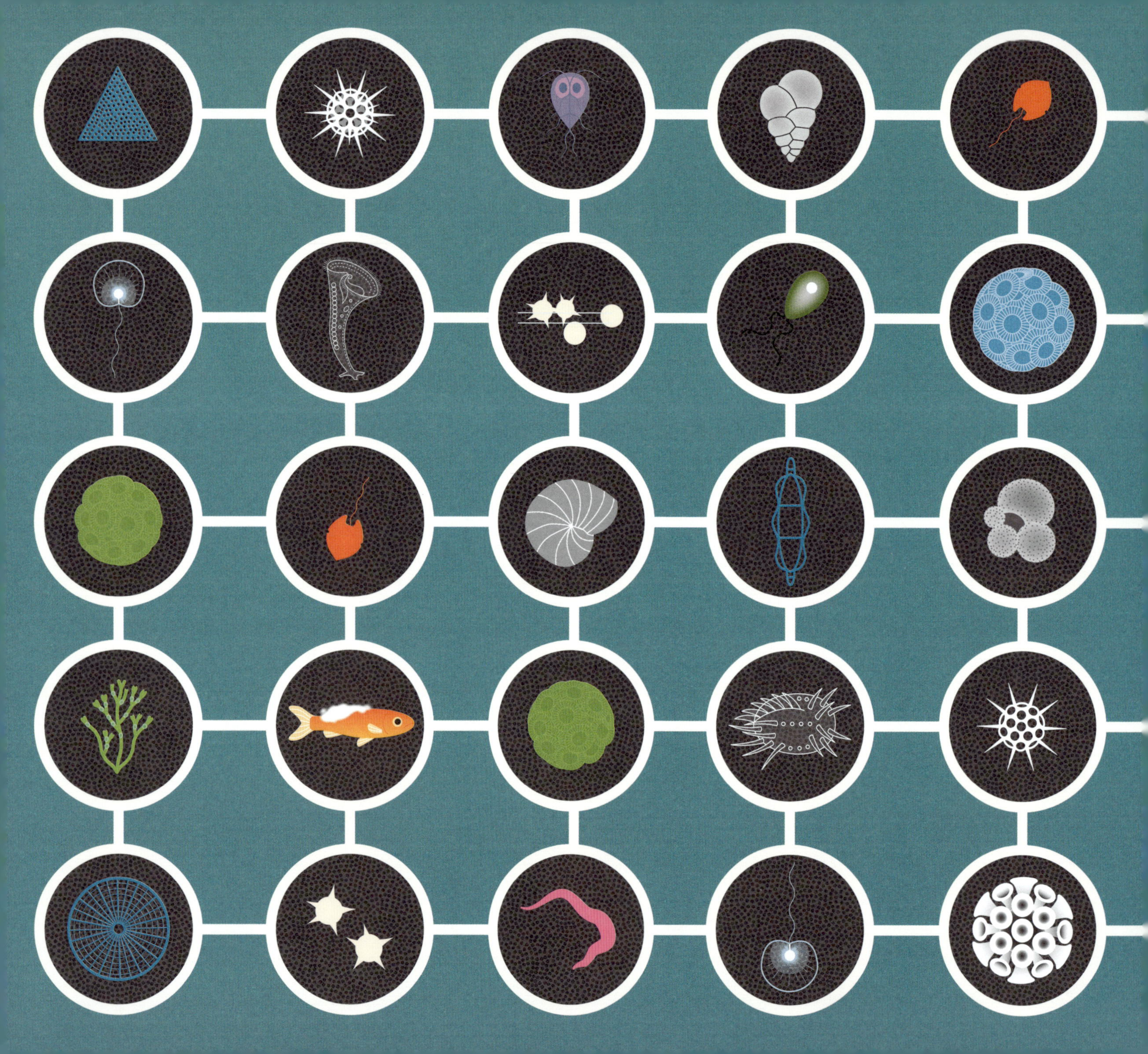

微真核生物

原生生物

这一章节囊括了真核生物中一些其他分支,其中大多数都是微生物,仅由一个细胞组成。然而,这些细胞比单细胞细菌的结构更复杂,也更有序。

一般来说,既不是细菌也不是真菌的单细胞生物被称为**原生生物**,因为它们似乎不适合被划入任何一类生物中。不过,即使都是原生生物,来自生命之树上两个不同分支的原生生物之间千差万别,就像植物和人的差别一样大。无论是巨大的海藻还是微小的、有壳的硅藻,无论是水霉菌还是导致疟疾的五种疟原虫,这些**物种**都是原生生物。

有些单细胞生物会捕食比自己更小的猎物,或者寄生在植物、动物或人体内。它们有的会吸收周围环境中的养分;有的是重要的分解者,负责分解腐烂的物质;有的可以利用光能合成食物。它们都是处于海洋食物链底端的浮游生物。

这些原生生物的生殖方式也大不相同。它们中的很多生物只是简单地分裂成两个或两个以上相同的细胞,但有的有着复杂的生命周期,在不同的宿主间转移。其中最臭名昭著的是能让植物、动物(甚至人)生病的原生生物。在陆地和海洋中,一些原生生物在**养分**循环利用、保持气候稳定乃至整个生态系统的平衡方面都发挥着至关重要的作用。

真核生物 〉 SAR超类群 〉 囊泡虫总门

囊泡虫类

囊泡虫总门

当前位置

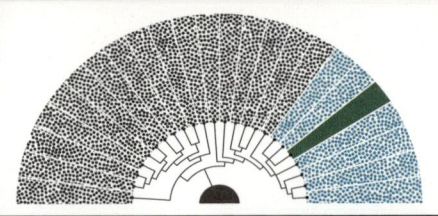

真核生物

SAR超类群

关键信息

- 囊泡虫总门有超1.5万个物种；
- 囊泡虫的大小从30微米到2毫米不等，我们可以直接用肉眼观察到；
- 生活在海洋、淡水、苔藓和土壤中，甚至在动物和其他生物的体内也能发现它们的身影。

样本

双鞭毛虫（Dinoflagellates）

让我们进入囊泡虫总门这一分支，其中包含会发光的绿色浮游生物，也包含世界上最令人讨厌的寄生虫。

具体内容

这些动物仅由一个细胞构成，但能完成进食、排泄和生殖的生命活动。其中有些物种到处移动，捕食那些科学家一开始称为"小动物"的猎物。囊泡虫的名字来源于它们的一个**共同特征**，即一个奇怪的充满水的囊泡。除了这个特征，它们之间的差别很大，主要划分为以下三种类型。

双鞭毛藻类包含很多在海洋里漂浮的藻类。它们能够用阳光中获取的能量合成食物，这个过程被称为**光合作用**。有一些双鞭毛藻类捕食微小的猎物，有一些会产生**毒素**来捕捉猎物，还有一些则是发出蓝色的光来吸引并用巨大的**鞭毛**将猎物缠住。

囊泡虫总门最大的一类称为顶复门。与双鞭毛藻类不同，它们都是寄生生物，从宿主那里获得食物和住所，甚至用特别的身体部位帮助它们侵入动物细胞。它们有着令人惊讶的复杂生活方式，比如从昆虫宿主身上转移到大型动物身上，然后再返回原来的宿主体内。

最后是纤毛虫门，这个名字来源于它们体表毛茸茸、会动的"毛发"。这些纤毛可以帮助它们移动以及收集食物。它们也会用看起来像嘴巴一样的部位把食物"吃"到身体里。

共同特征

- 有一个叫作表膜泡的奇怪中空"液囊"，可以控制从**细胞**内进出的水分；
- 有的囊泡虫身体上有很多可以移动的"毛发"，这种"毛发"叫作**纤毛**；
- 有的有一条或多条叫作鞭毛的"尾巴"，可以帮助它们移动或者抓住猎物；
- 简易的"口部"。

好邻居？

囊泡虫总门包含一些微型寄生虫，它们能引起疟疾和其他主要疾病。如果数量太多（通常是人类活动引起的，例如将污水或者化肥排放到水里），即使是相对无害的双鞭毛虫也会对环境造成伤害，例如有毒的赤潮。

真核生物域（真核生物）——微真核生物（原生生物）

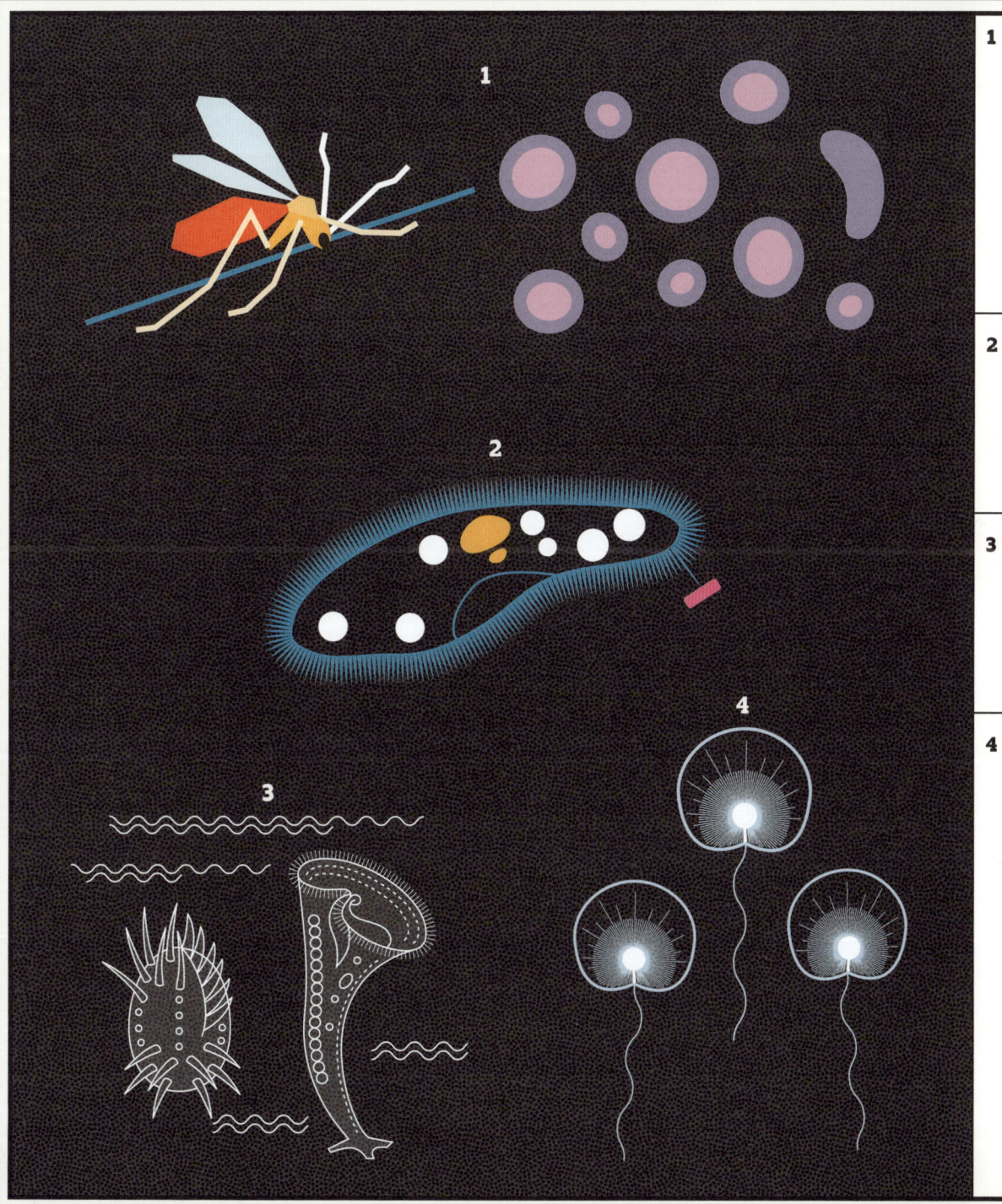

1	**疟疾**
	顶复门包含一些有害寄生虫，其中最臭名昭著的是疟原虫，它们是引发疟疾的元凶。在**生命周期**的某个阶段，它们寄生在母蚊子体内，然后在蚊子吸血时进入人体。如果想要回到蚊子体内，它们就会让人发烧，让人类更容易被蚊子叮咬。通过这种方式，疟原虫复杂的生命周期就得以延续。
2	**自我防卫**
	如果在显微镜下观察一滴池塘里或者水坑里的水，你可能会看到草履虫在镜头下游来游去。它们除了优秀的游泳能力，还能朝靠近的捕食者发射小小的"飞镖"。
3	**超级游泳运动员**
	因为体表多毛，纤毛虫很容易辨认。它们的纤毛是用来游泳或者"行走"的，甚至可以组合在一起形成桨或者鳍，也可以用来捕食猎物。
4	**双鞭毛藻类**
	在有些地方的晚上，当鱼、船、手或者任何东西在水里搅动时，几十亿只甲藻会发出诡异的蓝光。这种让自己发光的能力叫作**生物发光**。

真核生物 > SAR超类群 > 不等鞭毛门

不等鞭毛虫类

不等鞭毛门

仔细观察一棵棵组成水下森林的巨大海藻，你会发现它们是这个星球上最美丽的生物（不过只能在显微镜下才能观察到它们）。

当前位置

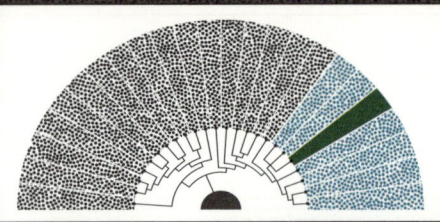

真核生物

SAR超类群

关键信息

- 不等鞭毛门超过了10万个物种；
- 从微型的硅藻到60多米的巨藻都属于不等鞭毛门；
- 分布于海水、淡水中以及陆地上所有潮湿的地方，比如潮湿的土壤。

样本

墨角藻（bladderwrack）

具体内容

这一巨大的类群包含硅藻、褐藻、金藻和卵藻。它们中的大多数可以用阳光合成食物，是海洋和淡水食物链中的重要一环。

硅藻是单细胞原生生物，有美丽的硅质细胞壁，与玻璃和沙粒的主要成分相同。死亡时，硅藻会沉入海底，将用来帮助形成细胞壁的**二氧化碳**封存起来，从而减少大气层中的二氧化碳，减缓全球变暖的速度。

褐藻生活在海洋里，但和硅藻不同，它们不是单细胞生物。褐藻包含一些我们比较熟悉的海草，例如墨角藻和巨藻，它们的外观和习性都与陆地上的植物非常相似。我们很容易在礁岸边发现墨角藻，它们的体内有很多布满气体的囊泡，帮助它们在水里浮起来。它们还可以为更小的海洋生物提供藏身之处和捕食场地。

卵藻会发射出巨大的蓬松丝状网络，从所在的地方吸取养分。一开始，卵藻被误认为是一种真菌（见第90页），这就是它们的名字"水霉菌"的由来。直到科学家对卵藻**分子**进行了更细致的研究，才知道原来它们属于原生生物这一分支。

共同特征

- 短硬的、中空的"纤毛"覆盖在它们的"尾巴"（鞭毛）上；
- 很多都有第二根鞭毛，但是上面没有纤毛。

好邻居？

硅藻是地球上食物链和**碳循环**中至关重要的一环。褐藻可以食用，也可用作重要的食品添加剂。从褐藻中提取出的化学物质甚至在制作蓄电池的工序中使用。但有一种原生藻菌恶名远扬，因为它曾经引发了世界上最严重的一场饥荒，这就是著名的"马铃薯饥荒"。

真核生物域（真核生物）——微真核生物（原生生物）

1	**美丽的硅藻**
	硅藻承担了水中光合作用的40%，它们位于世界上许多食物链的底端。在一滴海水中，我们就能够发现几千个细胞壁上有美丽花纹的硅藻。
2	**牙齿清洁者**
	人类从古老的岩石中收集微小的硅藻，并添加到牙膏中。在刷牙过程中，硅藻粗粝的骨骼可以把细菌和污渍从牙齿上刮下来。
3	**水霉菌**
	卵菌是生态系统里的英雄，它们将腐烂物质分解，再次利用里面的养分，但如果它们寄生在植物或者动物身上，就会造成严重后果。一种名为马铃薯晚疫病菌的卵菌是造成马铃薯晚疫病的罪魁祸首，这种病曾在19世纪的爱尔兰广泛传播。还有的水霉菌会寄生在鱼类的皮肤上，形成一层白色的棉絮状覆盖物。
4	**海底森林**
	巨藻是褐藻中最大的物种，同时也是世界上生长速度最快的生物之一，一天能够长高60厘米！巨藻创造出了巨大的海底森林是很多海洋生物的家园。
5	**冰淇淋**
	即便你不食用海带（一种海草），你也可能食用过从海带的叶片中提取的海藻酸盐，它们是很多食品（如冰淇淋）的增稠剂和稳定剂。

真核生物 > SAR超类群 > 有孔虫门

有孔虫类

有孔虫门

有孔虫类是了不起的工程师,它们极大地改变了全球气候。

当前位置

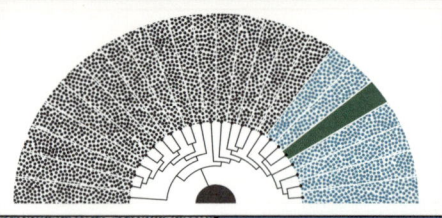

真核生物
SAR超类群

关键信息

- 有孔虫超过了 1.8 万个物种;
- 放射虫的体长基本上不到 0.02 毫米,但是部分有孔虫有几厘米长;
- 有孔虫在世界范围内的水域均有分布,比如海洋和河口处。

样本

有孔虫(foram)

具体内容

这些微生物在栖息地中到处寻找食物,看上去就像是移动中的迷你版外星飞船。它们体型很小、天性好动,很难被抓住和用于研究。我们所了解的有孔虫类大多是捕食者,以小型浮游生物为食。它们最喜欢的食物是甲壳纲动物(见第 130 页)的**幼虫**。

令人惊讶的是,有孔虫的细胞里长有对称的"骨骼"。这些精巧的骨骼由硅构成,这种物质与玻璃的主要成分相同。有孔虫细胞的一部分会像针一样伸出来,用来收集食物残渣或者抓住猎物。

有孔虫在细胞壁外建造了一层叫作"介壳"的外壳。这个外壳有几厘米宽,里面有很多小房间,可以让藻类在里面居住,用阳光合成食物,但有孔虫在饥饿的时候会将里面的藻类变成自己的晚餐。这就是为什么它被称作单细胞牧羊人!在这种"养殖"策略帮助下,有孔虫可以在食物匮乏的开阔海域里存活下来。

许多有孔虫的外壳由碳酸钙构成,这些碳酸钙是溶解在海水里的二氧化碳形成的。有孔虫死亡后,它们坚硬的外壳就会沉到海底,将里面的碳元素封存起来,不会再让二氧化碳这种温室气体回到大气中。将这些碳元素封存几百万年也让地球的气温得到了调节。

共同特征

- 许多都有一层坚硬的外壳,也叫作"介壳";
- 细胞的一部分会从壳上的小洞里伸出来,形成"伪足"。有孔虫这个名字来源于它们外壳上的小孔;
- "伪足"可以用来困住猎物,吸收**矿物质**以及移动。

好邻居?

大多数有孔虫作为生产者,在食物链中,在控制二氧化碳、氮气和大气层中其他气体方面发挥着重要作用。只有一小部分有孔虫是寄生生物。

真核生物域(真核生物)——微真核生物(原生生物)

#	标题	内容
1	**关于气候的线索**	有孔虫对污染和气候变化非常敏感。这让有孔虫化石成为研究古代气候模式的重要线索。
2	**迷你计时器**	我们可以在石头里找到死去的有孔虫像玻璃一样的骨骼,这些骨骼可以追溯到五亿年前。这种了不起的化石帮助科学家将过去划分为不同的时期,例如石炭纪和二叠纪。
3	**了不起的金字塔**	大部分有孔虫都会在死亡后沉入海底,在海底形成一层厚厚的沉积物。它们的壳很硬,易形成化石,所以很容易在沉积岩中见到它们,例如用来建造吉萨大金字塔群的石灰岩中就有很多有孔虫化石。事实上,这些金字塔主要由古代有孔虫构成。
4	**坚硬且渺小**	有孔虫在身体表面形成了坚硬的"壳"。它们细胞的一部分能够从外壳上的小孔中伸出来,这种"伪足"可以用来行走和抓取食物,并通过吸收矿物质建造更大的外壳。
5	**沙子里的星星**	你很难把显微镜带到沙滩上,但是如果把沙子带回家,在显微镜下观察,你可能会对所看到的东西感到惊讶。在世界上的一些地方,这种沙其实是由几十亿个死去的有孔虫的壳组成的,这些外壳被海水冲上岸,形成一片片沙滩。

真核生物 › 定鞭界 › 定鞭藻门

定鞭藻

定鞭藻门

这些生物外形奇特，体表覆盖了一层纽扣状的鳞片，它们在海洋食物链中，在地球上的基础元素循环中都扮演着非常重要的角色。

当前位置

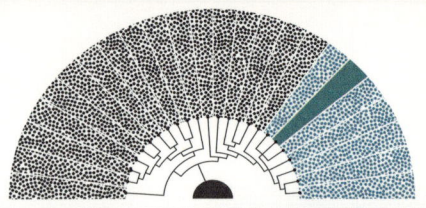

真核生物

定鞭界

关键信息

- 定鞭藻门大约有 500 个物种；
- 它们仅有几百万分之一毫米的直径；
- 大部分生活在世界范围的海洋里（除极地海洋外），也有不少生活在淡水里。

样本

颗石鞭毛藻（coccolithophore）

具体内容

定鞭藻被看成一种特别的藻类，生活在离海面很近的地方，收集光能合成养分。500 个种类中大约有 300 种会在身体表面形成坚硬鳞片。每一个小小的颗石藻周围至少有 30 个这样的鳞片，这让它看起来更像是一架装甲坦克而不是一棵植物。

它们鳞片的主要成分是碳酸钙，即一种由海洋中的钙、碳、氧组成的矿物质。定鞭藻死亡后，鳞片会沉入海底，将原本会排入地球大气层中的二氧化碳封存起来。

数百万年前的定鞭藻形成了如今地球上的白垩岩，白垩岩形成的时期大约是恐龙最后生活在地球上的时期。白垩岩是许多陆地**生态系统**的重要组成部分，因为它可以储存大量的水分。古老的定鞭藻分子中隐藏着过去的地球气候线索。

共同特征

- 大部分都有一条叫作鞭毛的"尾巴"；
- 大部分都含有植物光合作用所需的**叶绿素**；
- **外骨骼**由坚硬的"鳞片"构成，这种鳞片称作颗石。

好邻居？

世界上大多数生产食物的微型浮游生物都属于定鞭藻门。所有海洋生物都以它们为食，并通过海洋食物链将它们的能量传递下去。这些定鞭藻还能将海洋中的二氧化碳封存起来，避免让它们进入大气层。

真核生物域（真核生物）——微真核生物（原生生物）

1	**白色的悬崖**
	某些白垩岩是由一层厚厚的定鞭虫鳞片组成的，例如英国的多佛白崖，这些鳞片曾在数百万年前沉入远古海洋的底部。
2	**亮白色**
	白垩岩由古老的定鞭虫鳞片形成。它是一种重要的建筑材料，可以用于生产水泥和腻子，也让一些油漆、化妆品、陶瓷、纸张和其他材料呈现出亮白色。
3	**巨大的花**
	让我们来见一见这个群体中最常见的成员。水华又称水花，是藻类在水中大量繁殖时产生的一种现象。这些生物的爆发可以覆盖十万多平方千米的海面，相当于一个冰岛那么大。这些水花很大，可以被太空里的卫星探测到。
4	**仿生学**
	来自不同领域的科学家正在研究颗石藻和它们的微小构造，试图弄清楚如何将这些藻类用于药物研发或纳米技术设备制造。比如颗石藻中的喇叭颗石藻，它们漏斗状的鳞片可以用来控制小于原子的微粒的流动。而对人类来说，很难建造这么小的漏斗。

真核生物 > 古虫界

古虫

古虫界

当前位置

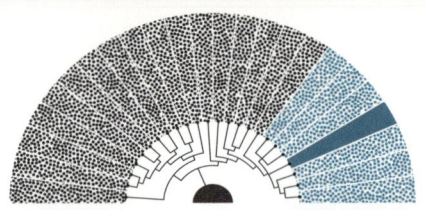

真核生物

古虫界

关键信息

· 古虫界有 2000 多个物种；
· 大多数都非常小，但是能够长到半毫米长；
· 从深海到动物的肠道，它们无处不在。

样本

眼虫（Euglena）

古虫是令人讨厌的几种疾病的始作俑者，也是和白蚁一样拥有极强破坏力的破坏者。

具体内容

科学家还不能确定不同的古虫物种是否拥有**共同祖先**。有些科学家把它们归入古虫界，有些科学家认为古虫应该分为两个单独的生物类群，分别是盘嵴亚界（Discoba）和后滴门（Metamonada）。这两个类群都含有对人类有害的物种。

盘嵴亚界包含捕食细菌等微生物的原生生物，以及利用光能合成食物的绿藻。眼虫是其中非常特别的存在，它们可以在黑暗的环境中生活，像动物一样从环境中获取营养物质。但它们也具有趋光性，有光时它们可以像植物一样通过光合作用来合成养分。盘嵴亚界的大多数生物要么像动物一样、要么像植物一样生活。

后滴门生物更像是动物，不同的是它们体内没有线粒体（真核细胞产生能量的地方）。后滴门生物已经适应了用一种特殊方式产生能量，也正因为如此，它们才能在没有氧气的环境（例如动物的消化系统）中茁壮成长。这听起来很可怕，但后滴门的大多数物种都是有益微生物。它们帮助宿主分解坚硬的食物比如木头，以此来换取食物和居住的地方。

共同特征

· 大多数古虫界生物细胞的一侧都有一个凹槽，看起来像被挖了一块；
· 这个凹槽是用来进食的；
· 有可以用来行走的鞭毛（有的甚至能达到 10 万条）；
· 眼虫有结构非常简单的"眼睛"，即眼点，可以感知光线的强弱。

好邻居？

古虫界包含许多令人讨厌的寄生虫，在世界上的一些地方，它们会引起多种疾病，例如非洲的昏睡病、美洲的南美锥虫病以及多发于热带、亚热带地区和欧洲南部的利什曼病。古虫界还包含一些会引发腹泻的微生物，例如蓝氏贾第鞭毛虫，简称贾第虫。

1	**食脑虫**
这种"以脑子为食的"变形虫，叫作福氏耐格里原虫，是一种通常生活在湖泊、河流和池塘中的古虫。如果它从游泳者的鼻子进入身体内部，就会引起感染，进而迅速破坏游泳者的大脑。
2	**肚子里的虫子**
这些会游泳的贾第虫体型很小，通常生活在哺乳动物的肠道内，每年引起超过1.8亿例与腹泻相关的疾病，其中有许多人都是在饮用被污染的水后被感染的。
3	**房屋推土机**
白蚁、蟑螂（见第134页）等食木昆虫的消化系统里寄生着后滴虫。它们帮助宿主分解吃下的坚硬植物比如木头，相应地它们会获得食物和居住的地方。这对昆虫来说是件好事，但是木制建筑就要遭殃了。
4	**昏睡病**
锥体虫是一种有复杂生命周期的寄生虫。它们有时寄生在舌蝇这种昆虫宿主体内，有时寄生在哺乳动物体内如人类或牛。在有苍蝇叮咬哺乳动物、享受血液大餐时，锥体虫就在宿主之间传播。

传染性颗粒

病毒、类病毒和朊病毒

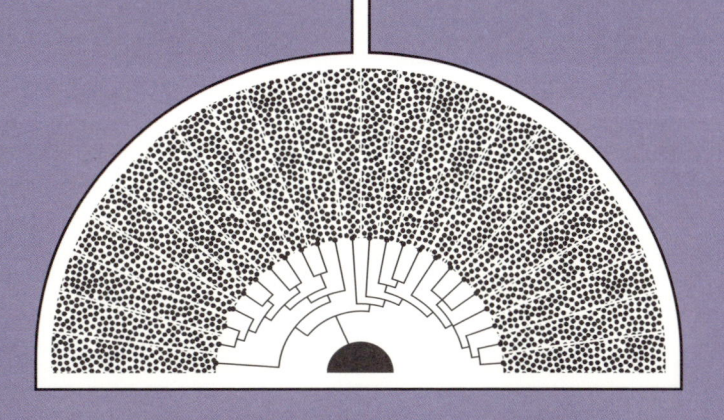

科学家并不赞同"如果病毒、类病毒和朊病毒还活着的话,人类就无法知晓生命之树上这些传染性颗粒的存在了"这种说法。它们对地球生物的影响非常大。

与生物不同,病毒并不是由细胞构成的。它们比最小的细菌都要小得多,结构也要简单得多。病毒只是遗传指令的集合体,由一层蛋白质外壳包裹。它们不具有细胞(见第207页)结构,无法进食、生长、移动、呼吸或繁殖,但如果病毒进入活细胞,它就能劫持细胞里的工作机器,制造数百万个自己的复制品,在宿主体内造成严重破坏,从而引发疾病。

除此之外,还有几种传染性颗粒。比如类病毒(viroid),它们的个头比病毒小,只是一条没有衣壳且短短盘绕在一起的遗传指令链。它们一旦侵入植物细胞,就会诱使这些细胞制造新的类病毒。拟病毒(virusoid)是更小的颗粒,需要病毒的帮助才能感染宿主。"辅助病毒"将病毒带入细胞内,在那里完成侵染和复制。

朊病毒(prion)是最神秘的传染性粒子。它们没有任何遗传指令,本质上是一种由于错误的折叠改变了形状的动物蛋白质。有缺陷的**蛋白质**通常会很快被动物的**免疫系统**摧毁,但动物的免疫系统对朊病毒无效。更糟糕的是,朊病毒会让附近健康的蛋白质也改变形状。慢慢地,朊病毒会越来越多,最后破坏和摧毁动物的细胞和**组织**。

病毒

病毒界

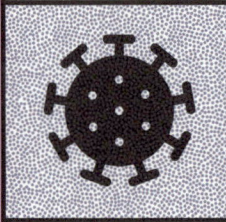

	传染性颗粒
	病毒界

病毒很小，结构也非常简单，它们其实并不算是一种生物，但它们对地球上生命的影响是巨大的。

关键信息

- 目前科学家已经识别出了几万种病毒，但仍然有几百万种甚至几十亿种没有识别出来；
- 大小从 20 纳米到 500 纳米不等；
- 数量非常巨大，分布于地球上各处（以及每种生物的细胞里）。

样本

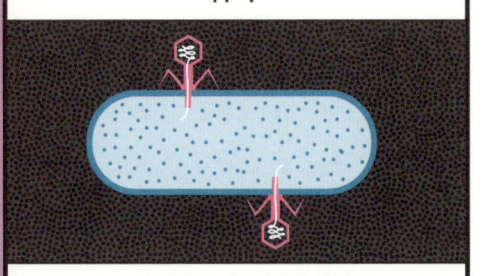

一个细菌上的噬菌体病毒

具体内容

病毒远比细菌这种微生物要小，并且不由细胞构成。它们不能移动、进食、生长、排泄或者自我复制，但病毒可以欺骗活细胞为它们做这些事。

病毒本质上只是一团有蛋白质外壳的遗传指令。当病毒入侵活细胞的时候，这些活细胞分不清究竟是它们自己的遗传信息还是病毒提供的遗传信息，因此就只能遵循这些新的遗传指令，消耗自己的能量，制造几千个新的病毒。然后这些新的病毒会从细胞里破"壳"而出，感染更多健康细胞。这些被感染的细胞也会沦为病毒工厂，生产更多的病毒。

没有人知道病毒在地球上存在了多久，也许在细胞出现之前就已经存在了，又或许是当遗传信息的细小碎片从微生物中钻出来的时候就已经存在了。无论是哪种情况，病毒都非常成功。它们的数量非常多，每一升海水或河水中就含有 1000 亿个病毒！

病毒真的算是生物吗？科学家还不能确定这一点。我们都知道，如果没有病毒，我们之前了解到的那些生命也不会存在。每一种植物、动物、人类和微生物内都住着几十亿或者几万亿个友好的病毒。一项研究发现，仅人类肠道里就生活着 14 万种不同类型的病毒。它们以一种我们还不清楚的方式，在每一种生物体内的微生物组里发挥着重要的作用。

共同特征

- 病毒其实是由一层外壳包裹着的遗传信息链；
- 这层外壳叫作衣壳，由蛋白质构成；
- 有的病毒表面还有一层叫作囊膜的覆盖物。

好邻居？

在几百万或几十亿种病毒中，只有 200 种会让人类生病甚至死亡，这些病毒非常顽强，很难被杀死，例如寨卡病毒、艾滋病毒、天花病毒、埃博拉病毒和狂犬病毒。有些病毒是人体微生物组的一部分，能帮助我们激活免疫系统，并将入侵的微生物杀死，让我们的身体保持健康。

传染性颗粒（病毒、类病毒和朊病毒）

1	**生命维持系统**
	海洋里病毒的数量是宇宙里星星的1000万倍！这些病毒主要感染海洋里的蓝细菌（见第24页），每天可以杀死五分之一的蓝细菌。这种"屠杀"是海洋里养分循环系统中的重要一环，为新的蓝细菌生长腾出了更多空间。在蓝细菌生长的过程中，也会产生我们需要的氧气。
2	**抗击病毒**
	引起疾病的病毒可能很难被杀死，这是因为在不伤害细胞的前提下杀死藏在细胞里的病毒非常困难。于是疫苗就成为我们对抗病毒性疾病的有力武器，例如由基兹梅基亚·科尔贝特（Kizzmekia Corbett）等科学家共同研发的新型冠状病毒肺炎（COVID-19）疫苗。
3	**种类丰富**
	病毒的种类很多，它们有各种形状，有像开瓶器、水管和刺球的，还有像小型外星飞船的。每一种病毒都有进入细胞的独特方法。
4	**超级传播者**
	病毒常常会引起人体的一些生病症状，这些症状有利于病毒传播到新的宿主身上。例如，感冒病毒会攻击我们鼻子和喉咙的细胞，让我们频繁地流鼻涕和打喷嚏。每一滴鼻涕里都含有几百万个感冒病毒。
5	**小小工具**
	医生和科学家将病毒作为有用的工具，用它们来对抗有害的细菌，或者为无法正常工作的细胞带回缺失的指令。

生命之树的更多信息和其他来源

地球上的生命

这场生命之树的闪电之旅只是一个开始，还有更多隐藏于树枝中的秘密，等待着我们去探索。

每年都有数以千计的新**物种**被命名，并被添加到生命之树上。有的是科学家在偏远的热带雨林和深洞中寻找生命时发现的，而有的就生活在我们身边。一个研究组在人类的肚脐眼里发现了1000多种新细菌。2019年，来自丹麦一所学校的学生在公园和游乐场的落叶上发现了10种新的微生物。生命之树一直在发展壮大，总有一天，你也会有新的发现。

为什么会有这么多不同的物种？它们是从哪来的？要回答这个问题，我们需要近距离地观察生命。

生命是什么？

这个问题并不像听起来这么简单，也并不是所有的科学家都认可某个答案！在学校的学习中，我们知道生物需要进食、生长、移动和繁殖（有的会通过自我复制完成繁殖），但当你探索生命之树的时候，会发现很多生物并不遵循这些法则。小小水熊（见第108页水熊）的冬眠时间长达100年，在这段时间里停止进食、生长和移动，但它们仍然活着。狮子和老虎交配后产下的雄性"狮虎兽"（liger）或"虎狮兽"（tigon）不具有生育能力，但也活得好好的，还可以把任何声称它们无法存活的人吃掉！

考虑到这些破坏规则的生物的存在，生物学家们用不同的方式定义生命。于是，他们说生物是由一个或多个**细胞**组成的生命体。

细胞是什么？

细胞是生物体中最小的工作单位。大多数细胞都非常小，我们没办法直接用肉眼观察，所以直到大约350年前，第一台显微镜被发明后，细胞才被发现。科学家罗伯特·胡克（Robert Hooke）在显微镜下观察薄薄的木栓（一种树皮）时，惊讶地发现里面有很多被墙壁隔开的小房间，就像当时僧侣居住的小卧室，并以此对这些"房间"进行了命名。

这个名字非常贴切，因为我们现在都知道，细胞像小小的房间，有一道墙将外部世界隔绝在外，并且有"门"和"窗"，让一些物质能够进出。

有了显微镜的帮助，科学家很快发现每一种动物和植物都是由数以百万计的细胞组成的。他们还发现，大型生物在地球上并不孤单，因为地球上也生活着许多微生物。这些微生物的身体仅由一个细胞构成，生活在地球上的每一个角落，无论是海洋深处还是你的体内都有它们的身影，它们的数量远远超过了动植物数量的总和。那么，它们是如何靠一个细胞成功地存活下来的呢？

生命之树的更多信息和其他来源

细胞是如何工作的？

细胞不仅仅只是一团胶状物质，它其实如同一座城市一样复杂，有不同的区域和完成不同分工的"机器"。每一个细胞就像一个无法用肉眼观测到的小点，里面有成千上万个化学反应同时进行。正是这些化学反应使细胞摄取到所需的物质、存储或消耗能量、生成和分解物质、排出废物、感知周围环境的变化以及移动和自我复制。

每个细胞都是一个小隔间，这里的条件非常适合生命化学反应的进行，但细胞如何知道该做什么呢？无论是蚂蚁和蝾螈，还是树和毒蘑菇，它们体内的每一个活细胞中都含有一种叫作 **DNA** 的化学物质。DNA **分子**非常长，大部分时间都紧紧地盘绕在一起，以免受到损坏。当 DNA 展开时，可以看到它是由叫作碱基的更小单元组成的，这些碱基有点像项链上的珠子，由长长的链条连接在一起。碱基只有四种类型，但它们可以有无数种连接方式。

细胞可以解开自己的 DNA，并读取碱基的准确顺序。这些序列作为编码指令，能够指导细胞工作。一个生物体的 DNA 上携带的所有指令加在一起就被称为基因组。

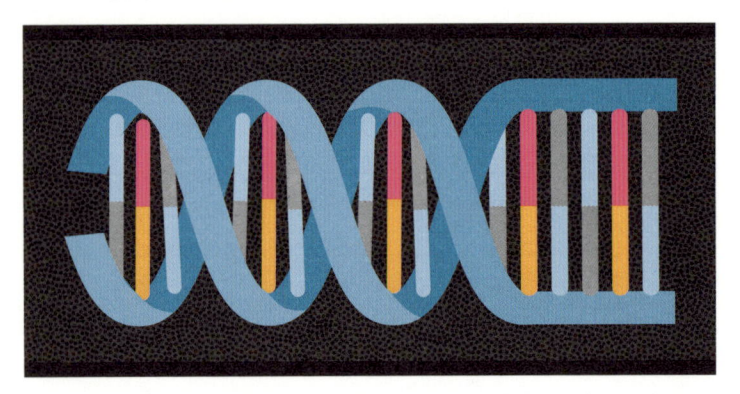

基因组一般很庞大。人类的基因组是由 64 亿个碱基组成的。如果把这些碱基序列写在纸上，至少能写满 100 本书！你的每一个细胞都复制了你的整个基因组，但它们并不能读取整个基因组，也不会按照所有指令去做，它们只使用当时所需要的基因。基因是 DNA 的一节片段，它告诉细胞如何组装某种特定的蛋白质。蛋白质是复杂的分子，是细胞的主要组成部分。**蛋白质**也能完成细胞内的工作，例如，由红细胞产生的血红蛋白可以携带氧原子，并通过血液输送到你身体的任何一个部位。

所有人类都有一套约由 2 万个蛋白质组成的相似基因。其他物种体内则混合了不同的基因。这些**基因组**中可能也包含一些在人类的基因组中发现的基因，也有许多组成特别蛋白质的基因，如蝎子毒液中的有毒蛋白质，或防止南极鱼的血液凝固的"防冻"蛋白质。

通过指引细胞的工作，我们的基因让我们发育成人类，而不是蝎子或鱼，而其他生物的基因组中也有不同的基因组合。

基因的传承

每一种生物的基因都来源于它们的父母和更早的祖先。这意味着比较基因组是重建生命谱系的好方法。两种生物共享的基因越多，它们之间的亲缘关系就越近。例如，几乎人类 99% 的基因也出现在黑猩猩和倭黑猩猩的基因组中，这告诉我们，这三个物种拥有过**共同祖先**，但不意味着黑猩猩和倭黑猩猩是人类的祖先。它只是说明，如果你把人类的族谱和黑猩猩的族谱追溯到足够久远的时期（600 万到 800 万年前），这些分支最终会融合在一起。它们重合的地方说明有一种动物，它是如今所有的黑猩猩和人类的祖先，但这个古老的祖先早已**灭绝**了。

DNA 上携带的指令可以解释某种生物的外表和行为方式。而这又引发了另一个令人费解的问题，如果生物都是从祖先那里继承基因，那么为什么会有这么多不同的物种呢？

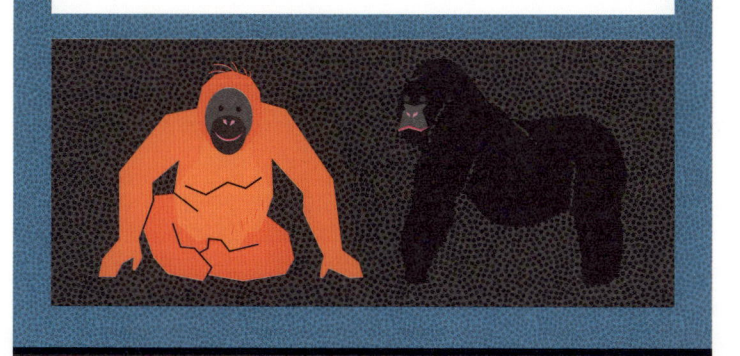

为什么地球上有那么多不同的物种？

随着时间的推移，为了更好地适应环境，各生物种群也在不断地改变，这个改变的过程叫作进化。自然选择理论解释了进化是如何发生的，以及为什么会有新的物种出现。

自然选择是如何运作的？

当生物为它们所需要的东西，比如食物、空气和水而竞争时，对所处**栖息地**适应得越好的生物就越容易存活下来。在繁殖的时候，它们会把那些帮助它们存活下来的特征传给下一代，所以下一代的基因组合会与上一代略有不同。慢慢地，这些基本特征也在发生变化。随着时间的推移，它们可能与祖先变得很不一样，甚至变成了一个不同的物种。每一种生物的基因组都是混合体，混合了从祖先那里继承来的基因和在数百万年进化过程中自己形成的独特基因。

除此以外，地球上生物物种数量惊人的另一个原因是栖息地的多样性。从广阔的热带雨林到一片叶子、一滴水，甚至你的牙齿表面都有生物存在。随着生物在数十亿年时间里对不同栖息地逐渐适应，已经有数百万种新物种进化出来。而随着栖息地的改变，生命也在继续进化。

人类如何适应？

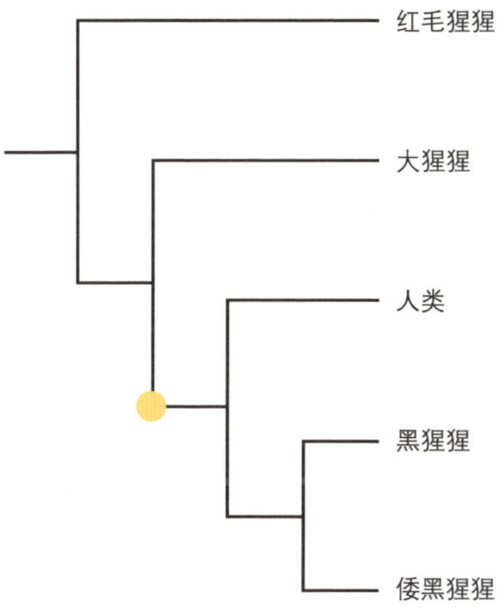

灵长类巨猿家族的进化树显示，黑猩猩和倭黑猩猩与人类的亲缘关系比黑猩猩和倭黑猩猩与大猩猩或红毛猩猩更近。图中的黄点是如今黑猩猩、倭黑猩猩和人类的共同祖先。

生命之树的更多信息和其他来源

地球上的生物群落

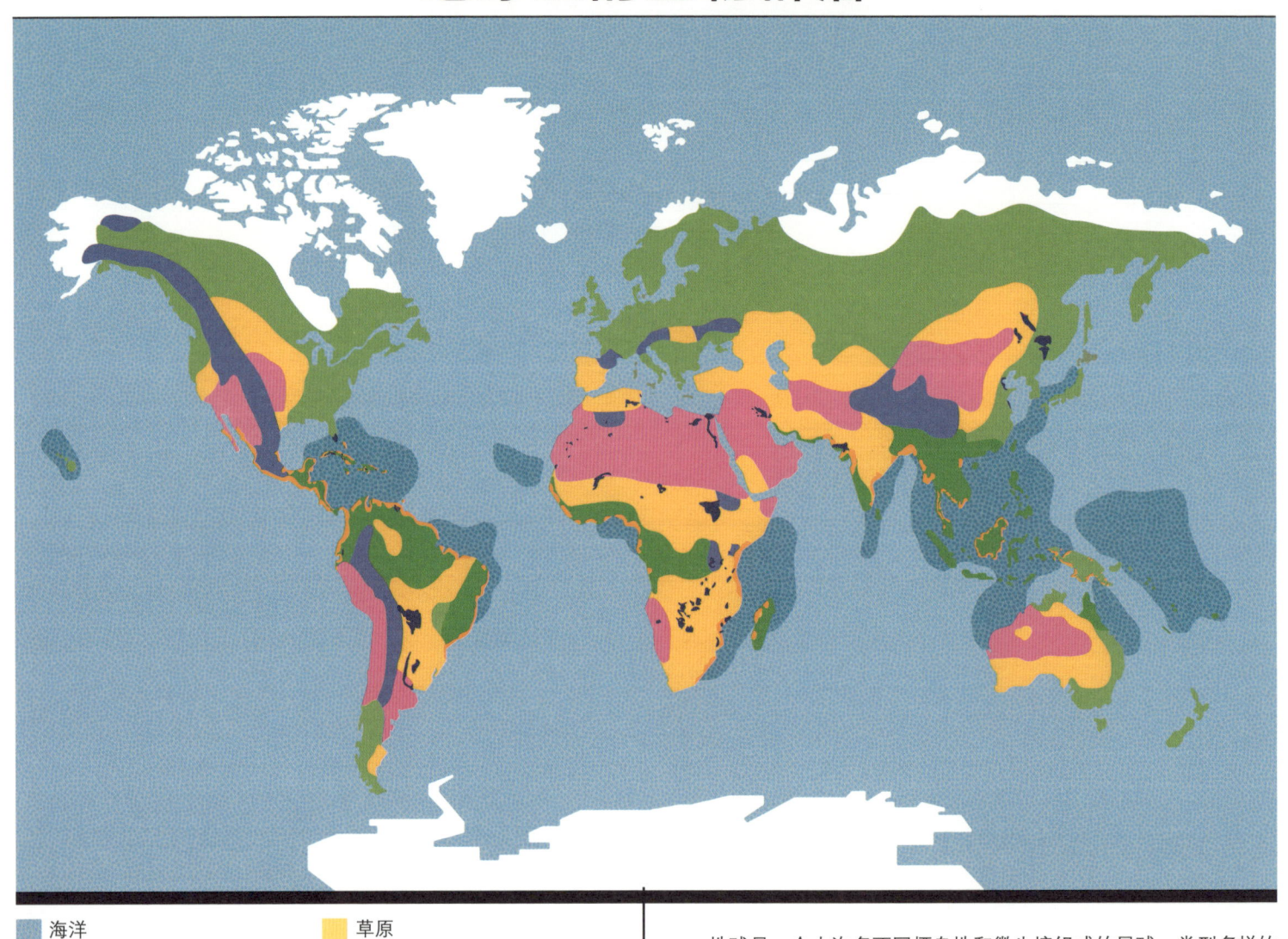

■ 海洋		■ 草原
■ 湿地		■ 沙漠
■ 温带森林		□ 极地区
■ 热带森林		■ 红树林
■ 山脉		■ 珊瑚礁

　　地球是一个由许多不同栖息地和微生境组成的星球。类型多样的生活环境有利于生命多样性的形成，因为生物进化出了不同的特征以帮助它们在截然不同的栖息地中生存。在每个主要栖息地生存的生物群体被称为生物群落。

生命之树的更多信息和其他来源

从基因到生命之树

600万到800万年前,黑猩猩和人类的共同祖先还活着,从那时起,人类和黑猩猩的DNA在一代代地发生着变化。1%的差异听起来不大,但是因为基因组非常庞大,就意味着大约有3500万个不同点。就算是相同的基因也可能被人类的细胞和其他动物细胞以不同的方式使用,这就解释了我们身体、大脑和行为上所有差异的来源。

科学家很久以前就发现,细菌可以在遗传规则上作弊,它们只需要简单地与彼此分享有用的基因就可以了。甚至有迹象表明,某些基因在过去已经从微生物体内转移到了动物体内。当一种微生物的基因插入动物的基因组后,它就会被这些动物的祖先继承。我们至少有145个基因最初是从细菌、古菌或其他微生物中继承来的,如今仍然指导我们的细胞完成一些工作。

如今,物种的基因组仍然携带着从最古老的祖先那里继承来的基因。通过对比不同生物的基因组,我们可以找到一些线索,帮助我们绘制出地球上的生命之树,而这一大型族谱至少可以追溯到37亿年前。探索生命之树是了解地球**生物多样性**的第一步,也是保护生物多样性的第一步。

面临风险的生物多样性

地球上丰富的**生物多样性**源于数十亿年的进化,可惜生物进化的速度远远赶不上消失的速度。一些物种的确会随着栖息地的改变而消失,这就是为什么现在你在公园和花园里看到的是鸟而不是恐龙。在过去的200年里,科学家记录的物种灭绝数量远远超过了我们的预期,而引起这一切的罪魁祸首是人类活动。气候变化、环境污染、耕作和建造活动正在极大地改变生物栖息地,并且已经超过了生物的适应能力。许多栖息地甚至被完全摧毁。根据科学家的统计,目前有100多万个物种濒临灭绝。

每一种生物就像是生命树上的一片叶子,它可能只是参天大树的一小部分,但当它们组合在一起,这棵大树才得以存在。生物多样性的消失是一个警告。它告诉我们,我们必须更加努力地与大自然和谐相处,即使是很小的举动,也能对地球上的生物产生很大影响。所有生物都是独一无二的,所有生物都很重要,所有生物都是同一个族谱中的家人。

> 我们需要了解进化以及生命之树,它们能够帮助我们理解自然界为何以及如何随时间而变化,我们从何而来以及我们与其他生物之间的关系。

生命的尺度

环顾四周，你会发现这个星球上到处都是生命，但我们看到的只是其中的一小部分。

如果仅靠肉眼观察，我们只能看到大于半微米的生物，或者说是只有人类头发丝一半粗细的生物。而大多数生物都比这小得多，只能借助显微镜才能看到。目前发现的最小的生物是纳古菌（Nanoarchaeum），直径只有400纳米，还没有一粒灰尘大。

体型上的另一个极端是世界上最大的生物——蜜环菌，它能在土壤中延伸5千米，是纳古菌的120亿倍！

你可以用这个尺度来对比本书中提到的其他生物的大小。这是一种对数尺度，并不按照同等的比例增长，每一个新的测量值都是上一个的十倍。如果想要把体型差距如此之大的生物放入一张图表里的话，这是最好的方法。

1千米（km）=1000米（m）
1米（m）=1000毫米（mm）
1毫米（mm）=1000微米（μm）
1微米（μm）=1000纳米（nm）
1纳米（nm）=十亿分之一米（m）

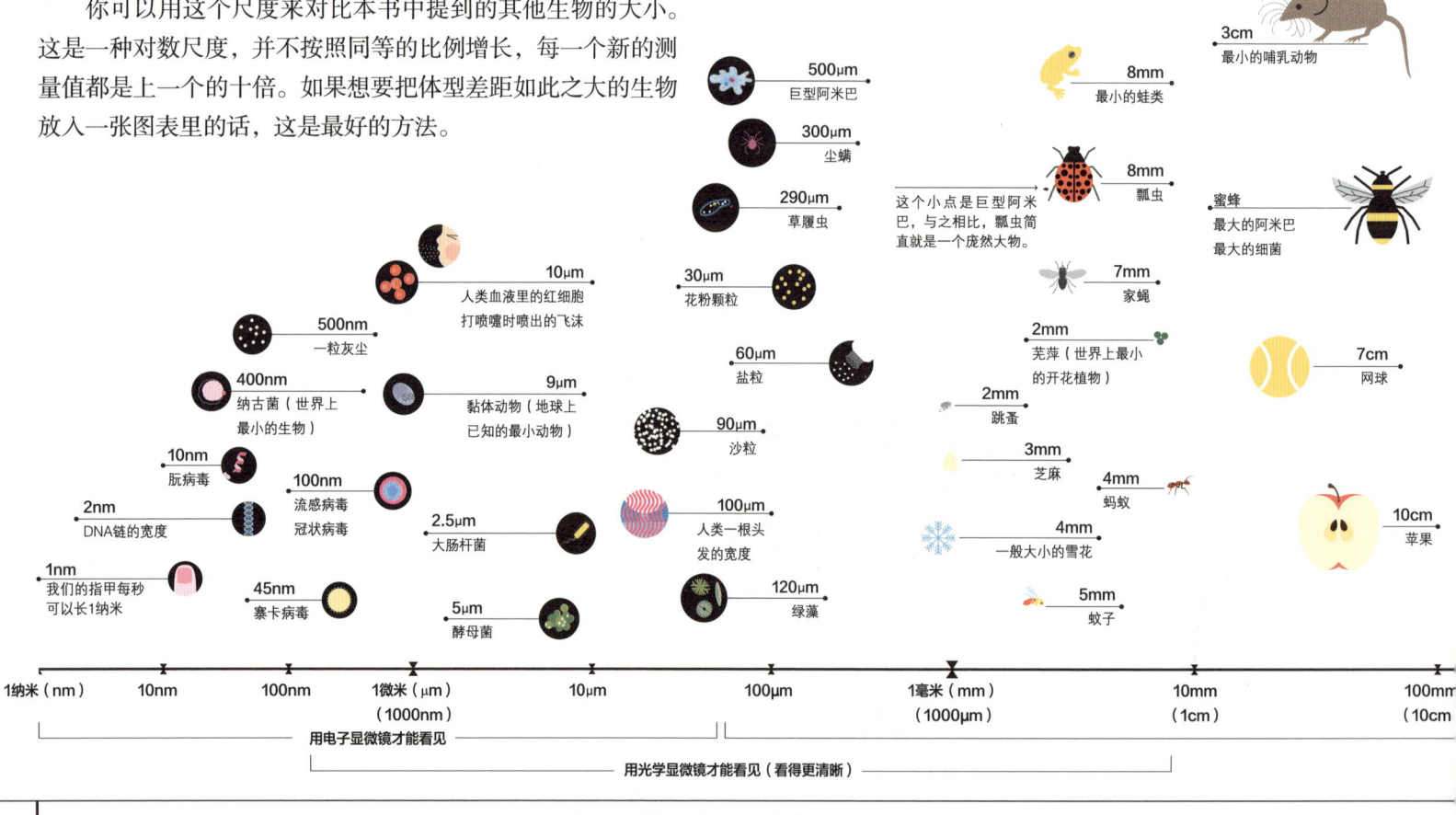

- 500μm 巨型阿米巴
- 300μm 尘螨
- 290μm 草履虫
- 10μm 人类血液里的红细胞 打喷嚏时喷出的飞沫
- 500nm 一粒灰尘
- 400nm 纳古菌（世界上最小的生物）
- 9μm 黏体动物（地球上已知的最小动物）
- 30μm 花粉颗粒
- 60μm 盐粒
- 90μm 沙粒
- 100μm 人类一根头发的宽度
- 120μm 绿藻
- 10nm 朊病毒
- 100nm 流感病毒 冠状病毒
- 2nm DNA链的宽度
- 2.5μm 大肠杆菌
- 1nm 我们的指甲每秒可以长1纳米
- 45nm 寨卡病毒
- 5μm 酵母菌

这个小点是巨型阿米巴，与之相比，瓢虫简直就是一个庞然大物。

- 3cm 最小的哺乳动物
- 8mm 最小的蛙类
- 8mm 瓢虫
- 7mm 家蝇
- 2mm 芜萍（世界上最小的开花植物）
- 2mm 跳蚤
- 3mm 芝麻
- 4mm 蚂蚁
- 4mm 一般大小的雪花
- 5mm 蚊子
- 蜜蜂 最大的阿米巴 最大的细菌
- 7cm 网球
- 10cm 苹果

1纳米（nm） | 10nm | 100nm | 1微米（μm）(1000nm) | 10μm | 100μm | 1毫米（mm）(1000μm) | 10mm (1cm) | 100mm (10cm)

用电子显微镜才能看见
用光学显微镜才能看见（看得更清晰）

生命之树的更多信息和其他来源

115m 红杉（世界上最高的树）

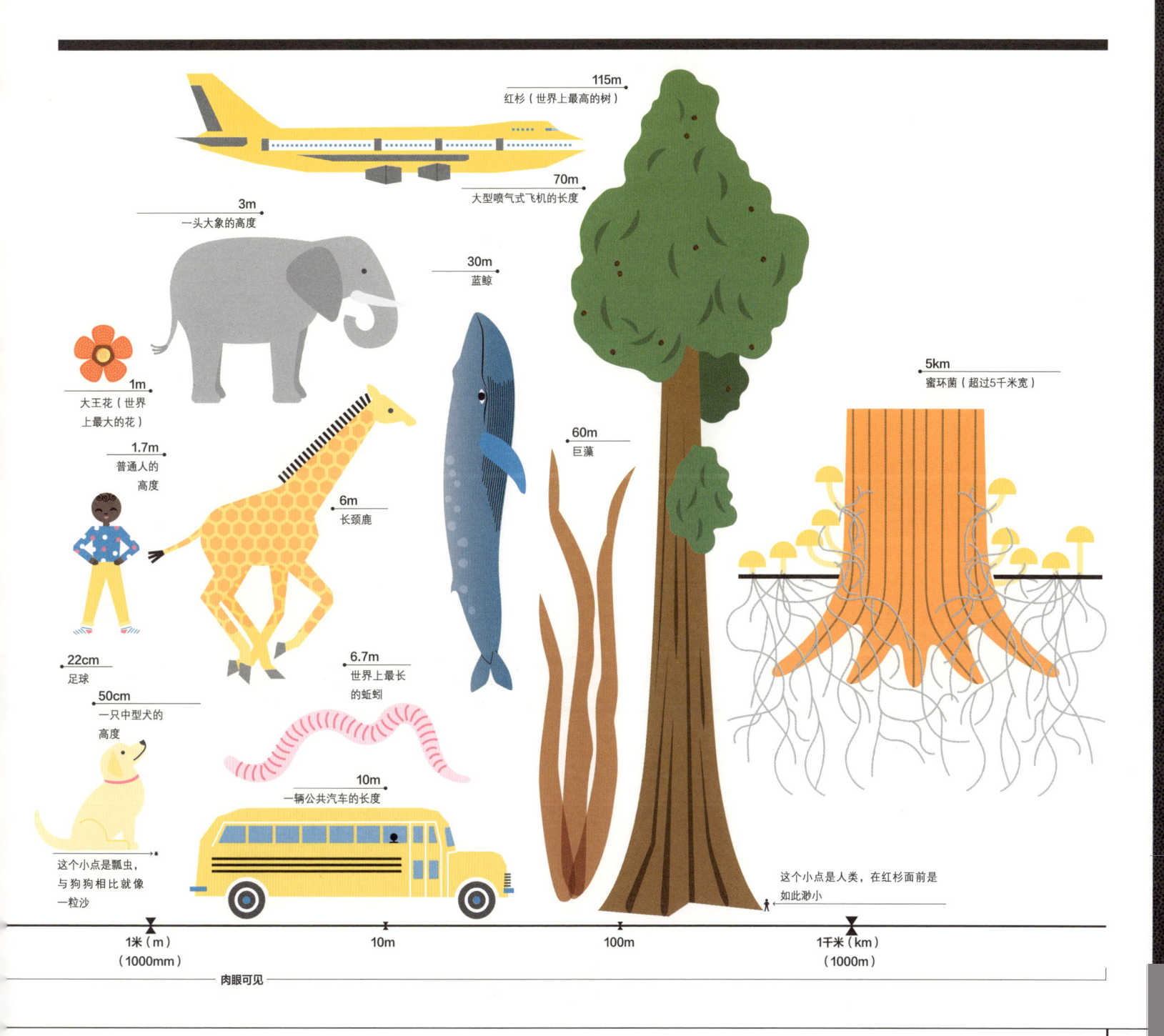

70m 大型喷气式飞机的长度

3m 一头大象的高度

30m 蓝鲸

5km 蜜环菌（超过5千米宽）

1m 大王花（世界上最大的花）

60m 巨藻

1.7m 普通人的高度

6m 长颈鹿

22cm 足球

6.7m 世界上最长的蚯蚓

50cm 一只中型犬的高度

10m 一辆公共汽车的长度

这个小点是瓢虫，与狗狗相比就像一粒沙

这个小点是人类，在红杉面前是如此渺小

1米（m）(1000mm) — 10m — 100m — 1千米（km）(1000m)

肉眼可见

生命之树的更多信息和其他来源

213

化石时间线

化石帮助科学家认识到地球上所有的生命都是大型家族树的一部分，他们也注意到已经灭绝生物的化石与现在的生物有一些共同点。这是进化论的重要依据，即物种随着时间的变化而变化，在这个过程中，有些物种消失，有些物种出现。

如今，生物学家们通过不同的证据来建造这棵生命之树，但化石仍然是重要的证据，它们对于确定灭绝的生物属于哪一条进化枝，树上的不同分支是何时以及如何分开的非常重要。我们只能看到树的叶子，也就是那些现在还存活的物种，但是化石可以帮助我们回顾过去，了解生命之树上已经灭绝的物种。

这条时间线显示了最古老化石的年龄，这些化石是本书描述的一些生物。化石可以帮助科学家大致推算出每一个类群的成员在地球上存在的时间。当然，它们并非完全可靠，毕竟化石不是一种完整的记录，比如柔软的生物不像有硬壳或骨架的动物那样容易形成化石，而且我们只能看到已经被挖掘出来的化石。科学家在不断地发现新的化石，所以这些化石证据也可能发生变化。

所有生物的祖先被称为卢卡，我们没有发现这种生物的化石，但它被认为是一种大约生活在45亿年前的单细胞。大约35亿年前，生命之树的细菌和古细菌分支彼此分离。大约18亿年前，第一个真核生物出现。

我们很难想象45亿年前的历史，因为我们的大脑更习惯用人类的时间尺度来衡量，但我们可以把地球上生命的整段历史与一天中的12小时进行比较，从而让这段历史更为明晰。假设地球形成于这个时钟的午夜，秒针的每一个滴答声大约是10万年，那么迄今为止所发现的最古老的化石可以追溯到大约两点半。如果以现在的时间为参照点，第一批动物大约在两个半小时前出现，现代人类在三秒钟前才出现。

蓝细菌 37亿至35亿年前	红藻 16亿至12.5亿年前	刺胞动物 6.8亿年前
环节动物 5.6亿年前	节肢动物 5.4亿年前	双壳软体动物 5.3亿年前
头足类动物 5.05亿年前	软骨鱼纲 4.55亿年前	蛛形纲动物 4.37亿年前
昆虫纲 4.38亿年前	蕨类植物 3.54亿年前	松柏门 3.1亿年前
滑体两栖动物 2.5亿年前	开花植物 1.64亿年前	有袋动物 1.25亿年前
灵长类动物 6600万年前	啮齿动物 5600万年前	现代人 30万年前

生命之树的更多信息和其他来源

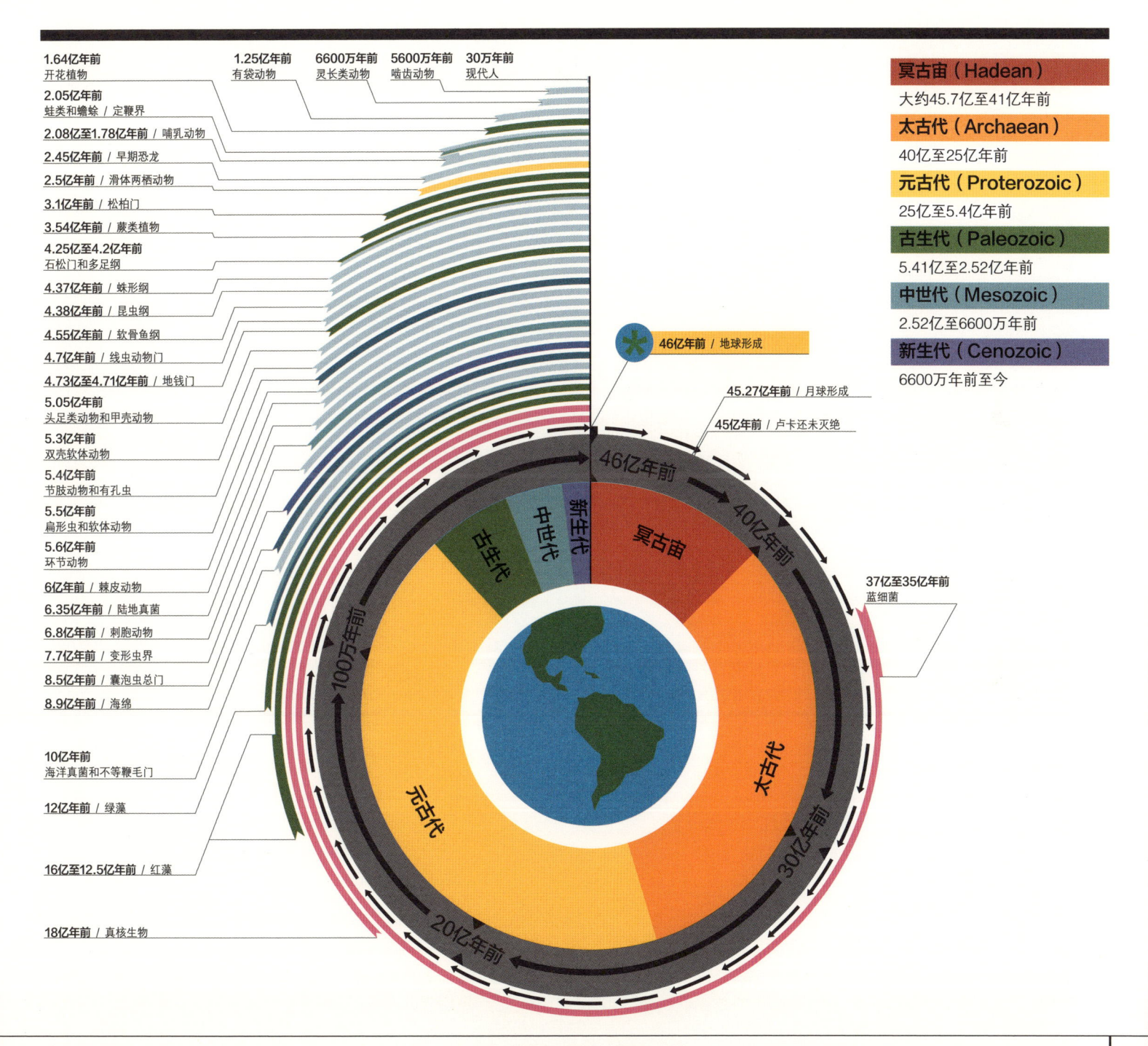

1.64亿年前	开花植物
2.05亿年前	蛙类和蟾蜍 / 定鞭界
2.08亿至1.78亿年前	哺乳动物
2.45亿年前	早期恐龙
2.5亿年前	滑体两栖动物
3.1亿年前	松柏门
3.54亿年前	蕨类植物
4.25亿至4.2亿年前	石松门和多足纲
4.37亿年前	蛛形纲
4.38亿年前	昆虫纲
4.55亿年前	软骨鱼纲
4.7亿年前	线虫动物门
4.73亿至4.71亿年前	地钱门
5.05亿年前	头足类动物和甲壳动物
5.3亿年前	双壳软体动物
5.4亿年前	节肢动物和有孔虫
5.5亿年前	扁形虫和软体动物
5.6亿年前	环节动物
6亿年前	棘皮动物
6.35亿年前	陆地真菌
6.8亿年前	刺胞动物
7.7亿年前	变形虫界
8.5亿年前	囊泡虫总门
8.9亿年前	海绵
10亿年前	海洋真菌和不等鞭毛门
12亿年前	绿藻
16亿至12.5亿年前	红藻
18亿年前	真核生物

1.25亿年前 / 有袋动物
6600万年前 / 灵长类动物
5600万年前 / 啮齿动物
30万年前 / 现代人

46亿年前 / 地球形成
45.27亿年前 / 月球形成
45亿年前 / 卢卡还未灭绝
37亿至35亿年前 / 蓝细菌

冥古宙（Hadean） 大约45.7亿至41亿年前

太古代（Archaean） 40亿至25亿年前

元古代（Proterozoic） 25亿至5.4亿年前

古生代（Paleozoic） 5.41亿至2.52亿年前

中世代（Mesozoic） 2.52亿至6600万年前

新生代（Cenozoic） 6600万年前至今

生命之树的更多信息和其他来源

词汇表

酸化：指加酸使物质由碱性或中性变成酸性的过程，海洋吸收或者释放过量的二氧化碳会引发海洋酸化。

生物碱：一种植物产生的化学物质，会影响人体细胞的工作方式。

附肢：动物身体中延伸出来的一部分，例如手臂、腿或钳子。

抗生素：一类能够伤害或杀死细菌的药物，如青霉素。

抗菌剂：一类伤害或杀死病原微生物的药剂。

两侧对称动物：对有一条对称线动物的统称。

生物多样性：在一定范围内生物种类的多样性。

生物膜：一种薄而坚韧的微生物层，附着于有生命或无生命物体的表面。

生物发光：生物利用化学反应发光的过程。

生物量：在特定范围内生物的数量或重量。

碳循环：将碳改变成不同形式的过程，有时碳会成为生物的一部分，有时会成为环境的一部分。

二氧化碳：植物和藻类进行光合作用时需要的气体，也是大多数生物在呼吸过程中排出的气体。

细胞：生命体的最小工作单元。

纤维素：存在于植物细胞壁中的一种坚韧物质，不溶于水。

叶绿素：在所有植物和藻类以及蓝细菌中的绿色色素，能吸收绿色以外所有颜色的光，为光合作用提供动力。

纤毛：一些细胞表面短小的毛发状结构。细胞利用它们移动自己或其他物体。

循环系统：一组能让血液或其他液体在生物体内流动的组织和器官。

进化枝：囊括了一个共同祖先类群所有后代的生物群。

分类：根据生物的特征进行分门别类。

球菌：用来描述形状像球体一样的细菌和古菌的词汇。

胶原蛋白：一种蛋白质，是动物身体的重要组成部分。

聚居：生物聚集在某一个地方生活和繁衍的现象。

共同祖先：两个或多个物种所共有的一个祖先。

角质层：植物或动物细胞表面的坚韧保护层，由细胞组成。

腐烂：曾经有生命的东西随着时间推移而分解，其基础物质回归到大自然中，以供新生命使用的过程。

食腐动物：以死亡植物或动物为食的动物。

DNA：又称脱氧核糖核酸，是一种大分子化学物质，几乎存在于每一个活细胞中，它所携带的编码信息指导每个细胞的具体分工。

生态系统：在许多方面相互依赖，并与环境相互依存的生物所形成的统一整体。

生态位：生物在栖息地内获得生存所需要的一切，并因此在其生态系统中所扮演的角色。

胚：一些动物和植物处于早期发育阶段的后代。

酶：一种作为天然催化剂的蛋白质，能够开启、加速或运行生物体内的化学反应。

附生植物：生长在另一植物或物体上的植物，通常不会伤害宿主。

排泄系统：参与排出生物体产生的废物的组织和器官。

外骨骼：一些动物体表覆盖的坚硬外壳。

灭绝：曾经存在的物种现在完全消失。

鞭毛：从一些细胞表面伸出的细细的线状结构；它们看起来像小尾巴，能帮助细胞游动或者移动。许多原生生物和细菌都有鞭毛，一些动物的精细胞也有鞭毛。

化石燃料：古生物的化石残骸，燃烧后会释放出的能量。

基因组：生物体内完整的遗传信息。

发芽：种子或孢子开始成长为一个新的生物体的阶段。

腺体：动物产生和释放某些物质的身体部位。

革兰染色法：用染料将细菌染色并在显微镜下观察其颜色，从而快速识别出细菌的类别（革兰氏阴性或阳性）。

栖息地：生物所居住的自然环境。

波伏地：出现在沼泽或森林地面的小型隆起。

海底热泉：热水从地壳中流出的地方。

菌丝：由真菌产生的分叉的线状细丝，像植物细小的根。

无脊椎动物：无脊椎骨即没有内骨骼和背脊的动物。

免疫系统：生物体内用来抵御感染和毒素的器官、组织和程序。

幼体：动物的幼年形态，发育到成年时会发生巨大的变化，如毛毛虫是蝴蝶的幼体（幼虫）。

乳腺：雌性哺乳动物的一个腺体，可以分泌乳汁。

水母（体）：刺胞动物生命周期的一个阶段；海蜇的别名。

新陈代谢：发生在生物体内的一些化学反应，比如释放出储存在食物中的能量让生物能够维持生命体征。

变态发育：动物幼体转变为完全不同的成年形态的过程。

微生物：只有在显微镜下才能看到的小型生物，如细菌、单细胞真菌或原生生物。

微生物组：生活在更大的生物体内和体表的微生物群落。即便是微生物也会有自己的微生物群落。

矿物质：自然界中发现的无生命物质，由一组特定的元素组成。生物需要吸收或摄取某些矿物质来生存。

模式生物：除人类以外的物种，科学家使用它们来了解人类生物学的某些知识。

分子：纯化合物的最小单元，由两个或两个以上的原子结合而成。例如，一个二氧化碳分子由两个氧原子与一个碳原子结合而成。DNA 有最复杂的分子，每个 DNA 分子由几十亿个原子组成。

自然学家：通过近距离观察自然了解自然的人。

结节：植物根部的小型隆起。

北半球：地球上赤道以北的区域。

硝化：将氮转化为可被生物利用形式的过程。

氮：一种化学元素，是蛋白质的重要组成部分，也是所有生物的重要组成部分。

养分：生物在生存和生长中所需的物质。

寄生生物：生活在另一物种体内或体表的生物，一般情况下，寄生生物受益而宿主不受益。

病原体：一种引起其他生物疾病的微生物。

pH：用于衡量物质的酸度或碱度的数值。酸性物质的 pH 小于 7，碱性物质的 pH 大于 7。

光合作用：植物和部分微生物利用太阳光将二氧化碳和水转化为食物的过程。

系统发育：描述生物之间进化关系的词汇，而进化关系可以通过比较 DNA 和其他分子得出。

色素：因为吸收其他颜色的光而具有某种颜色的化学物质。

蛋白质：一种由生物制造的复杂分子，可以在生物体内完成一些工作。

假根：从植物根部伸出来的细细的"毛发"，可能是生活在根部的真菌的一部分，也可能是植物本身的一部分。假根有助于植物收集水分以及将植物固定在土壤中。

反刍动物：会反刍食物并通过二次咀嚼来帮助消化的动物。

食腐动物：以死亡或腐烂的植物或动物为食的动物。

沉积物：在地球表面或者水体底部沉积下来的沙子、淤泥或其他物质的微小碎屑。

花萼：花的外侧部分，在其他部分发育时起保护作用。

有性生殖：生物通过结合来自不同性别的父母的遗传信息进行繁殖的过程。

物种：生物的一个群体，其中的成员非常相似，能以同的方式繁殖或共享遗传信息。

孢子：真菌、部分植物和原生生物产生和释放的微小单细胞，主要用于繁殖。

杀菌：杀死所有微生物或摧毁所有潜藏毒素的过程。

南半球：地球上赤道以南的区域。

硫：一种化学元素，是所有生物的基本构成元素。

共生：两个或多个物种紧密而互利地生活在一起。

温带：全年温度适宜（不冷也不热）的地区或气候。

组织：动物或植物形成的一种物质类型，由专门从事某种工作的细胞组成。

毒素：生物产生的有毒物质，对其他生物有害。

了解更多

在编写本书的过程中，我们参考了许多资料，然而篇幅有限，很难在这里一一列出，但作者在这里为想要继续探索生命之树的读者推荐以下书籍和网站。

推荐书目

- Consider the Platypus: Evolution through Biology's Most Baffling Beasts by Maggie Ryan Sandford and Rodica Prato（Black Dog & Leventhal, 2019）.
- One Million Insects by Isabel Thomas and Lou Baker Smith（Welbeck Editions, 2021）delves into the biggest single branch of the tree of life.
- The Tree of Life: A Phylogenetic Classification by Guillaume Lecointre, Dominique Visset and Hervé Le Guyader（Harvard University Press, 2007）is one of the best academic guides to modern classification.
- What is Life? Understand Biology in Five Steps by Paul Nurse（David Fickling Books, 2020）.

相关网站

- 作为全球"地球生物基因组计划"（Earth Biogenome Project, EBP）的一部分，"达尔文生命之树项目"（Darwin Tree of Life Project）计划开展英国所有物种的基因测序工作。你可以在这个网站中了解这项计划的进度或者更多信息，甚至参与其中。https://www.darwintreeoflife.org/

- "OneZoom 生命之树探索者"（OneZoom tree of life explorer）是一张电子交互式地图，上面显示了所有生物之间的联系。你可以从生命的起源开始了解，跟随地图的视角探索整棵生命之树，也可以放大查看任一物种，找到你最喜欢的生物所在的树枝。http://www.onezoom.org/

- 林奈学会（Linnean Society）为新手自然学家提供了丰富的学习资源。https://www.linnean.org/learning

- 生命大百科全书（Encyclopedia of Life）这是一个关于地球生物的在线知识库，这个知识库中拥有海量的生物资源。https://eol.org/

- 你可以在英国自然历史博物馆（Natural History Museum）中找到很多你需要的信息，当然，你也可以在线上参观。https://www.nhm.ac.uk/discover.html

- 史密森尼国家自然历史博物馆（Smithsonian National Museum of Natural History）的网站中，有丰富的在线资源。https://naturalhistory.si.edu/education

- "尼康的宇宙尺度"（Nikon's Universcale）这个网站可以用来对比生物之间的大小以及宇宙中其他物体的大小。https://www.nikon.com/about/sp/universcale/scale.htm#

索 引

加粗页码为主要条目所在页码

A
阿米巴（变形虫界） 89, **188–189**
阿斯加德古菌 **43**

B
白垩岩 198, 199
白蚁 28, 29, 163, 201
蚌 119
北极兔 167
北美红雀 185
被子植物 62, 63, **68–87**
比目鱼 153
蝙蝠 **170–171**
扁形动物 108, 109, **110–111**
扁形动物门 **110–111**
变色龙 179
变态发育 108, 135, 156
变形菌门 **18–19**
冰淇淋 195
病毒 93, **203–205**
病菌 91
病原体 22, 27, 91
哺乳动物（哺乳纲） 141, 144, **158–175**, 183
不等鞭毛虫类（不等鞭毛门） **194–195**

C
仓鼠 167
草履虫 193
蟾蜍 155, **156–157**
产甲烷菌 **36–37**
长春花 85
长颈鹿 175

长吻雀鳝 149
肠道细菌 18, 20, 23, 26, 174
肠道病毒 204
肠道寄生虫 110, 111, 201
肠鳃虫 141
超小型古菌 **42**
出血齿菌 101
初古菌门 **42**
雏菊 **86–87**
传染性颗粒 **202–205**
船蛆 119
刺胞动物 **106–107**, 115, 214
刺猬 168, 169
刺荨麻 81, 106

D
DNA（脱氧核糖核酸） 8, 9, 31, 208, 211
大肠杆菌 18, 31, 42
大豆 83
大风子树 81
大黄蜂 137
大脑 185, 201
大蜥蜴 177
大象 162, 163
大猩猩 165
大熊猫 172, 173
袋食蚁兽 161
袋鼠 161
担子菌门 **98–101**
单鞭毛生物 89, **90–187**
单孔目 158, 159
单子叶植物 70, **72–77**, 78
弹涂鱼 153
蛋（卵） 29, 156, 181, 182, 183, 186
地钱 53, **54–55**, 56
地钱门 **54–55**

地星 99
地衣 25, 51
等足目 **132–133**
帝王蝶 71, 85
蝶形花科 **82–83**
顶复门（寄生生物） 192, 193
定鞭藻 **198–199**
东袋鼬 161
动物 15, 89, **102–187**
豆科植物 **82–83**
毒液 117, 127, 128, 178, 180, 181
端足目 **132–133**
多孔动物门 **104–105**
多足纲 124, **128–129**

E
鹗 187
鳄梨 70, 71, 170
鳄鱼 8, 176, 177

F
翻车鱼 153
反刍动物 **174–175**
仿生学 199
放射虫 196, 197
放线菌门 **22–23**
飞蜥 179
飞鱼 151
非洲哺乳动物 **162–163**
肺线虫 95
肺鱼 145
蜂鸟 85, 183
凤梨科植物 77
浮游植物 51
辐鳍鱼类 **148–153**
辐鳍鱼亚纲 **148–153**
辐射 30, 31

腹足纲软体动物 115, **116–117**

G
甘蓝 80, 81
刚毛虫 113
哥布林鲨鱼 147
弓鳍鱼 149
共同祖先 7, 8, 11, 12, 43, 214
沟齿鼩 168, 169
犬科动物 123, 172, 173
古虫 200, 201
古菌 10, **34–43**, 214
古老的植物 52, 54, 70
骨骼 104, 140, 144, 146
固氮菌 **40–41**
广古菌门 **36–37**
硅 61, 77, 194, 196
硅藻 191, 194, 195

H
蛤 115, 118, 119
海百合 142, 143
海参 142, 143
海胆 142, 143
海底热泉 38, 39, 42, 43, 117, 133
海龟 153, 177
海蝴蝶 117
海葵 106, 107
海蛞蝓 117
海鬣蜥 179
海马 152, 153
海绵 41, 103, **104–105**
海牛 163
海鞘 141
海星 142, 143
海星鬼笔 101

海藻 48, 49, 50, 51, 194, 195
豪猪 167
禾本目 **76–77**
禾草 53, 72, **76–77**, 82, 92, 93
核辐射 30, 31
颌（颚）144, 145, 150, 151, 181
褐藻 194, 195
黑粉菌 **98–99**
红杉 65
红树林沼泽 41, 80, 153
红藻 **48–49**, 214
红藻门 **48–49**
虹鱼 146, 147
猴 165
后滴门 200, 201
后口动物 103, 108, **140–187**
后生动物 **102–187**
厚壁菌门 **20–21**
狐蝠 170, 171
狐尾松 65
胡椒 70, 71
胡萝卜 79
胡须虫（巨型管虫）113
壶菌（壶菌门）**92–93**
槲寄生 79
蝴蝶 67, 71, 85, 134, 135
琥珀 64, 65
花粉热 86, 87
花楸 81
华丽琴鸟 185
滑体两栖动物 **154–157**
滑体两栖亚纲 **154–157**, 214
化石 7, 29, 48, 114, 146, 149, 160, 176, 197
化石燃料 22, 58, 59
化石时间线 214–215
环节动物 108, 109, **112–113**, 214
环节动物门 **112–113**
缓步动物 57, 109, 207

黄蜂 **136–137**
蛔虫 122–123
喙 183, 184, 187
活化石 24–25, 63, 65
火烈鸟 25, 183
火山 38, 39
火星 36, 39

J

鸡心螺 117
积水凤梨 77
基因 208, 209, 211
基因组 8, 42, 208, 209, 211
吉丁虫 139
棘皮动物（棘皮动物门）105, 141, **142–143**
棘鳍鱼类（鲈形总目）**152–153**
脊椎动物（脊椎动物门）141, **144–187**
寄生蜂 136, 137
寄生生物 42, 124, 130, 191
寄生性蠕虫（会引发疾病）110–111, 113, 122, 123
寄生性细菌 18, 28, 29
寄生性真菌 90, 92, 94, 154
寄生植物 70, 79, 122, 123
家兔 **166–167**
甲壳虫 71, **138–139**
甲壳动物 105, 124, **130–133**, 196
甲壳亚门 **130–133**
胶质菌（木耳）98, 99
酵母菌 91, 96, 97
节肢动物 90, 92, 108, 109, **124–139**, 214
金合欢树 83
进化 7–13, 159, 209, 211, 214
进化枝 11, 214
荆棘杯毛毛虫 125
鲸 123, 153, 158, 174, 175

鲸目动物 174, 175
鲸偶蹄目 **174–175**
菊科植物 86–87
菊类植物（菊亚纲）78, **84–87**
巨蟒 181
巨型苏铁 67
巨藻 194, 195
聚合酶链式反应检测 31
卷柏 59
蕨类植物 **58–61**, 62, 73, 214
菌根真菌 69, 94, 95, 98
菌丝 90, 94, 98

K

咖啡 84, 85
开花植物 63, **68–87**
科莫多巨蜥 178, 179
颗石鞭毛藻（颗石藻）198, 199
蝌蚪 156, 157
壳 103, 116, 118, 119, 196, 197
恐龙 61, 158, 176, 177
昆虫（昆虫纲）28, 75, 77, 79, 85, 109, 123, 124–125, **134–139**, 214
蛞蝓 116, 117

L

兰花（兰科）**74–75**
蓝环章鱼 121
蓝氏贾第鞭毛虫（贾第虫）200, 201
蓝细菌 **24–25**, 40, 67, 205, 214
蓝藻 **24–25**, 93
狼 172, 173
乐器 77
类柿 23
笠贝 117
链霉菌属 22, 23
两侧对称动物 103, 108, 140, 143

两栖动物 93, 141, 144, 145, **154–157**
磷虾 132, 133
鳞角腹足蜗牛 117
鳞苔 55
灵长类动物 159, **164–165**, 208, 209, 214
硫黄 19, 36, 38, 39
硫酸 38, 39
龙舌兰 73
龙虾 130, 131, 132, 133
芦鳗鱼 149
鹿角蕨 59
卵藻 194, 195
轮虫 109
螺旋菌 **28–29**
螺旋藻 25
裸鼹鼠 166, 167
裸子植物 62
骆驼 174, 175
绿色植物 **50–87**
绿藻 **50–51**, 200

M

马勃菌 99
马里亚纳海沟 41
蚂蚁 75, 83, 96, 97, 134, **136–137**
买麻藤类 62, 63
鳗鲡 151
螨虫 126, 127
盲鳗 141
盲蛛 126, 127
毛菌 **94–95**
毛利人 61
帽子投手 95
玫瑰 **80–81**
煤炭 58, 59
美西螈 154, 155
秘书鸟 187

蜜蜂 75, 134, **136–137**
蜜环菌 6, 98, 101, 212
面包树 67
面粉 66, 67
模式生物 122, 123, 152
膜翅目 **136–137**
蘑菇 90, 91, **98–101**
牡蛎 118, 119
木材 29, 53, 62, 64, 65
木耳 99
木兰类植物 **70–71**
木贼类植物 **60–61**

N
纳古菌门 6, **42**, 212
囊泡虫（囊泡虫总门） **192–193**
尼龙搭扣 87
泥炭 56, 57
泥炭藓 57
鲶鱼 151
黏菌 188, 189
鸟巢菌 99
鸟纲 **182–187**
鸟类 8, 85, 87, 137, 141, 144, 176, 177, **182–187**
啮齿动物 159, **166–167**, 214
疟疾 87, 135, 154, 192, 193
疟原虫 193

O
偶蹄目动物 175

P
爬行动物 141, **176–181**
盘蜷亚界 200
螃蟹 125, 130, 131, 132, 133
皮肤 21, 23, 154
蜱虫 29, 126, 127
瓢虫 139
蒲公英 86, 87

普罗蒂亚木 79

Q
七鳃鳗 145
栖息地 9, 47, 209–210
奇古菌门 **40–41**
鳍足类动物 173
千岁兰 63
千足虫 129
迁徙 71, 183
腔棘鱼 145
蔷薇类 78, **80–83**
乔木 53
巧克力 97
鞘翅目 **138–139**
青霉菌 96, 97
琼脂 48, 49
蚯蚓 112
鼩鼱 168, 169
泉古菌门 **38–39**
雀尾螳螂虾 125, 131
雀形目 **184–185**

R
桡足动物 130, 131, 133
人猿 164, 165, 209
蝾螈 154, 155
肉毒杆菌 21
蠕虫 103, 105, 108, 109, **110–113**, 214
乳酸 21
乳制品生产 21, 96
软骨鱼纲 **146–147**
软骨鱼类 144, 145, **146–147**, 214
软甲纲 131, **132–133**
软体动物（软体动物门）105, 108, 109, **114–121**, 132, 142
朊病毒 203
若虫 135

S
鳃足动物 131
三叶虫 125
伞菌纲 **100–101**
沙蚕 113
莎草 **76–77**
鲨鱼 8, 141, 145, 146, 147, 153
鲨鱼卵 147
山灰 81
珊瑚 29, 49, 106, 107, 113, 118, 132
珊瑚虫 29, 106, 107
珊瑚根 66, 67
蛇类 178, **180–181**, 183
蛇尾 142, 143
蛇亚目 **180–181**
生命的尺度 212–213
生命的定义 207
生命之树 7–13, 207, 211
生石花 79
生态缸 55
生物发光 19, 139, 150, 193
生物群落 210
圣诞树蠕虫 113
尸臭花 73
狮鬃水母 107
十足目 **132–133**
石龙子 179
石松 59
石松门 **58–59**, 60
食品添加剂 19, 49
食人鲳 151
食肉动物 69, **172–173**, 186
食舌虱 132
食碎屑动物 128
食物链 50, 112, 131, 172, 195, 196
食物中毒 18, 21
屎壳郎 138, 139
嗜极菌 **30–31**, 35, **38–39**
嗜热古菌 **38–39**

嗜酸古菌 32
嗜盐菌 **36–37**
寿司 49
蜀葵根 81
鼠袋鼹 161
鼠兔 **166–167**
树懒 51
树脂 64, 65
双鞭毛藻类（双鞭毛藻）119, 192, 193
双壳软体动物（双壳纲）115, **118–119**, 214
双歧杆菌 23
双子叶植物 72, 78
水果 68, 69, 71
水韭 59
水霉菌 194, 195
水母 **106–107**
水熊 57, 109, 207
水蚤 131
水蛭 113
斯芬克斯蛾 75
四叶草 83
四足类动物 144, 145
松柏类（针叶树）62, 63, **64–65**
松柏门 **64–65**, 214
苏铁 **66–67**, 73
嗜酸古菌 **38–39**
梭菌属细菌 21

T
苔藓 53, **56–57**, 62
苔藓虫 109
苔藓植物 **56–57**, 60
绦虫 110, 111
藤壶 130, 131
天鹅绒虫 109
田鳖 135
铁锈菌 **98–99**
头足纲软体动物（头足纲）

索引 221

115, **120–121**, 214
秃鹫　172, 186, 187
土豆　84, 92, 194, 195
土豚　162, 163
兔形目　166
腿　125, 127, 128, 129, 145
豚草　87
豚鼠　167

W
蛙类　93, 154, 155, **156–157**
瓦勒迈松　65
外骨骼　90, 92, 109, 124, 125, 128, 134, 135
网团菌门　**33**
微孢子虫　91
微生物　10, 20, 23, 49, 105, 211
微生物组　20, 21, 26, 96, 204
维管植物　53, 58
伪步行虫　139
伪珊瑚蛇　181
伪蝎　127
胃　19, 27, 142, 174
温泉　30, 31, 36, 38, 39
温室气体　36, 37, 57, 196
蚊子　87, 123, 135, 193
涡虫　111
蜗牛　116, 117, 146
乌龟　177
污染　56, 154, 197, 211
无板纲动物　115
无尾目　**156–157**
蜈蚣　**128–129**
勿忘我　85
物种　6–13, 17, 207, 209, 211

X
西米粉　67
吸虫　111
吸血蝙蝠　171
蜥形类　**176–187**

蜥蜴　8, **176–177**, 178, 179, 183
喜热裂孢菌　23
细胞　45, 207–208
细菌　10, **16–33**, 207, 211
仙灵环菌　101
纤毛虫（纤毛虫门）　192, 193
线虫（线虫动物门）　97, 108, **122–123**
香草　63, 74, 75
香料　70, 71
香蒲　**76–77**
向日葵　86, 87
象鼻虫　139
象鼻鱼　151
象鼩　162, 163
象牙贝　115
小丑鱼　107
蝎子　126, 127
星鼻鼹鼠　169
猩猩　165
熊　172, 173
秀丽隐杆线虫　123
雪人蟹　133
血吸虫病　111
鲟鱼　148, 149

Y
牙齿　21, 27, 117, 195
牙龈疾病　27
芽单胞菌门　**33**
蚜虫　137, 139
岩兔　163
盐　36, 37
眼　20, 121, 125, 153, 177, 189
眼镜猴　165
鼹鼠　**168–169**
鳐鱼　147
野花　79
野兔　**166–167**
叶鼻蝠　171
异常球菌-栖热菌门　**30–31**

异节亚目　159
疫苗　205
益生菌　23
翼手目　**170-171**
银鲛　146, 147
银杏　62, 63
蚓蜥　178, 179
蚓螈　154, 155
鲫鱼　153
缨鳃蚕　113
鹦鹉螺　115, 121
鹰形目　**186–187**
幽灵之光　37
幽门螺旋杆菌　19
鱿鱼　19, 115, 120, 121
有袋类（有袋目）　158, **160–161**, 214
有孔虫　196, 197
有孔虫类（有孔虫门）　**196–197**
有鳞目　177, **178–181**
有鳞爬行动物　176, 177, **178–181**
有胚植物　**52–87**
有蹄类动物　159, **174–175**
幼兽　160, 161
鱼类　141, 144, 145
羽毛　176, 182, 183, 185
郁金香　73
原核生物　15
原口动物（原口动物类）　103, **108–139**, 140
原生生物　10, 15, **190–201**
原始色素体生物　47, **48–87**
月桂　71

Z
藻类　**24–25**, **46–51**, 52, 93, 106, 192, 194, 195, 196, 198, 199, 200, 214
藏红花　73

章鱼　120, 121
蟑螂　134, 201
沼泽地　57
针叶树　62, 63, **64–65**
珍珠　118, 119
真骨鱼类（真骨总目）　149, **150–153**
真核生物　10, 43, **44–201**
真节肢动物亚门　**124–139**
真菌　6, 9, 15, 74, 89, **90–101**, 102, 188
真盲缺目　**168–169**
真兽次纲　158, 160
真双子叶植物　70, 72, **78–87**
真细菌　**16–33**
脂肪酸　95
蜘蛛　124, 126, 127
直根　79
植物　15, 40, 47, 51, **52–87**, 122, 123
植物霉菌　**94–95**
指猴　165
栉水母　103
种子　53, 74, 171, 182
种子植物　**62–87**
珠芽铁角蕨　61
蛛丝　127
蛛形纲　124, **126–127**, 214
竹子　72, 76, 77
烛蛾　129
锥体虫　201
子囊菌　**96–97**
子囊菌门　**96–97**
紫杉　65
紫细菌　**18–19**
自然选择理论　209
棕榈树　72, 73

感谢本书背后了不起的创意和编辑团队：萨拉·吉林厄姆（Sara Gillingham）、玛雅·加特纳（Maya Gartner）、米根·贝内特（Meagan Bennett）和罗宾·普里迪（Robin Pridy），感谢他们整理了所有的信息，还制作出了精致美丽的页面。

感谢剑桥大学动物学博物馆的杰克·阿什比（Jack Ashby）博士，感谢他在早期规划阶段为我们提供了宝贵的帮助，并极具远见地建议我们不要让书籍涵盖所有内容！感谢我们的专家读者夏洛特·莱特（Charlotte Wright）、克劳蒂亚·韦伯（Claudia weber）博士、刘易斯·史蒂文斯（Lewis stevens）博士和在英国剑桥大学韦尔科姆基金会桑格学院（Wellcome Trust Sanger Institute）主持生命之树项目的杰西卡·托马斯·索尔普（Jessica Thomas Thorpe）博士，感谢他们专业的知识和独到的见解。还要特别感谢杰克·莫纳亨（Jack Monaghan），因为他我才能参与到"达尔文生命之树学校捕蝇器项目"（www.darwintreeoflife.org）中。

我也非常感谢作家协会提供的作家基金会资金，为我们提供了几个月来撰写本书所需的研究费用。

我还要感谢那些在我研究人文科学期间，将研究生物多样性的热情传递给我的人们，特别是乔伊·博伊斯（Joy Boyce）博士和乔治·麦加文（George McGavin）博士。我希望本书能将这种热情继续传递给读者们。

伊莎贝尔·托马斯

特别感谢伊莎贝尔·托马斯（Isabel Thomas）对本书视觉效果的指导，您的文字是如此充满激情生命力；感谢玛雅·加特纳，您的善意、支持和远见是任何插画师都无法企及的；感谢米根·贝内特（Michelle Clement），感谢您周到而精湛的艺术指导和设计；感谢米歇尔·克莱门特和诺拉·奥亚吉（Nora Aoyagi），感谢你们给予我极大的帮助和支持。

萨拉·吉林厄姆

图书在版编目（CIP）数据

充满生机的地球 /（英）伊莎贝尔·托马斯著；（美）萨拉·吉林厄姆图；赵久微，王基滢，崔凤娟译. — 北京：中国科学技术出版社，2024.7.
ISBN 978-7-5236-0820-3
I. Q16-49
中国国家版本馆 CIP 数据核字第 20240R907P 号

著作权合同登记号：01-2024-2986

This Edition published by China Science and Technology Press Co., Ltd under licence from Phaidon Press Limited, of 2 Cooperage Yard, London E15 2QR, England. Text © Isabel Thomas 2022. llustrations © Sara Gillingham 2022.

未经许可不得以任何方式抄袭、复制或节录任何部分。

策划编辑	张耀方
责任编辑	徐世新　张耀方
封面设计	中文天地
正文设计	中文天地
责任校对	邓雪梅
责任印制	李晓霖

出　　版	中国科学技术出版社
发　　行	中国科学技术出版社有限公司
地　　址	北京市海淀区中关村南大街 16 号
邮　　编	100081
发行电话	010-62173865
传　　真	010-62173081
网　　址	http://www.cspbooks.com.cn

开　　本	889mm×1194mm　1/16
字　　数	200 千字
印　　张	14
版　　次	2024 年 7 月第 1 版
印　　次	2024 年 7 月第 1 次印刷
印　　刷	北京顶佳世纪印刷有限公司
书　　号	ISBN 978-7-5236-0820-3 / Q·277
定　　价	108.00 元

（凡购买本社图书，如有缺页、倒页、脱页者，本社销售中心负责调换）